U0132263

高职高专新课程体系规划教材·

计算机系列

国家级精品课程配套教材

ASP.NET

网站开发实例教程

李锡辉　王樱

潘　菲　文　星　汤海蓉◎编著

清华大学出版社

北　京

内 容 简 介

本书通过 Web 应用开发中的典型应用，详细介绍了使用 ASP.NET 进行系统开发所需要的各类知识与技能。主要内容包括 Web 应用开发环境的配置、Web 应用开发中的界面设计、Web 应用的状态管理、数据库访问技术、图形编程、权限管理、个性化的网页定制、站点部署及 AJAX 技术的应用。

本书可作为计算机应用技术、软件技术和网络技术等信息类相关专业的教学用书，也可作为相关领域的培训教材和 .NET Web 程序员的参考用书。

本书封面贴有清华大学出版社防伪标签，无标签者不得销售。

版权所有，侵权必究。侵权举报电话：010-62782989　13701121933

图书在版编目（CIP）数据

ASP.NET 网站开发实例教程/李锡辉，王樱，潘菲编著. —北京：清华大学出版社，2011.3
（高职高专新课程体系规划教材·计算机系列）

ISBN 978-7-302-24904-7

I. ①A… II. ①李… ②王… ③潘… III. ①主页制作-程序设计-高等学校：技术学校-教材
IV. ①TP393.092

中国版本图书馆 CIP 数据核字（2011）第 020331 号

责任编辑：朱英彪
封面设计：刘　超
版式设计：侯哲芬
责任校对：姜　彦
责任印制：何　芊

出版发行：清华大学出版社　　　　　　　　地　　　址：北京清华大学学研大厦 A 座
　　　　　http://www.tup.com.cn　　　　邮　　　编：100084
　　　　　社　总　机：010-62770175　　　邮　　　购：010-62786544
　　　　　投稿与读者服务：010-62776969，c-service@tup.tsinghua.edu.cn
　　　　　质 量 反 馈：010-62772015，zhiliang@tup.tsinghua.edu.cn
印　刷　者：北京市人民文学印刷厂
装　订　者：三河市新茂装订有限公司
经　　　销：全国新华书店
开　　　本：185×260　印　张：20　字　数：462 千字
版　　　次：2011 年 3 月第 1 版　　　印　　　次：2011 年 3 月第 1 次印刷
印　　　数：1～4000
定　　　价：35.00 元

产品编号：037332-01

前　言

ASP.NET 是微软力推的 Web 开发编程技术，它是建立在通用语言基础上的程序框架。ASP.NET 以其简单、快捷和高效的编程模式，受到广大用户的青睐，是当今最热门的 Web 开发编程技术之一。

本书通过 Web 应用开发中的典型应用，详细介绍了使用 ASP.NET 进行系统开发的常用方法和技巧。全书包括 10 个项目 24 个任务，内容组织如下：

项目 1 介绍了如何创建 ASP.NET Web 应用程序。通过 Visual Studio 2008 环境的安装和简单 Web 应用程序两个任务的实现，简要介绍了 ASP.NET Web 应用程序必备的基本知识，包括.NET Framework 3.5 的体系结构、安装和配置 ASP.NET 3.5 的开发环境、ASP.NET 网站的类型及结构。

项目 2 介绍了 Web 应用程序的界面设计。通过 4 个任务阐述了在 Web 应用开发中页面设计的方法和思路，包括基本控件的运用、母版页、主题、样式和导航控件的使用。

项目 3 介绍了 Web 应用开发的状态管理。通过用户登录功能、网络在线投票和网站计数器 3 个任务的实现阐述了 Web 应用开发的状态管理，其中主要包括 Request 对象、Response 对象、Server 对象、Application 对象、Session 对象及 Cookie 对象的应用。

项目 4 介绍了 Web 应用开发的数据访问。通过 4 个任务详细地介绍了 ASP.NET 数据库访问的主要技术和方法，讲解了如何使用数据源控件和数据绑定控件进行高效应用程序的开发。

项目 5 介绍了 Web 应用开发中的图形编程。通过网络在线投票图形绘制和图形验证码两个任务，阐述了 Web 应用开发中图形编程的常用技巧，并介绍了页面中有关图形绘制及动态网页作为图像源的知识。

项目 6 介绍了 Web 系统权限管理的实现。ASP.NET 3.5 包含的身份验证和授权管理服务，可以方便快捷地处理登录、身份验证、授权和管理需要访问 Web 页面或应用程序的问题。本项目通过两个任务来实现 Web 系统的权限管理，包括 MemberShipAPI、用户管理、角色管理及 ASP.NET 3.5 提供的登录控件的使用。

项目 7 介绍了个性化的网页定制。在本项目中，使用 ASP.NET 3.5 提供的 WebPart，通过完成两个任务实现了个性化的网页定制，并使用自定义数据库存储数据和 WebPart 通讯。

项目 8 介绍了高速缓存、跟踪检测和站点部署。通过 3 个任务分别介绍了缓存的好处、跟踪检测的作用和站点部署的方法。

项目 9 介绍了如何使用 AJAX 技术提升用户体验。随着互联网的不断发展，无刷新应用 AJAX 技术越来越受到人们的欢迎。本项目通过无刷新用户名验证和站点时钟显示两个任务，介绍了 ASP.NET 3.5 中 AJAX 应用程序的开发技术。

项目 10 是一个综合案例解析。以一个真实的物流管理系统应用项目为例,详细地阐述了企业级的 Web 应用程序的开发模式和开发方法,包括物流管理系统的功能分析、数据库设计、系统架构设计、功能模块实现以及系统发布等。

本书在结构上以"任务情景→知识引入→任务实现"为主线,以任务来驱动,以应用为需求,注重实际开发能力的培养。结构清晰,内容翔实,示例丰富,步骤明确,讲解细致,突出实用性和操作性。

本书是湖南省"十一五"重点建设项目"软件技术"精品专业的研究成果教材,具体请登录课程网站(http://case.hnjukc.cn)查看。

本书由湖南信息职业技术学院李锡辉和王樱编著,湖南信息职业技术学院的潘菲老师、湖南理工职业技术学院的文星老师、湖南文理学院的汤海蓉老师也参与了部分章节的编写工作。另外,石玉明、朱清妍、杨丽、彭顺生和张四平等参与了本书的校对、排版等工作,清华大学出版社的朱英彪老师对本书的编写提出了许多宝贵意见,在此表示感谢。

由于编者水平有限,书中难免存在不妥之处,敬请读者和同仁多提宝贵意见和建议(E-mail: lixihui@mail.hniu.cn)。

编　者

目　　录

项目 1　创建 ASP.NET Web 应用程序

ASP.NET 技术是目前基于 Web 应用程序开发中最流行和最前沿的技术。在本项目中，将采用 C#语言作为 ASP.NET Web 应用程序开发语言，以 Microsoft Visual Studio 2008 为开发工具，通过具体的项目使读者对 ASP.NET 有一个初步的认识。

本项目通过完成 2 个任务，掌握 Visual Studio 2008 窗口的基本操作方法，了解 ASP.NET Web 应用程序的一般开发过程。

任务 1　安装 Visual Studio 2008 集成开发环境

任务 2　创建第一个 ASP.NET Web 应用程序

任务 1　安装 Visual Studio 2008 集成开发环境

任务场景

工欲善其事，必先利其器。一个好的开发环境可以使开发工作事半功倍，而使用.NET 框架进行应用程序开发的最好工具莫过于 Visual Studio。Visual Studio 系列产品被认为是当前最好的开发环境之一。

创建 ASP.NET 3.5 应用程序的关键工具是 Visual Studio 2008。Visual Studio 2008 集成开发环境为 ASP.NET 应用程序提供了一个操作简单且界面友好的可视化开发环境，在该环境下可使用 ASP.NET 控件高效地进行应用程序开发，简化了 Web 开发工作流程，极大地提高了开发工作的效率。

知识引入

1.1　认识 ASP.NET

ASP.NET 是 Microsoft 公司推出的新一代 Web 应用开发模型，是目前最流行的一种建立动态 Web 应用程序的技术。它通常被描述成一门技术而不是一种语言，因为它可以使用任何与.NET 平台兼容的语言（包括 VB.NET、C#和 JScript.NET）来创建应用程序。

ASP.NET 是基于 Microsoft.NET 平台的，它作为.NET Framework 的一部分提供给用户。只有对.NET Framework 体系结构有一定的了解，才能更深入地理解 ASP.NET 是什么。

1.1.1 了解.NET Framework 3.5 体系结构

.NET Framework 通常称为.NET 框架，它代表一个集合、一个环境、一个可以作为平台支持下一代 Internet 的可编程结构。通俗地说，.NET Framework 的目的是为应用程序开发提供一个更简单、快速、高效和安全的平台。

.NET Framework 最初推出的是 1.0 版本，经过 1.1、2.0、3.0 和 3.5 版本的升级，现在已经到了 4.0 版本。由于当前.NET Framework 框架的内容越来越丰富和庞大，为便于理解，在此暂不做过多深入的挖掘。.NET Framework 框架的结构如图 1-1 所示。

如图 1-1 所示，在 Visual Studio .NET 操作系统平台上可以运行多种语言，如 VB.NET、C#、VC++.NET 等。CLS，即公共语言规范，它是使用不同开发语言所共同遵守的一套编程规则。当这些语言运行在一个平台上，如果想相互调用，就必须借助于.NET Framework。

在 Microsoft.NET 平台上，所有的语言都是等价的，它们都是基于公共语言运行时（CLR）的

图 1-1 .NET 框架结构

运行环境中编译运行。用这些语言编写的代码都被编译成中间代码，在 CLR 中运行。在技术上，这些语言之间没有很大的区别，用户可以根据自己熟悉的编程语言进行操作。

.NET Framework 有两个主要的组件，即上面提到的公共语言运行时（CLR）以及.NET Framework 类库。

公共语言运行时（CLR）架构在操作系统的服务上，是.NET Framework 的基础。它同时提供了多语言执行环境，负责应用程序的执行，满足所有针对 Microsoft.NET 平台的应用程序的需求，如内存管理、处理安全问题以及整合不同的程序语言，并保证应用和底层操作系统之间必要的分离从而实现跨平台性。正因为它提供了许多核心服务，才使得应用程序的开发过程得以简化。

开发者面对的是架构在 CLR 上面的基类库，它包含了.NET 应用程序开发中所需要的类和方法，可以被任何程序语言所使用。这样一来，开发者不需要再学习多种对象模型或是对象类别库，就可以做到跨语言的对象继承、错误处理以及除错，开发者可以自由地选择他们所偏好使用的程序语言。无论是基于 Windows 的应用程序、基于 Web 的 ASP.NET 应用程序还是移动应用程序，都可以使用现有的.NET Framework 中的类和方法进行开发。

位于框架最上方的是 ASP.NET 与 Windows Forms 两个不同的应用程序开发方式，是应用程序开发人员开发的主要对象。也就是通常所说的 Web 应用程序开发和 Windows 应用程序开发。

以上叙述的是.NET Framework 各版本之间的相同之处，即主要框架结构。主要框架结构从其最初的 1.0 版本到现在的 4.0 版本，基本上没什么大的变化，只是内容上有所增加。本书中所使用的.NET Framework 3.5，是在以前版本的基础上逐步完善而成的，所以保持着

向下兼容的功能，即用低版本开发的程序仍然可以在.NET Framework 3.5 运行环境中执行。

.NET Framework 3.5 版本针对 ASP.NET 中的特定方面提供了增强功能。其中最重要的改进在于，可以支持 AJAX 网站的开发，可以支持语言集成查询（LINQ）。这些改进包括提供了新的服务器控件和类型、新的面向对象的客户端类型库，另外 Visual Studio 2008 还提供完全的 IntelliSense 支持，可用于 ECMAScript（JavaScript 或 JScript）。

微软最新推出的 Vista 和 Windows 7 操作系统也全面集成了.NET Framework 框架，它已经作为微软新操作系统不可或缺的一部分，并已经形成成熟的.NET 平台，在该平台上用户可以开发各种各样的应用，尤其是对网络应用程序的开发，这也是微软推出.NET 平台的最主要目的之一。

1.1.2　什么是 ASP.NET

ASP（Active Server Pages，活动服务器页面）是一个比较简单的编程环境，在其中可以混合使用 HTML、脚本语言以及少量组件来创建服务器端的 Internet 应用程序。

ASP.NET 并不是 ASP 基础上的简单升级，而是全新一代的动态网页开发技术，因此一经推出就备受关注。ASP.NET 经过几年的改进和优化，越来越趋于成熟和稳定。

ASP.NET 3.5 是基于.NET Framework 3.5 的。ASP.NET 是一种包含在.NET Framework 中的 Web 开发技术，它包括使用尽可能少的代码生成企业级 Web 应用程序所必需的各种服务。当开发人员在编写 ASP.NET 应用程序的代码时，可以访问.NET Framework 中的类，并可以使用与公共语言运行库（CLR）兼容的任何语言来编写应用程序代码，这些语言包括 VB.NET、C#、JScript .NET 和 J#。使用这些语言，可以开发利用公共语言运行库、类型安全、继承等方面的 ASP.NET 应用程序。

ASP.NET 程序开发还有微软公司的 Visual Studio.NET 集成开发环境的支持，通过使用各种控件提供的强大的可视化开发功能，使得开发 Web 应用程序变得非常简单、高效。

ASP.NET 最常用的开发语言还是 VB.NET 和 C#。C#相对比较常用，因为它是.NET 独有的语言，VB.NET 适合于以前的 VB 程序员。如果读者是新接触.NET，没有其他开发语言经验，建议直接学习 C#，它对于初学者来说入门比较容易，而且功能强大。因此，本书所有的应用开发都是基于 C# 进行编程。

1.2　Visual Studio 2008

在传统的 ASP 开发中，可以使用 Dreamweaver、FrontPage 等工具进行页面开发，但是其开发效率不高。相比之下，对于 ASP.NET 应用程序而言，微软开发的 Visual Studio 是编写.NET 程序的最佳开发工具。熟悉 Visual Studio 集成开发环境，是利用该环境实现 ASP.NET 应用程序开发的前提。

Visual Studio 是一套完整的开发工具集，用于生成 ASP.NET Web 应用程序、XML Web Services、桌面应用程序和移动应用程序。VB.NET、Visual C++和 Visual C#等开发语言，全都使用相同的集成开发环境（IDE），利用 IDE 可以共享工具且有助于创建混合语言的解决方案。另外，这些语言利用了.NET Framework 的功能，简化了 Web 应用程序和 XML

Web 服务开发的关键技术。

随着.NET 的诞生，Visual Studio 也随之同步完善。.NET Framework 的各个版本都有相应的开发工具，.NET Framework 1.0 对应 Visual Studio 2002，.NET Framework 1.1 对应 Visual Studio 2003，.NET Framework 2.0 对应 Visual Studio 2005，.NET Framework 3.5 对应 Visual Studio 2008。最近，Visual Studio 2010 和.NET Framework 4.0 正式版已经发布。本书中使用的是 Visual Studio 2008。

1.2.1 Visual Studio 2008 的特性

本节主要介绍 Visual Studio 2008 中与 ASP.NET 应用程序有关的特性。

1. 集成的 Web 服务器

开发部署 ASP.NET Web 应用时，需要提供 Web 服务器软件，如 Internet 信息服务（IIS）。为了有效支持 ASP.NET Web 应用程序开发，Visual Studio 2008 内部集成的本地 Web 服务器 ASP.NET Development Server，在没有安装 IIS 的情况下也能够快速地调试和执行 ASP.NET 应用。图 1-2 所示为集成的 Web 服务器的界面。

图 1-2 所示中出现的"32875"只是运行时随机分配的一个端口号。Visual Studio 2008 内嵌的集成 Web 服务器是一种默认的选择，如果从现有的 IIS 虚拟目录中打开项目，Visual Studio 2008 仍会使用 IIS 运行和测试该应用程序。

图 1-2 集成的 Web 服务器

嵌入的 Web 服务器只是一小段可执行的代码，并不能取代真正的 Web 服务器的所有功能，这种内嵌的 Web 服务器只能用于应用开发测试使用，如果需要其他用户能够访问所创建的 ASP.NET 应用，就需要将其部署到 IIS 上。

2. 项目设计器多目标支持

多目标支持特性让开发人员可以在 Visual Studio 2008 中选择开发多个版本的.NET Framework 应用程序，比如.NET Framework 2.0、.NET Framework 3.0 或者是.NET Framework 3.5，这意味着开发人员可以在任何时候选择系统支持的高版本或低版本的目标平台，如图 1-3 所示。Visual Studio 2005 的项目可以平稳地升到 Visual Studio 2008 上。在 Visual Studio 2008 下做 Visual Studio 2005 的项目，用的编译器和类库与 Visual Studio 2005 相同，但是 Visual Studio 2008 却提供了更好的开发环境。

3. 多种访问站点的方式

Visual Studio 2008 支持多种打开 Web 站点的方式，如图 1-4 所示。其中包括：通过 FrontPage 服务器扩展连接远程站点；通过 FTP 或直接使用文件系统路径来访问源码文件；通过直接访问本地安装的 IIS 访问虚拟目录；通过文件系统路径打开网站。在使用文件系统路径打开网站时，将使用本地集成 Web 服务器来测试 Web 站点。

图 1-3　为 Visual Studio 2008 的项目选择一个目标平台

图 1-4　访问 Web 站点的多种方式

4. 适用于 JScript 和 ASP.NET AJAX 的代码智能提示

Visual Studio 2008 在代码智能提示方面有了很大的改进，现在支持 JScript 创作和 ASP.NET AJAX 脚本撰写。用<script>标记的脚本，包括在网页中的客户端脚本，现在都具有代码智能提示的优点，.js 脚本文件也是如此。

此外，代码智能提示还能显示 XML 代码注释。XML 代码注释用于描述客户端脚本的摘要、参数和返回的详细信息。ASP.NET AJAX 还使用 XML 代码注释提供 ASP.NET AJAX 类型和成员的代码智能提示功能。使用 XML 代码注释的外部脚本文件引用也支持代码智能提示。

5. AJAX 开发

通过使用 Visual Studio 2008 开发平台，可以在页面中轻松地进行部分页面的异步更新，这样可以避免整页回发所产生的系统开销。只需将现有的控件或标记放在 UpdatePanel 控件内，UpdatePanel 控件内部的回发将变为异步回发，并且只刷新 UpdatePanel 面板内的页面，从而使用户体验更加顺畅。

6. 新设计视图和 CSS 设计工具

Visual Studio 2008 现在可以让用户体验到新工具中丰富的 CSS 编辑功能，从而可以更加轻松地使用级联样式表（CSS）。通过使用"CSS 属性"网格、"应用样式"和"管理样式"窗格以及"直接样式应用"工具，可以在"设计"视图中完成布局设计和内容样式设置的大部分工作。也可以使用 WYSIWYG 可视布局工具在"设计"视图中更改定位、填充和边距。

Visual Studio 2008 在"设计"视图和"源"视图结合的基础上，增加了类似 Dreamweaver 中的拆分视图，以方便页面设计，如图 1-5 所示。

图 1-5　拆分视图

7. 嵌套的母版页支持

在 Visual Studio 2005 中，当需要在母版页中再嵌套母版页时，将不能获得 IDE 的设计支持。Visual Studio 2008 弥补了这个不足，从而使设计人员可以在设计时嵌套多级母版页。

8. 语言集成查询（LINQ）

语言集成查询（LINQ）是 Visual Studio 2008 中的一组新功能，它可以将强大的查询功能扩展到 C#和 Visual Basic 的语法中。LINQ 引入了标准的、易于学习的查询和转换数据模式，并且可以进行扩展以支持任何类型的数据源。Visual Studio 2008 包括 LINQ 提供程序的程序集，借助这些程序集，可以启用.NET Framework 集合（LINQ to Objects）、SQL 数据库（LINQ to SQL）、ADO.NET 数据集（LINQ to ADO.NET）以及 XML 文档（LINQ to XML）的语言集成查询功能。

1.2.2　安装 Visual Studio 2008 的系统要求

Visual Studio 2008 需要安装在 Windows 操作系统中，并且对系统的硬件性能及兼容性有一定的要求。具体如下：

- **支持的操作系统**：Microsoft Windows XP、Microsoft Windows Server 2003、Microsoft Windows Server 2008、Windows Vista 和 Windows 7。
- **处理器**：1GHz 处理器。建议为 2GHz 处理器或双核处理器。
- **内存**：1GB，建议为 2GB。
- **硬盘空间**：完全安装需要 1.3GB 的可用磁盘空间，建议有 5GB 以上的可用磁盘空间或更高。
- **显示器**：1024×768 屏幕分辨率，建议使用 1280×1024 屏幕分辨率。

任务实施

Visual Studio 2008 集成开发环境的安装步骤如下：

步骤 1. 获取安装文件。登录微软的官方网站，下载 Visual Studio 2008 团队开发版或专业版的安装程序。下载后的安装文件是 ISO 镜像文件。微软官方软件的下载地址为：http://www.microsoft.com/downloads/en/default.aspx。

步骤 2. 将安装程序 ISO 镜像文件加载到虚拟光驱，操作系统会自动运行安装应用程序 Setup.exe（也可手动双击该安装应用程序），弹出"Visual Studio 2008 安装程序"对话框，如图 1-6 所示。单击图中"安装 Visual Studio 2008"选项进入安装。

步骤 3. Visual Studio 2008 安装程序首先会加载安装组件，如图 1-7 所示。这些组件为 Visual Studio 2008 的顺利安装提供了基础保障，安装程序在正确完成组件的加载前用户不能对安装步骤进行选择。

步骤 4. 安装组件加载完毕后，单击"下一步"按钮，弹出"协议与安装密钥"对话框，选中"我已阅读并接受许可条款"单选按钮，如图 1-8 所示。

图 1-6　"Visual Studio 2008 安装程序"对话框

步骤 5. 在接受协议、确定"产品密钥"和"名称"信息后，单击"下一步"按钮，选择安装方式，如图 1-9 所示。一般选择"默认安装"方式，也可以通过"自定义"的安装方式定制需要的组件，同时确定"产品安装路径"。

步骤 6. 单击"安装"按钮，安装程序执行安装过程，其进度如图 1-10 所示。

步骤 7. 当安装完成之后，弹出如图 1-11 所示的对话框，表示安装成功。

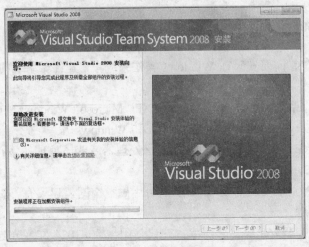

图 1-7　加载安装组件

图 1-8　确认许可协议和产品密钥

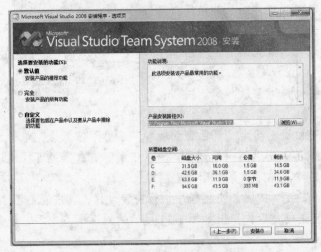

图 1-9　选择安装功能和安装目录

图 1-10 安装进度显示

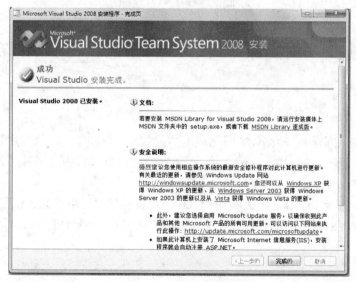

图 1-11 安装成功界面

步骤 8. 至此，Visual Studio 2008 已经安装完成了。可以选择安装 MSDN（见图 1-12），也可以选择退出，关闭对话框，结束安装。如果想得到更多的关于 Visual Studio 2008 的帮助，建议单击"安装产品文档"超链接以继续安装。安装步骤类似，在此不再赘述。

步骤 9. 安装结束后，选择"开始"→"程序"→"Microsoft Visual Studio 2008"命令，如图 1-13 所示，就可以启动 Visual Studio 2008。

步骤 10. 首次运行 Microsoft Visual Studio 2008 集成开发环境时，需选择默认环境设置，这里选择"Web 开发设置"选项，如图 1-14 所示。开发人员也可以通过 Visual Studio 2008 中的"工具"→"导入和导出设置"命令来更改默认的环境设置。

图 1-12　选择安装 MSDN 或退出

图 1-13　启动 Microsoft Visual Studio 2008

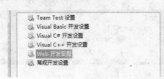

图 1-14　选择默认环境设置

任务 2　创建第一个 ASP.NET Web 应用程序

任务场景

Visual Studio 2008 是开发 .NET 网站应用的最佳工具，它可以帮助软件开发团队更好地交流和协作。借助于 Visual Studio 2008，可以在整个开发过程中及早并经常获得更好的可预测性，提高产品质量。

本任务将介绍 Visual Studio 2008 的 Web 开发功能，引导用户完成创建 Web 应用程序的过程，熟悉 WYSIWYG（What You See Is What You Get，所见即所得）可视化设计器。

知识引入

1.3　熟悉 Visual Studio 2008 集成开发环境

1.3.1　Visual Studio 2008 主界面

Visual Studio 产品系列共用一个集成开发环境（IDE），此环境由菜单工具栏、标准工具栏以及停靠或自动隐藏在左侧、右侧、底部和编辑器空间中的各种工具窗口等若干元素组成。可用的工具窗口、菜单和工具栏取决于所处理的项目或文件类型。图 1-15 是 Visual Studio 2008 应用"Web 开发"环境设置后，启动显示的起始页界面。

图 1-15　Visual Studio 2008 起始页

关闭起始页后，若要重新显示起始页，可以选择"视图"→"其他窗口"→"起始页"命令来打开它。从起始页可以快速打开最近编辑过的项目和网站或创建新的项目和网站，并且可以查找联机资源以及配置 Visual Studio 2008。

Visual Studio 2008 提供了进行 Web 开发的相应环境和工具。图 1-16 显示了创建 ASP.NET Web 应用程序时 Visual Studio 2008 主界面中包含的常用窗口和工具。

图 1-16　包含常用窗口和工具的主界面

根据所应用的设置以及随后执行的任何自定义，主界面工具窗口及其他元素的布置会有所不同。选择"工具"→"导入和导出设置向导"命令可以更改这些设置；也可以使用可视的菱形引导标记轻松地移动和停靠窗口，或使用自动隐藏功能临时隐藏窗口，如图 1-17所示。

以下描述了最常用的窗口和工具，请结合图 1-16 来阅读和学习以下内容。

● **工具栏**：提供格式化文本、查找文本等命令。一些工具栏只有在"设计"视图下才可用。在"视图"→"工具栏"菜单项的子菜单中列出了所有可用的工具栏。

● **解决方案资源管理器**：用于显示和管理 Web 应用程序中的文件和文件夹。

● **文档窗口**：显示当前正在选项卡窗口中处理的文档。单击视图选项卡可以实现文档间切换。

● **视图选项卡**：用于提供同一文档的不同视图。"设计"视图是一种近似 WYSIWYG 的编辑界面。"源"视图是显示标记的页面编辑器。"拆分"视图可同时显示文档的"设计"视图和"源"视图。

● **属性窗口**：用于更改页面、HTML 元素、控件和其他对象的设置。当在文档窗口中选择对象时，"属性"窗口将显示所选对象的属性。

● **工具箱**：提供可以拖到页面上的控件和 HTML 元素。"工具箱"元素按常用功能分组。

● **服务器资源管理器**：用于显示数据库链接。

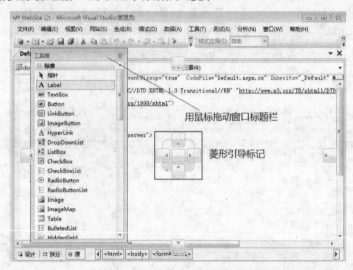

图 1-17　窗口的移动与停靠

1.3.2　配置集成开发环境

为了方便开发，开发人员通常会定义配置属于自己的集成开发环境。这个工作可以通过选择"工具"→"选项"命令，然后在打开的"选项"对话框中进行设置。

当启动 Visual Studio 2008 后，在菜单栏中选择"工具"→"选项"命令，弹出"选项"对话框，如图 1-18 所示。选中图中左下角的"显示所有设置"复选框，可以看到配置"环境"、"项目和解决方案"和"源代码管理"等多个选项。

"选项"对话框使用户可以根据自己的需要配置集成开发环境（IDE）。例如，可以建立项目的默认保存位置，改变窗口的默认外观和行为，以及创建常用命令的快捷方式。对话框中还包含一些用于设置用户的开发语言和开发平台的选项。

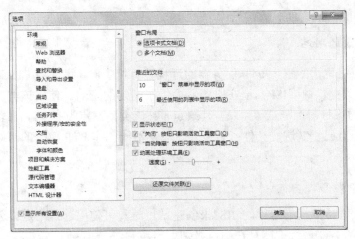

图 1-18 "选项"对话框

1.4 网站类型

通过 Visual Studio 2008 可以创建和使用具有下列几种配置类型的 ASP.NET 网站（也称 Web 应用程序）：本地 IIS 站点、文件系统站点、文件传输协议（FTP）部署的站点和远程 IIS 站点。

1. 本地 IIS 网站

本地 IIS（Internet 信息服务）网站就是本地计算机上的一个 IIS Web 应用程序。使用该类型站点的优点是，可以允许其他计算机访问此类网站，并可以使用基于 HTTP 的身份验证、应用程序池和 ISAPI 筛选器等 IIS 功能进行测试此类网站；在本地 IIS 网站中路径将按照其在正式服务器上的方式进行解析，从而逼真地模拟站点在正式服务器中的情况。

使用该类型的网站必须具备如下条件：

● 必须装有 Internet 信息服务。
● 必须具有管理员权限才能创建或调试 IIS 站点。
● 一次只可以有一个计算机用户调试 IIS 站点。
● 默认情况下，为本地 IIS 站点启用远程访问功能。

2. 文件系统站点

Visual Studio 2008 能够实现将站点文件存储在本地硬盘上的一个文件夹中，或存储在局域网上的一个共享位置。使用该类型的站点具有以下特点：

● 不希望或无法在自己的计算机上安装 IIS。
● 文件夹中已有一组 Web 文件，希望将这些文件作为项目打开。
● 文件存储在中心服务器上某一特定的文件夹中。
● 在工作组设置中，工作组成员可访问中心服务器上的公共站点。

使用该类型的站点的缺点是：不能使用基于 HTTP 的身份验证、应用程序池和 ISAPI

筛选器等 IIS 功能测试文件系统站点。

3. FTP 部署的网站

当某一站点已位于配置为 FTP 服务器的远程计算机上时，可使用 FTP 部署的网站。例如，Internet 服务提供商（ISP）已在服务器提供了一定的空间。使用该类型的站点可以在部署 FTP 网站的服务器上测试该网站。其缺点是：该类型站点没有 FTP 部署的网站文件的本地副本，除非自己复制这些文件；另一方面，它不能创建 FTP 部署的网站，只能打开一个这样的网站。

4. 远程 IIS 站点

当要通过远程计算机上运行的 IIS 来创建站点时，可使用远程站点。远程计算机必须配置 FrontPage 服务器进行扩展且在站点级别上启用它。

使用该类型站点的优点如下：

- 可以在部署站点的服务器上测试该站点。
- 多个开发人员可以同时使用同一远程站点。

使用该类型站点的缺点如下：

- 针对远程站点调试的配置可能很复杂。
- 一次只可以有一个开发人员调试远程站点，当开发人员单步调试代码时，所有其他请求均被挂起。

1.5 ASP.NET 网站结构

1.5.1 ASP.NET 站点布局

为了易于使用 Web 应用程序，ASP.NET 保留了一些可用于特定类型内容的文件和文件名称。在解决方案资源管理器中，右击所创建的网站，在弹出的快捷菜单中选择"添加 ASP.NET 文件夹"命令，可以根据网站需要添加特定类型内容的文件和文件夹，如图 1-19 所示。

图 1-19　解决方案资源管理器

1. 默认页

默认页是指当用户定位到某一站点时，在其没有指定打开特定页的情况下为用户显示的页面。开发时可以为自己的应用程序建立默认页，这将使用户更容易定位到自己的站点。当创建 ASP.NET Web 应用程序时，Visual Studio 2008 集成开发环境会默认创建一个名为 Default.aspx 的页，并将其保存在应用程序的根目录中。

2. 应用程序文件夹

ASP.NET 识别可用于特定类型内容的某些文件夹名称。下面列出了保留的文件夹名称以及文件夹中通常包含的文件类型。

- **App_Browsers**：包含 ASP.NET 用于标识个别浏览器并确定其功能的浏览器定义（.browser）文件。
- **App_Code**：包含作为应用程序进行编译的实用工具类和业务对象的源代码文件。
- **App_Data**：包含应用程序数据文件，包括 MDF 文件、XML 文件和其他数据存储文件。
- **App_GlobalResources**：包含编译到具有全局范围的程序集中的资源（.resx 和.resources 文件）。
- **App_LocalResources**：包含与应用程序中的特定页、用户控件或母版页关联的资源（.resx 和.resources 文件）。
- **App_Themes**：包含用于定义 ASP.NET 网页和控件外观的文件集合（.skin 文件、.css 文件、图像文件和一般资源）。
- **App_WebReferences**：包含用于定义在应用程序中使用的 Web 引用的引用协定文件（.wsdl 文件）、架构（.xsd 文件）和发现文档文件（.disco 和.discomap 文件）。
- **Bin**：包含要在应用程序中引用的控件、组件或其他代码的已编译程序集（.dll 文件）。

1.5.2 网站文件类型

Web 应用程序中可以包含很多文件类型，某些文件类型由 ASP.NET 支持和管理，如.aspx、.ascx 等；其他文件类型则由 IIS 服务器支持和管理，如.html、.gif 等。表 1-1 列出了部分 ASP.NET 中常用的文件类型及存储位置和说明。

表 1-1 由 ASP.NET 管理的主要文件类型

文 件 类 型	存 储 位 置	说 明
.aspx	应用程序根目录或子目录	ASP.NET Web 窗体文件（页），该文件可包含 Web 控件及显示和业务逻辑
.asax	应用程序根目录	通常是 Global.asax 文件，包含从 HttpApplication 类派生的代码。该文件表示应用程序，并且包含应用程序生存期开始或结束时运行的可选方法
.ascx	应用程序根目录或子目录	Web 用户控件文件，用于定义可重复使用的自定义控件
.asmx	应用程序根目录或子目录	XML Web services 文件，包含通过 SOAP 方式可用于其他 Web 应用程序的类和方法
.axd	应用程序根目录	处理程序文件，用于管理网站管理请求，通常为 Trace.axd
.browser	App_Browsers 子目录	浏览器定义文件，用于标识客户端浏览器的功能
.compile	Bin 子目录	预编译的 stub 文件，指向已编译的网站文件的程序集。可执行文件类型（.aspx、ascx、.master、主题文件）已经过预编译并放在 Bin 子目录下
.config	应用程序根目录或子目录	配置文件（通常是 Web.config），包含表示 ASP.NET 功能设置的 XML 元素

续表

文 件 类 型	存 储 位 置	说　　明
.cs、.jsl	App_Code 子目录；但如果是 ASP.NET 页的代码隐藏类文件，则与网页位于同一目录	运行时要编译的类源代码文件。类可以是 HTTP 模块、HTTP 处理程序、ASP.NET 页的代码隐藏文件或包含应用程序逻辑的独立类文件
.csproj	Visual Studio 项目目录	Visual Studio 客户端应用程序项目的项目文件
.dll	Bin 子目录	已编译的类库文件（程序集）。请注意，不要将已编译的程序集放在 Bin 子目录中，但可以将类的源代码放在 App_Code 子目录中
.master	应用程序根目录或子目录	母版页，定义应用程序中其他网页的布局
.mdf	App_Data 子目录	SQL 数据库文件，用于 SQL Server Express
.resources、.resx	App_GlobalResources 或 App_LocalResources 子目录	资源文件，包含指向图像、可本地化文本或其他数据的资源字符串
.sitemap	应用程序根目录	站点地图文件，包含网站的结构。ASP.NET 中附带了一个默认的站点地图提供程序，它使用站点地图文件可以很方便地在网页上显示导航控件
.skin	App_Themes 子目录	外观文件，包含应用于 Web 控件以使格式设置一致的属性设置

1.6　事件驱动编程

1.6.1　事件驱动编程

传统程序一般是按照从上至下的顺序执行的，即便使用的是函数，也不会改变程序的执行顺序。ASP 页面也是按照从上到下的顺序处理，其 ASP 代码和静态的 HTML 的每一行都按其在文件中的显示顺序进行处理，在往返过程中通过用户操作将页面请求发送到服务器。然而，事件驱动编程的模式却改变了传统的编程模式。

1. 事件驱动编程

事件是按照一个对象发送消息通知另一个对象操作的机制来执行的，它可以用于对象间的同步和信息传递。Windows 操作系统是由事件驱动的，它不以顺序方式执行。Windows 启动后，就等待事件的发生，例如当用户单击"开始"按钮，就触发了"开始"按钮的单击事件。只要发生了事件，Windows 就会执行相应的动作处理该事件。如果单击了某一程序的菜单，菜单会立即显示出来，然后等待用户的下一个操作指令。Windows 是许多代码组的集合，每个代码组都是在事件调用时执行。

在 ASP.NET 中，页面显示在浏览器上，等待用户交互。当用户单击按钮时就发生一个事件。程序会执行相应代码，来响应事件。在代码执行结束时，页面返回，继续等待下一个事件。事件驱动编程使 ASP.NET 编程更接近于 Windows 编程。开发者只需要编写响应事件的代码即可，并且可以将事件驱动编程的知识从 Windows 桌面应用程序扩展到 Web

应用程序上。除此之外，事件驱动编程还可以使处理数据的代码与页面显示代码分离。ASP.NET 允许开发者使用代码分离机制将 Web 应用程序逻辑（通常用 C#和 VB.NET 开发）从表示层（通常是 HTML 格式）中分离出来。通过逻辑层和表示层的分离，ASP.NET 允许多个页面使用相同的代码，从而使维护更容易。开发者不需要为了修改一个编程逻辑问题而去浏览 HTML 代码，Web 设计者也不必为了修正一个页面错误而通读所有代码。

ASP.NET 的事件可以分为以下 3 类。

● **HTML 事件**：这些事件可以在页面上发生，并由浏览器在客户端处理，如在客户端 JavaScript 中运行的弹出工具提示或菜单扩展。

● **自动触发事件**：ASP.NET 页面生成时，会自动触发一些事件，它们不需要干涉，在用户看到页面之前执行，使用这些事件可以初始化页面。

● **用户交互事件**：用户与页面交互时触发的事件，这些事件直接与 ASP.NET 的 Web 控件相关，如 Button 控件的 Click 事件。

2. 事件处理

ASP.NET 的事件处理采用委托机制，如按钮的 Click 事件，编程时在设计界面上双击按钮，程序会自动添加事件的响应方法，代码如下所示。

```
protected void Button1_Click(object sender, EventArgs e) {
        //事件处理代码
}
```

一般情况下，事件的响应方法中包含两个参数。其中一个参数代表引发事件的对象 sender，由于引发事件的对象是不可预知的，因此将其声明成为 Object 类型（Object 是所有对象的基类），适用于所有对象。另一参数代表引发事件的具体信息，这在各种类型的事件中可能不同，因此采用了 EventArgs 类型（EventArgs 是事件数据的类的基类），用于传递事件的细节。

在编写程序时，如果使用方法，只需调用方法名称并传递相关参数。然而，事件的响应方法是怎样被关联的呢？先来看一下下面的代码。

```
Button1.Click+=new System.EventHandler(Button1_Click);
```

这是 Button1_Click 文件响应方法和 Click 文件相关联的代码，这里 EventHandler 就是一个委托声明，Button1_Click 方法将被自动识别，并被关联到 Button1 按钮的单击事件上。

1.6.2 Web 窗体与 Page 类

随着 Web 应用的不断发展，微软在.NET 战略中，提出了全新的 Web 应用开发技术 ASP.NET，并引入了 Web 窗体的概念。窗体界面元素被称为 Web 控件，像 Windows 窗体编程一样，可将 Web 控件拖放至窗体中进行可视化设计，大大提高了 Web 开发效率。

1. Web 窗体

Web 窗体提供了一种直观方便的编程模型，它不仅可用于快速创建复杂的 Web 应用程序界面，而且可以实现功能复杂的业务逻辑和数据库访问。

Web 窗体是 ASP.NET 网页的主容器，它的页框架可以在服务器上动态生成 Web 页的可缩放公共语言运行库的编程模型。Web 窗体包含两种不同代码块的组合：

- 含有页面布局和 ASP.NET 控件模板信息的 HTML 代码。它负责在浏览器上显示 Web 窗体，其扩展名为".aspx"。
- 对 Web 窗体进行逻辑处理的 ASP.NET 代码。它负责生成在 Web 窗体上显示的动态内容，其扩展名为".aspx.cs"。

上述两种代码块就是 ASP.NET 代码分离编程模式下的界面文件和相应的代码文件。

1）Web 窗体的主要特点

Web 窗体主要有以下一些特点：

- 基于 Microsoft ASP.NET 技术，在服务器上运行的代码动态生成界面并发送到浏览器或客户端设备输出。
- 兼容所有浏览器或移动设备。ASP.NET 界面自动为样式、布局等功能呈现正确的、符合浏览器的 HTML。此外，还可将 ASP.NET 界面设计为在特定浏览器上运行并利用浏览器特定的功能。
- Web 窗体可以输出任何支持客户端浏览的语言，包括 HTML、XML 和 Script 等。
- 兼容.NET 公共语言运行时（CLR）所支持的任何语言，包括 C#、VB.NET 和 Jscript.NET 等。
- 基于 Microsoft .NET Framework 生成。具有.NET Framework 的所有优点，包括托管环境、类型安全性和继承。
- 具有灵活性，可以添加用户创建的控件和第三方控件。

2）ASP.NET 界面语法

ASP.NET 界面文件的扩展名为.aspx，该类文件的语法结构主要由指令、Head、窗体元素、Web 服务器控件或 HTML 控件、客户端脚本和服务器端脚本组成。

（1）指令

窗体文件通常包含一些指令，这些指令允许为该页指定属性和配置信息，但不会作为发送到浏览器的标记的一部分被呈现。常见指令有以下几类：

① @Page：页面指令，此指令最常用，允许为页面指定多个配置选项，常在 Web 窗体界面文件中的第一行使用。它定义了 ASP.NET 页分析器和编译器使用的页面特定属性，只能包含在.aspx 文件中，如：

```
<%@ Page Language="C#" AutoEventWireup="true" CodeFile="Default.aspx.cs" Inherits ="_Default" %>
```

各属性的含义如表 1-2 所示。

表 1-2 @Page 指令的主要属性

属　　性	含　　义
Language	指定编程使用的语言。其值可为任何.NET 支持的语言，包括 C#、VB.NET、Jscript.NET

续表

属　　性	含　　义
AutoEventWireup	决定是否自动装载 Page_Init 和 Page_Load 方法，该属性默认值为 true
CodeFile	指定与界面文件关联的后台隐藏代码类文件的名称。该属性不能被 ASP.NET 运行库所使用
Inherits	定义供页继承的代码隐藏类。可以从 Page 类派生的任何类

② @Control：此指令允许指定 ASP.NET 用户控件。

③ @Register：此指令允许注册其他控件以便在页面上使用。@Register 指令声明控件的标记前缀和控件程序集的位置。如果要向页面添加用户控件或自定义 ASP.NET 控件，则必须使用此指令。

④ @Master：此指令使用于特定的母版页。

⑤ @OutputCache：此指令允许指定应缓存的页面，并指定何时缓存该页以及缓存该页需要多长时间等参数。

（2）Head

Head 中的内容不会被显示（除标题外），但这些信息对于浏览器却可能非常有用，如使用的 HTML 版本、脚本和样式表等内容。

（3）Form（窗体）元素

如果页面包含允许用户与页面交互并提交该页面的控件，必须包含有一个 form 元素，使用 form 元素必须遵循以下规则：

① 页面只能包含一个 form 元素。

② form 元素必须包含 runat 属性。其属性值设置为 server 时，允许在服务器代码中以编程方式引用页面上的窗体和控件。

③ 可执行回发的服务器控件必须位于 form 元素之内。

下面是一个典型的<form>标记：

```
<form id="form1" method="post" runat="server">
...
</form>
```

（4）Web 服务器控件

在 ASP.NET 页中，通常会添加一些允许用户与页面交互的控件，包括按钮、文本框和列表等。下面是 Web 服务器控件使用的示例：

```
<form id="form1" method="post" runat="server">
    <asp:TextBox ID="TextBox1" runat="server"></asp:TextBox>
    <asp:Button ID="Button1" runat="server" Text="Button" />
</form>
```

（5）将 HTML 控件作为服务器控件

将普通的 HTML 控件作为服务器控件使用，可以将 runat="server"属性和 ID 属性添加到页面的任何 HTML 元素中。下面是 HTML 元素转换为服务器控件示例：

```
<input id="Button2" runat="server" type="button" value="button" />
```

（6）客户端代码

客户端代码是在浏览器中执行的，因此执行客户端代码不需要回发 Web 窗体。客户端代码语言支持 JavaScript、VBScript、Jscript 和 ECMAScript。下面是客户端代码示例：

```
<script language="javascript" type="text/javascript">
    function Button1_onClick(){
        ... }
</script>
```

（7）服务器端代码

服务器端代码是在服务器端执行的，页面代码位于 Script 元素中，该元素中的开始标记包含 runat=" server"属性。下面是服务器端代码示例：

```
<form id="form1" method="post" runat="server">
    <asp:Button ID="Button1" runat="server" Text="Button" />
</form>
<script language="c#" runat="server">
    private void Button1_Click(object sender, System.EventArgs e){
        ...
}
 </script>
```

3）Web 窗体的生命周期

一个 Web 窗体的生命周期类似于在服务器中运行的 Web 进程的生命周期。Web 窗体从实例化分配内存空间到处理结束释放内存，一般要经历以下 4 个步骤：

- **页面初始化**：页面生命周期中的第一个阶段是初始化，其标志是 Page_Init 事件。当 Init 事件发生时，.aspx 文件中声明的控件被实例化，并采用各自默认值。
- **页面装载**：页面装载是在初始化之后进行，所发生的事件为 Page_Load，这需要根据 Page.IsPostBack 属性检查页面是不是第一次被处理；第一次处理页面时执行数据绑定，或者在以后的循环过程中重新判断数据绑定表达式；读取或更新控件属性；恢复所保存的前一个客户请求的状态。
- **事件处理**：Web 窗体上的每个动作都激活一个到达服务器的事件。一个 Web 窗体有两个视图：一个客户视图和一个服务器视图。所有的数据处理都在服务器上进行。当通过单击鼠标或其他方法触发一个事件时，事件就到达服务器并返回相应的数据。
- **资源清理**：发生在一个窗体完成了任务并准备卸载的时候，激活 Page_Unload 事件，完成最后的资源清理。如关闭文件、关闭数据库连接、释放对象等。

2．Page 类

Page 类与扩展名为.aspx 的文件相关联，用作 Web 应用程序中用户界面的控件。这些文件在运行时被编译为 Page 对象，并被缓存在服务器的内存中。Page 类有很多属性，在编程实践中，经常用到的 Page 对象的属性主要有 IsPostBack 和 IsValid。

（1）IsPostBack 属性

获取一个布尔值，该值指示该页是否为首次加载。如果 IsPostBack 的值为 true，则表示当前页面是由于客户端返回数据而加载的。

下面通过示例来说明 IsPostBack 属性的作用。新建一个 Web 窗体，添加一个按钮，并在 Page_Load 事件响应方法中添加如下代码，然后查看页面首次加载和单击按钮时的运行效果。

```
private void Page_Load(object sender, System.EventArgs e)  {
    if(!IsPostBack) {
        Response.Write（"首次加载"）;
    } else {
        Response.Write（"页面回送"）;
}    }
```

（2）IsValid 属性

获取一个布尔值，该值指示页面验证是否成功。在实际应用中，往往会验证页面提交的数据是否符合预期设定的格式要求等，如果符合则 IsValid 值为 true，否则为 false。

```
private void Button1_Click(object sender, System.EventArgs e){
        if(IsValid){
        Response.Write("页面验证通过");}
}
```

任务实施

使用 Visual Studio 2008 创建一个简单的 ASP.NET 应用程序，步骤如下：

步骤 1. 启动 Visual Studio 2008。选择"开始"→"程序"→"Microsoft Visual Studio 2008"命令启动 Visual Studio 2008。

步骤 2. 创建 ASP.NET 网站。选择"文件"→"新建网站"命令，在弹出的"新建网站"对话框中，选择"ASP.NET 网站"模板，然后选择版本为 .NET Framework 3.5，在"位置"下拉列表中选择"文件系统"选项，在其后的输入框中确定网站存储的位置，"语言"选择"Visual C#"，具体设置如图 1-20 所示。单击"确定"按钮，即可在 Visual Studio 2008 中新建一个名为 FirstWebSite 的网站。创建完成后系统会创建该文件夹，并在其中创建默认页面 default.aspx、对应的后台代码页面 default.aspx.cs 以及应用程序配置文件 Web.config 等文件和文件夹。

注意： 此时界面一般显示三部分，左边为工具箱，中间为代码区域，右边则是解决方案资源管理器和属性窗口。如果缺少窗口显示，可以通过"视图"菜单找到并打开。在解决方案资源管理器中双击对应的页面可以编辑该页。其中 Web.config 文件非常重要，是网站的配置文件，负责网站的属性、性能和管理等设置，一般情况下不要随意修改。

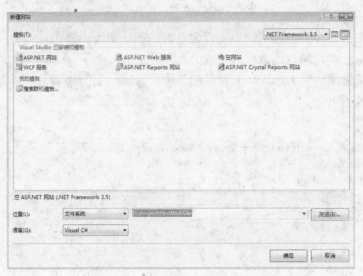

图 1-20　新建 FirstWebSite 网站

步骤 3. 设计 Default.aspx 页面。在"视图选项卡"中，选择"拆分视图"选项，将光标定位在"源"视图的虚线框中，输入"欢迎来到 ASP.NET 世界"。观察"设计"视图中对应的变化，如图 1-21 所示。按快捷键 Ctrl+S，保存刚才的编辑内容。

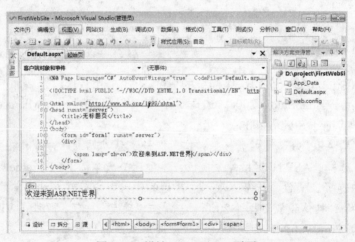

图 1-21　设计 Default.aspx 页面

步骤 4. 在完成应用程序的开发后，可以运行应用程序，单击工具栏上的"启动调试"按钮或选择菜单栏中的"调试"→"启动调试"命令，就能够调试运行 ASP.NET 应用程序。如果是第一次启动"调试"功能，Visual Studio 2008 会弹出如图 1-22 所示的对话框，默认选择使用，然后单击"确定"按钮即可。

注意： 调试应用程序的快捷键为 F5，开发人员可以按 F5 键进行应用程序的调试。在"未启用调试"对话框中，选择"修改 Web.config 文件以启用调试"单选按钮，表示本网站打开了调试开关，允许以调试的方式来运行网站程序。这虽然降低了性能，但是可以检查程序运行情况。如果网站开发完成后需要部署到服务器，则最好关闭调试开关，以提高运行性能。

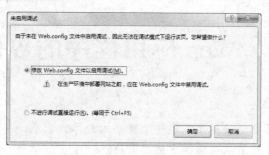

图 1-22　"未启用调试"对话框

步骤 5. 退出调试。网站运行起来后，会自动弹出网页浏览器来显示网页内容。关闭浏览器或单击工具栏上的"停止"按钮，即可退出调试状态。

注意: 一旦进入调试状态，就无法在 Visual Studio 2008 中进行 CS 页面以及类库等源代码的修改，须退出调试运行才可以。

项目 2　Web 应用程序的界面设计

在一个网站中，网页是最基本的也是最重要的载体，它承载了各种页面元素和脚本效果。如今，网站的建设越来越注重网页的界面设计和用户的体验。一个主题鲜明、风格统一、设计合理的网站总能给用户留下深刻的印象，并能充分展示其良好的形象和丰富的文化内涵。

在本项目中，通过完成 4 个任务，来掌握网站中页面设计的方法和技巧。

任务 1　设计用户注册页面

任务 2　使用母版页设计网站

任务 3　使用主题样式化网站

任务 4　使用导航控件

任务 1　设计用户注册页面

任务场景

用户注册是网站的一个常见功能，网站可以通过注册来保存用户信息，从而方便用户访问及查阅自己的信息。在用户注册页面设计中，运用了很多 ASP.NET Web 服务器控件，从而方便了开发人员，帮助其轻松地实现一些交互复杂的 Web 应用功能。

本任务通过用户注册页面的设计，来掌握 ASP.NET Web 控件的使用，其中重点掌握标准控件和验证控件的使用方法。

知识引入

2.1　ASP.NET Web 服务器控件

ASP.NET Web 服务器控件是 ASP.NET 网页上的对象，这些对象在请求网页时运行并向浏览器呈现标记。在创建 ASP.NET 网页时，可以使用以下类型的控件。

1. HTML 服务器控件

HTML 服务器控件属于 HTML 元素（或采用其他支持的标记的元素，例如 XHTML），它包含多种属性，使其可以在服务器代码中进行编程。默认情况下，服务器上无法使用 ASP.NET 网页中的 HTML 元素，这些元素被视为不透明文本并传递给浏览器，然而可以通过转换的方式将 HTML 元素转换为 HTML 服务器控件，将其公开为能在服务器上编程的元素。

2. Web 服务器控件

Web 服务器控件比 HTML 服务器控件具有更多的内置功能。它不仅包括窗体控件（例如按钮和文本框），还包括特殊用途的控件（如日历、菜单和树视图控件等）。Web 服务器控件与 HTML 服务器控件相比更为抽象，因为其对象模型不一定反映 HTML 的语法。

3. 验证控件

验证控件是对用户在输入控件（如 TextBox 控件等）中输入的内容进行验证。对填写字段进行检查，对照字符的特定值或模式进行测试，验证某个值是否在限定范围之内等。

4. 用户控件

用户控件是一种作为 ASP.NET 网页创建的控件，可以嵌入到其他 ASP.NET 网页中，这是一种创建工具栏和其他可重复使用元素的捷径。

在 Visual Studio 2008 集成开发环境的工具箱中，可以很方便地查找和使用这些控件，如图 2-1 所示。

工具箱中只列出了部分常用的控件，开发人员可以通过右键菜单中的"选择项"菜单命令来添加所需控件，或通过"删除"菜单项命令来移除控件。

图 2-1　Visual studio 2008 工具箱

2.2　HTML 服务器控件

HTML 服务器控件的类型都集中在 System.Web.UI.HtmlControls 命名空间下，从 HtmlControl 基类中直接或间接派生而来。HTML 服务器控件的对象模型十分紧密地映射到相应控件所呈现的 HTML 元素。页中的任何 HTML 元素都可以通过添加 runat="server"属性来转换为服务器端的 ASP.NET 控件。

HTML 服务器控件提供以下功能：

- 可在服务器上使用熟悉的面向对象的技术对其进行编程。每个服务器控件都公开一些属性（Property），可以使用这些属性（Property）在服务器代码中以编程方式来操作该控件的标记属性（Attribute）。
- 提供一组事件，可以为其编写事件处理程序，方法与在基于客户端的窗体中的大致相同，不同的是其事件处理是在服务器代码中完成的。
- 在客户端脚本中处理事件的能力。
- 自动维护控件状态。在页到服务器的往返过程中，将自动对用户在 HTML 服务器控件中输入的值进行维护并发送到浏览器。
- 支持样式（如果在支持级联样式表的浏览器中显示 ASP.NET 网页）。
- 直接可用的自定义属性。可以向 HTML 服务器控件添加所需的任何属性，页框架将呈现这些属性而不会更改其任何功能。

ASP.NET 接受所有的 HTML 标签，这使得已有的 HTML 页面转换到.NET 框架上更容易。然而，标准的 ASP.NET 控件提供了相同的功能，甚至更多。

2.2.1 HTML 服务器控件的属性

作为.NET Framework 的一部分，ASP.NET 共享命名空间和类之间的继承。容器控件和输入控件是两个 HTML 控件的子集，它们共享不同基类的属性。

在 HTML 控件上声明的任何属性都将添加到该控件的 Attributes 集合中，并且可以像属性那样以编程方式对它进行操作。

1. 所有 HTML 控件共享的常用属性

● Attributes：获取在选定的 ASP.NET 页中的服务器控件标记上表示的所有属性名称/值对。

● Style：获取被应用于.aspx 文件中的指定 HTML 服务器控件的所有级联样式表（CSS）属性。

● Visible：获取或设置一个值，该值指示 HTML 服务器控件是否显示在页面上。

2. 所有 HTML 输入控件共享的属性

HTML 输入控件映射到标准 HTML 输入元素。它们包含 type 属性，该属性定义它们在网页上呈现的输入控件的类型。

● Name：获取或设置 HtmlInputControl 控件的唯一标识符名称。

● Value：获取或设置与输入控件关联的值。

注意：与某个控件关联的值取决于该控件的上下文。例如，在允许输入文本的控件（如 HtmlInputText 控件）中，值为控件中输入的文本。在不允许输入文本的控件（如 HtmlInputButton 控件）中，值为控件中显示的标题。

● Type：获取 HtmlInputControl 控件的类型。例如，如果将该属性设置为 text，则 HtmlInputControl 控件是用于输入数据的文本框。

3. 所有 HTML 容器控件共享的属性

HTML 容器控件映射到 HTML 元素，这些元素必须具有开始和结束标记，如<select>、<a>、<button>和<form>元素。HtmlTableCell、HtmlTable、HtmlTableRow、HtmlButton、HtmlForm、HtmlSelect 和 HtmlTextArea 控件共享下列属性。

● InnerHtml：获取或设置指定的 HTML 控件的开始和结束标记之间的内容。

● InnerText：获取或设置指定的 HTML 控件的开始和结束标记之间的所有文本。

2.2.2　添加 HTML 服务器控件

默认情况下，ASP.NET 文件中的 HTML 元素作为文本进行处理，并且不能在服务器端代码中引用这些元素。若要使这些元素能以编程方式进行访问，可以通过添加 runat="server" 属性表明应将 HTML 元素作为服务器控件进行处理。另外，还可以通过设置元素的 ID 属性，来实现编程方式引用控件，并通过设置属性（Attribute）来声明服务器控件实例上的属性（Property）参数和事件绑定。

下面以"Button"控件为例，来介绍如何将传统 HTML 元素转化为 HTML 服务器控件。

例 2-1：添加 HTML 服务器控件示例。

在站点中添加一个新的 Web 窗体，命名为"HTML.aspx"。在 HTML.aspx "源"视图中 <form></form> 标记中添加代码，如下所示：

```
<body>
    <form id="form1" runat="server">
    <div>
        <input id="Button1" type="button" value="button" />
    </div>
    </form>
</body>
```

接下来，在"input"标记中添加 runat="server" 属性。代码如下所示：

```
<input id="Button1" type="button" value="button" runat="server" />
```

将此 HTML 元素转化为 HTML 服务器控件后，就可以在服务器代码中对该控件进行编程。以上操作也可以在 VS2008 的工具箱中选择"HTML"项，并在"设计"视图中来添加。

注意：页中的每个 HTML 服务器控件都使用资源，因此要尽量减少 ASP.NET 网页必须使用的控件数目。如果不需要将其公开为在服务器上编程的元素，则应从控件标记中移除 runat="server" 属性将其转换为纯 HTML 元素，但是不要移除 ID 属性。

2.2.3　设置 HTML 服务器控件属性

在设置一个属性时，实际上是重写同一名称的任何现有属性（不修改现有属性上的值）。因此，如果希望修改属性，必须先读取它，再修改它，然后将它重新添加到控件中。

例 2-1 中添加了一个 HTML 服务器控件，怎样在网页中设置该控件的 HTML 属性呢？

首先，打开 HTML.aspx 页的代码类 HTML.aspx.cs，在后台代码中添加例 2-1 中 Button1 控件的单击事件，设置 Button1 控件的 Value 值，代码如下：

```
public partial class HTML : System.Web.UI.Page
{    ……
    protected void Button1_Click(object sender, EventArgs e)
    {
```

```
        Button1.Value = "HTML 服务器控件";
    }
}
```

当页面加载后，要使 Button1 控件上的文字显示为"HTML 服务器控件"，还需将页面与"Button1"控件事件相关联。切换到"HTML.aspx"页面代码页，修改代码如下：

```
<input id="Button1" type="button" value="button" runat="server"
    onserverclick="Button1_Click"/>
```

完成上述内容后，调试运行，单击页面中的 Button 按钮，查看运行结果。

2.3 Web 服务器控件

一个 Web 服务器控件就是一个运行在服务器端并将实际的内容呈现在浏览器上的.NET 类。它们不必一对一地映射到 HTML 服务器控件。

Web 服务器控件包括传统的窗体控件（例如按钮、文本框和表等），还包括提供常用窗体功能（如在网格中显示数据、选择日期或显示菜单等）的控件。

除了提供 HTML 服务器控件上述的功能外，Web 服务器控件还提供如下附加功能：

- 功能丰富的对象模型，该模型具有类型安全编程功能。
- 对于某些控件，可以使用 Templates 定义自己的控件布局。
- 支持主题，可以使用主题为站点中的控件定义一致的外观。
- 可将事件从嵌套控件（例如表中的按钮）传递到容器控件。

控件使用类似如下的语法：

```
<asp:控件类型名 属性集 runat="server" id="指定 ID"/>
```

以下是声明一个 Label 标签控件的示例代码：

```
<asp:Label ID="Label1" runat="server" Text="Web 服务器控件示例"></asp:Label>
```

其中，ID 属性是获取或设置分配给服务器控件的编程标识符。当声明 Web 服务器控件的 ID 属性以通过编程方式访问该控件时，ASP.NET 页框架将自动确保声明的 ID 在整个 ASP.NET Web 应用程序中是唯一的。

注意：这里的属性和属性集并不是 HTML 元素的属性，而是 Web 服务器控件的属性，虽然它们在名称和功能上可能有一定重合。其中"asp"这个前缀用于映射到运行时组件的命名空间。这些控件类型都集中在 System.Web.UI.WebControls 命名空间下，继承自 WebControl 类。WebControl 类提供所有 Web 服务器控件的公共属性、方法和事件。通过设置在此类中定义的属性，并可以控制 Web 服务器控件的外观和行为。

2.3.1 Web 服务器控件属性

每个控件都有一些公共属性，如字体、颜色、样式等。当开发人员在页面中添加控件后，用鼠标选择此控件，属性窗口便会列出该控件的属性。选择相应的属性，属性栏中会简单地介绍该属性的作用。如图 2-2 所示。

图 2-2　属性窗口

通过属性窗口中的属性栏可以设置控件的属性，当控件在页面中被初始化时，这些属性设置将被应用到控件。

控件的属性也可以通过编程的方法在页面相应代码区域编写，示例代码如下所示：

```
protected void Page_Load(object sender, EventArgs e)
{
    Label1.Text = "你好";        //设置 Label1 的文本属性
}
```

上述代码中，在 Page_Load（页面加载事件）里设置了控件的 Text 属性，当页面加载时，会执行 Page_Load 中的代码，控件的属性设置会被应用并呈现在浏览器中。

表 2-1 列举了 Web 服务器控件的常用属性，这些控件主要是从 WebControl 类派生的。

表 2-1　基本 Web 服务器控件属性

属　　性	描　　述
AccessKey	控件的键盘快捷键（AccessKey）。此属性指定用户在按住 Alt 键的同时可以按下的单个字母或数字。例如，如果希望用户按下 Alt+K 键以访问控件，则指定 "K"
Attributes	控件上未由公共属性定义但仍需呈现的附加属性集合。任何未由 Web 服务器控件定义的属性都添加到此集合中。这使得可以使用未被控件直接支持的 HTML 属性。注意，只能在编程时使用此属性，不能在声明控件时设置此属性
BackColor	控件的背景色。BackColor 属性可以使用标准的 HTML 颜色标识符来设置：颜色名称（如 black 或 red）或者以十六进制格式（如#ffffff）表示的 RGB 值
BorderColor	控件的边框颜色
BorderWidth	控件边框（如果有的话）的宽度（以像素为单位）
BorderStyle	控件的边框样式（如果有的话）。可能的值包括：NotSet、None、Dotted、Dashed、Solid、Double、Groove、Ridge、Inset 和 Outset
CssClass	分配给控件的级联样式表（CSS）类
Style	作为控件的外部标记上的 CSS 样式属性呈现的文本属性集合。某些控件支持允许用户将样式属性应用于控件的各个元素的样式对象。这些属性将重写使用 Style 属性进行的任何设置

续表

属　　性	描　　述
Enabled	当此属性设置为 true（默认值）时，控件起作用
EnableTheming	当此属性设置为 true（默认值）时，对控件启用主题；当此属性设置为 false 时，对该控件禁用主题
Font	为正在声明的 Web 服务器控件提供字体信息。此属性包含子属性，可以在 Web 服务器控件元素的开始标记中使用属性-子属性语法来声明这些子属性
ForeColor	控件的前景色
Height	控件的高度
SkinID	要应用于控件的外观
TabIndex	控件的位置（按 Tab 键顺序）。如果未设置此属性，则控件的位置索引为 0。具有相同选项卡索引的控件可以按照它们在网页中的声明顺序用 Tab 键导航
ToolTip	当用户将鼠标指针定位在控件上方时显示的文本
Width	控件的固定宽度

2.3.2　标准控件

标准控件是指工具箱的"标准"项中的 Web 服务器控件，也是最常用的一些控件。这些控件主要用于呈现一些标准的表单元素，如按钮、输入框和标签等。下面介绍一些常用的标准控件，也是完成本任务所必需的知识。

1. 标签控件（Label）

在网页的设置位置上显示文本。通常当希望在运行时更改页面中的文本（比如响应按钮单击）时就可以使用 Label 控件，其常用的属性如下：

- Text：标签显示的文本。可以将 Label 控件的 Text 属性设置为任何字符串（包括包含标记的字符串）。如果字符串包含标记，Label 控件将解释该标记。例如，如果将 Text 属性设置为Test，则 Label 控件将以粗体呈现。
- Visible：指示该控件是否可见并被呈现出来，默认值为 True。

2. 文本框控件（TextBox）

在交互式网页中，最常用的控件之一，用于用户输入或编辑文本，并能实现单行、多行和密码的显示格式。常用属性如下：

- AutoPostBack：用于在文本框的内容发生变化时，自动把包含这个 TextBox 的表单传回服务器端。
- Text：文本值。通过该属性可以获取和设置 TextBox 器控件中显示的值。
- TextMode：文本框的行为模式。其中 SingleLine 为显示单行文本框；MultiLine 为显示多行文本框；Password 则以显示屏蔽用户输入的单行文本框。
- ReadOnly：是否只读。默认值为 False。

TextBox 控件的 HTML 标签：

```
<asp:TextBox ID="TextBox1" runat="server" AutoPostBack="true" >
```

设置或获取名为 TextBox1 控件的属性值的方式为：

```
string str=TextBox1.Text;
TextBox1.Text=str;
```

当 TextBox 控件失去焦点时，该控件将引发 TextChanged 事件。默认情况下，TextChanged 事件并不马上向服务器发送 Web 窗体页，而是当下次发送窗体时才在服务器代码中引发此事件。若要使 TextChanged 事件引发即时发送，应将 TextBox 控件的 AutoPostBack 属性设置为 true。

3. 按钮控件（Button、LinkButton 和 ImageButton）

用户浏览网页时，常常需要指示已完成表单进行提交，或希望执行特定命令、获取信息等操作。要实现这些操作，按钮控件是非常必要的，它具有为用户提供向服务器发送页的能力。当用户单击按钮控件时，该控件会在服务器代码中触发事件，并将该页发送到服务器，这使得在基于服务器的代码中，网页被处理，任何挂起的事件被引发。

ASP.NET 包括 3 个用于向服务器端提交表单的控件，如表 2-2 所示。这 3 个控件拥有相同的功能，但它们在网页上显示的外观却不同。

表 2-2　按钮控件类型

控　　件	说　　明
Button	显示一个标准命令按钮
LinkButton	显示为页面中的一个超链接，包含使窗体被发回服务器的客户端脚本
ImageButton	将图形呈现为按钮，并提供有关图形内已单击位置的坐标信息

按钮控件用于事件的提交，表 2-3 列出了按钮控件的常用通用属性。

表 2-3　按钮控件常用通用属性

属　　性	描　　述
CausesValidation	指定单击按钮是否还执行验证检查。将此属性设置为 false 时不执行验证检查操作
CommandArgument	指定传给 Command 事件的命令参数
CommandName	指定传给 Command 事件的命令名
Enable	禁用该按钮控件
OnClientClick	指定单击按钮时执行的客户端脚本
PostBackUrl	设置将表单传给某个页面

下面的语句分别声明了 3 种不同的按钮，示例代码如下所示：

```
<%--Button 按钮--%>
<asp:Button ID="Button1" runat="server" Text="Button" />
<%--LinkButton 按钮--%>
<asp:LinkButton ID="LinkButton1" runat="server">LinkButton</asp:LinkButton>
<%--ImageButton 按钮--%>
<asp:ImageButton ID="ImageButton1" runat="server" ImageUrl="~/login.gif" />
```

上述代码中，<%--注释内容--%>是.aspx 文件中的注释语句。3 种按钮在页面中呈现的效果，如图 2-3 所示。

4. 超链接控件（HyperLink）

HyperLink 控件可在网页上创建链接，使用户可以在应用程序中的页面之间跳转。不同于 LinkButton 控件，HyperLink 控件不向服务器端提交表单，只用于导航。表 2-4 列出了 HyperLink 控件的常用属性。

图 2-3　3 种按钮的呈现效果

表 2-4　HyperLink 控件常用属性

属　　性	描　　述
Enable	启用或禁用超链接
ImageUrl	为超链接指定一个图片
NavigateUrl	指定超链接代表的 URL
Target	获取或设置单击 HyperLink 控件时显示链接到的网页内容的目标窗口或框架
Text	标注超链接

下列语句声明了一个 HyperLink 标签，当单击"湖南信息职院"时，跳到指定的网站。

```
<asp:HyperLink ID="HyperLink1" runat="server"
        NavigateUrl="http://www.hniu.cn">湖南信息职院</asp:HyperLink>
```

5. 单选按钮控件和单选按钮列表控件（RadioButton 和 RadioButtonList）

RadioButton 控件用于显示单个单选按钮，RadioButtonList 控件用于显示一组单选按钮。这两种控件都能使用户从一组互相排斥的预定义选项中进行选择。

单选按钮很少单独使用，而是进行分组以提供一组互斥的选项。在一个组内，每次只能选择一个单选按钮，可以通过设置 RadioButton 控件的 GroupName 属性来实现分组。

例 2-2：RadioButton 的用法。

添加两个 RadioButton 控件，分别用来显示"男"和"女"，并将两个控件的 GroupName 属性设置为"sex"来保证两个控件的互斥性。代码如下所示：

```
<asp:RadioButton ID="Rbn1" Text="男" GroupName="sex"
                        Checked="true"　runat="server" />
<asp:RadioButton ID="Rbn2" Text="女" GroupName="sex" runat="server" />
```

其中 Checked 属性表示该按钮是否被选中，值为"true"时表示选中，否则为未选中。

同样，RadioButtonList 控件也可实现单选列表的选择，该控件中的列表项将自动进行分组。其主要属性如表 2-5 所示。

表 2-5　RadioButtonList 控件的常用属性

属　　性	描　　述
RepeatColumns	当显示单选按钮组时要使用的列数
RepeatDirection	规定单选按钮组为水平重复还是垂直重复
SelectedItem	单选按钮组中被选中的项

例 2-3：使用 RadioButtonList 实现例 2-2。

```
<asp:RadioButtonList ID="RadioButtonList1" runat="server"
                                    RepeatDirection="Horizontal">
    <asp:ListItem Selected="True">男</asp:ListItem>
    <asp:ListItem>女</asp:ListItem>
</asp:RadioButtonList>
```

从上述代码中可以看出，RadioButtonList 控件使用 ListItem 来管理单选按钮集，其中 Selected 属性表示该选项是否被选中。

如要读取 RadioButtonList 控件的选中项时，只需访问 SelectedItem 属性，代码如下：

```
string s=RadioButtonList.SelectedItem.Value;
```

注意：单个 RadioButton 控件在用户单击该控件时引发 CheckedChanged 事件。当用户更 RadioButtonList 列表中选中的单选按钮时，RadioButtonList 控件会引发 Selected- IndexChanged 事件。默认情况下，这两个事件也不会向服务器发送页。通过将 AutoPostBack 属性设置为 true，可以强制该控件立即执行回发。

6. 复选框控件和复选框列表控件（CheckBox 和 CheckBoxList）

CheckBox 控件用于显示单个复选框，CheckBoxList 控件用于显示一组复选框。这两种控件都为用户提供了一种指定是/否（真/假）选择的方法。在 ASP.NET 网页中，可以向页面添加单个 CheckBox 控件，并单独使用这些控件；也可以添加 CheckBoxList 控件，使用一个复选框列表项集合，控件列表中的各项相对应的项的集合可以通过"编辑项"来编辑，也可以绑定到数据库中的数据。

使用 CheckBox 控件和 CheckBoxList 控件可以执行以下操作：

● 当选中某个复选框时将引起页面回发。

● 当用户选中某个复选框时捕获用户交互。

● 将每个复选框绑定到数据库中的数据。

这两类控件都有各自的优点，使用单个 CheckBox 控件比使用 CheckBoxList 控件能更好地控制页面上各个复选框的布局。如果想要用数据源中的数据创建一系列复选框，则 CheckBoxList 控件是更好的选择。控件的使用方法同 RadioButton 和 RadioButtonList 控件类似。

例 2-4：使用 CheckBoxList 控件实现对兴趣爱好的调查。

首先新建页面，并添加 CheckBoxList、Button 和 Label 控件，其页面代码如下：

```
<asp:CheckBoxList ID="CheckBoxList1" runat="server"
        RepeatColumns="3" RepeatDirection="Horizontal" >
        <asp:ListItem>看书</asp:ListItem>
        <asp:ListItem>打球</asp:ListItem>
        <asp:ListItem>旅游</asp:ListItem>
</asp:CheckBoxList>
<asp:Button ID="Button1" runat="server" onclick="Button1_Click" Text="显示" />
<asp:Label ID="Label1" runat="server"></asp:Label>
```

为按钮 Button1 添加单击事件。当单击按钮时，将选中的复选框显示在 Label2 控件中，代码如下所示：

```
protected void Button1_Click(object sender, EventArgs e)
{    Label1.Text = "你的兴趣有：";
     for (int i = 0; i < CheckBoxList1.Items.Count; i++)
     {
          if (CheckBoxList1.Items[i].Selected == true)
               Label1.Text += " " + CheckBoxList1.Items[i].Value;
}    }
```

其中，CheckBoxList1.Items.Count 用来统计复选框列表控件中的项数；CheckBoxList1.Items[i].Selected 用来判断列表中的第 i 项是否被选中；CheckBoxList1.Items[i].Value 用来获取列表中第 i 项的值。

7. 列表控件（DropDownList，ListBox）

用户与 Web 窗体交互过程中，为了方便用户的输入，经常需要使用列表控件。用户从列表控件中预定义的列表项中选择值。列表控件简化了用户的输入，并且可以有效地防止用户输入实际中不存在的或不符合要求的内容。

（1）DropDownList 控件

DropDownList 控件使用户可以从预定义的下拉列表中选择单个项，其选项列表在用户单击下拉按钮之前一直保持隐藏状态。DropDownList 控件不支持多重选择模式。

例 2-5：使用 DropDownList 控件示例。

```
请选择您最喜欢的颜色：<asp:Label ID="Label1" runat="server"></asp:Label>
     <asp:DropDownList ID="DropDownList1" runat="server">
          <asp:ListItem>红色</asp:ListItem>
          <asp:ListItem>蓝色</asp:ListItem>
          <asp:ListItem>绿色</asp:ListItem>
     </asp:DropDownList>
```

DropDownList 控件实际上是列表项的容器，这些列表项都属于 ListItem 类型。每一个 ListItem 对象都是带有自己属性的单独对象，如表 2-6 所示。

表 2-6　ListItem 控件的属性

属　　性	描　　述
Text	指定在列表中显示的文本
Value	指定列表项对应的隐藏值。设置此属性可以将该值与特定的项关联而不显示该值
Selected	表示一个列表项被选中

图 2-4 显示了例 2-5 执行后的页面呈现情况。

当用户选择其中一项时，DropDownList 控件将引发 SelectedIndexChanged 事件。在"设计"视图中双击 DropDownList 控件，在后台代码中编辑该事件代码如下：

```
protected void DropDownList1_SelectedIndexChanged(object sender, EventArgs e){
    Label1.Text = DropDownList1.SelectedItem.Text;
}
```

默认情况下，该事件不会导致向服务器发送页。可以通过将 AutoPostBack 属性设置为 true，强制该控件立即发送。将上述示例中 DropDownList 控件的 AutoPostBack 属性设置为 true 后，当用户再次进行选择时，就会触发 SelectedIndexChanged 事件，Label1 控件的文本就会被修改。图 2-5 是用户选择蓝色后的显示。

图 2-4　DropDownList 控件的呈现　　　　图 2-5　选择蓝色的显示

（2）ListBox 控件

ListBox 控件与 DropDownList 控件的不同之处在于，它可以一次显示多个项并使用户能够选择多个项（可选）。

例 2-6：使用 ListBox 列表控件示例。

```
请选择您喜欢的水果：<asp:Label ID="Label1" runat="server"></asp:Label><br />
    <asp:ListBox ID="ListBox1" runat="server">
            <asp:ListItem>西瓜</asp:ListItem>
            <asp:ListItem>苹果</asp:ListItem>
            <asp:ListItem>香蕉</asp:ListItem>
            <asp:ListItem>葡萄</asp:ListItem>
            <asp:ListItem>橙子</asp:ListItem>
    </asp:ListBox>
```

从结构上看，ListBox 列表控件与 DropDownList 控件十分相似。但显示的结果却不相同，如图 2-6 所示。

SelectedIndexChanged 也是 ListBox 列表控件中最常用的事件，双击 ListBox 列表控件，系统会自动生成相应的代码。同样，开发人员可以为 ListBox 控件中的选项改变后的事件做编程处理，示例代码如下所示：

```
protected void ListBox1_SelectedIndexChanged(object sender, EventArgs e)
{    Label1.Text = "";
        for (int i = 0; i < ListBox1.Items.Count; i++)
            if (ListBox1.Items[i].Selected)
                Label1.Text += ListBox1.Items[i].Value+"   ";
}
```

将上述代码中 ListBox 控件的 AutoPostBack 属性设置为 true 后，当用户再次进行选择时，就会触发 SelectedIndexChanged 事件，遍历 ListBox1 中所有的项，如果某项被选中，则将该项的值显示在 Label1 中，如图 2-7 所示。

图 2-6　ListBox 控件呈现图　　　　　图 2-7　选择了苹果和葡萄

8. 图像控件（Image）

使用 Image 控件可以在页面中显示图像。表 2-7 列出了图像控件常用的属性。

表 2-7　Image 控件的常用属性

属　　性	描　　述
AlternateText	在图像无法显式时为图像提供的代替文本
ImageAlign	用于将图像和页面中其他 HTML 元素对齐。可能的值有 AbsBottom、AbsMiddle、Baseline、Bottom、Left、Middle、NotSet、Rigth、TextTop 和 Top
ImageUrl	指定图像的 URL

下列代码使用 Image 控件将当前目录下的图片"flower.jpg"呈现在网页中。

```
<asp:Image ID="Image1" runat="server" ImageUrl="flower.jpg" />
```

与大多数其他 Web 服务器控件不同，Image 控件不支持任何事件。例如，Image 控件不响应鼠标单击事件。如果有需要，可以通过使用 ImageMap 或 ImageButton 服务器控件来创建交互式图像。

2.3.3　验证控件

Web 应用系统中常需要检查用户输入的信息是否有效，并在必要时提示用户错误信息。为了实现这种检错方式，ASP.NET 提供了一组验证控件，本小节主要介绍这些验证控件的使用方法。

如表 2-8 所示列出了 ASP.NET 验证控件及其使用方法。

表 2-8　验证控件

验 证 类 型	使用的控件	说　　明
必需项	RequiredFieldValidator	要求用户在表单字段中输入必需的值，确保用户不会跳过某一项
与某值的比较	CompareValidator	将用户输入与一个常数值或者另一个控件或特定数据类型的值进行比较
范围检查	RangeValidator	检查用户的输入是否在指定的上下限内。可以检查数字对、字母对和日期对限定的范围

续表

验证类型	使用的控件	说明
模式匹配	RegularExpressionValidator	检查项与正则表达式定义的模式是否匹配。能够检查可预知的字符序列，如电子邮件地址、电话号码等内容中的字符序列
用户自定义	CustomValidator	使用自定义的验证逻辑检查用户输入。检查在运行时派生的值

可以为一个输入控件附加多个验证控件。例如，在指定某个控件必需输入的同时，还可验证该控件是否包含特定范围的值。

另外还有一个与验证相关的控件，即 ValidationSummary 控件。它不执行验证，但经常与其他验证控件一起用于显示页面上所有验证控件的错误信息。

（1）验证 ASP.NET 服务器控件的必需项

使用 RequiredFieldValidator 控件并将其链接到必需的控件，可以指定用户在特定控件中必须提供信息。例如，让用户在提交注册窗体之前必须填写"姓名"文本框，如果用户没有输入，则在提交页面后会看到错误消息提示。

例 2-7：使用 RequiredFieldValidator 验证控件示例。

用户在提交页面前，要求 TextBox 文本框中必须输入用户名，代码如下所示：

```
用户名：<asp:TextBox ID="txtUserName" runat="server"></asp:TextBox>
    <asp:RequiredFieldValidator ID="RequiredFieldValidator1" runat="server"
    ControlToValidate="txtUserName"     ErrorMessage="（用户名不能为空）"
    ForeColor="Red" Display="Dynamic"   Font-Size="Small">
    </asp:RequiredFieldValidator><br />
<asp:Button ID="Button1" runat="server" Text="确定" />
```

图 2-8 显示了当用户没有输入用户名而提交页面时出现的出错信息框。

图 2-8 验证必需项

上述示例中，将 RequiredFieldValidator 控件添加到页面中并设置了属性。表 2-9 列出了 RequiredFieldValidator 控件的常用属性。

表 2-9 RequiredFieldValidator 控件的常用属性

属性	说明
ControlToValidate	被验证的控件 ID。每个验证控件必须提供该属性的值，否则就会报错
Text	验证失败时显示的错误信息。赋值给 Text 属性的信息显示在页面主体中
ErrorMessage	当验证的控件无效时在 ValidationSummary 中显示的消息。但如果不为 Text 属性赋值，则 ErrorMessage 属性的信息会显示在页面主体中
Display	用于决定如何呈现验证错误信息。该属性接受 3 个值：Static、Dynamic 和 None

（2）对照特定值验证 ASP.NET 服务器控件

通过使用 CompareValidator 验证控件，可以使用逻辑运算符对照一个特定值来验证用户输入。例如，可以指定用户输入的必须是"1950 年 1 月 1 日"之后的日期。

除了具有验证控件的一般属性，CompareValidator 验证控件还可以设置，如表 2-10 所示的常用属性。

表 2-10　CompareValidator 控件的常用属性

属　　性	说　　明
ControlToCompare	要进行比较的控件的 ID
Type	要比较的值的数据类型。类型使用 ValidationDataType 枚举指定，该枚举允许使用 String、Integer、Double、Date 或 Currency 类型名。在执行比较之前，值将转换为此类型
Operator	要使用的比较方法。指定一个运算符，该运算符使用 ValidationCompareOperator 枚举中定义的下列值之一：Equal（等于）、NotEqual（不等于）、GreaterThan（大于）、GreaterThanEqual（大于等于）、LessThan（小于）、LessThanEqual（小于等于）、DataTypeCheck（数据类型检验）

例 2-8： 使用 CompareValidator 验证控件示例。

对用户输入的数据类型进行检验，并将用户输入的值与另一控件的值进行比较，检查用户是否输入了早于到达日期的离开日期。代码如下所示：

```
<div>
到达日期：<asp:TextBox ID="txtArrivalDate" runat="server"></asp:TextBox>
    <asp:CompareValidator ID="CompareValidator1" runat="server" Display="Dynamic"
        ErrorMessage="请输入正确的日期格式，如：2010/02/01" Font-Size="Small"
        Operator="DataTypeCheck" ControlToValidate="txtArrivalDate"
        Type="Date" /><br />
离开日期：<asp:TextBox ID="txtDepartureDate" runat="server"></asp:TextBox>
    <asp:CompareValidator ID="CompareValidator2" runat="server" Display="Dynamic"
        ErrorMessage="离开日期不能早于到达日期！" Font-Size="Small"
        Operator="GreaterThanEqual" ControlToValidate="txtDepartureDate"
        Type="Date" ControlToCompare="txtArrivalDate" /><br />
    <asp:Button ID="Button1" runat="server" Text="确定" />
</div>
```

在实际的应用程序中，到达日期和离开日期可能是必需的信息，可以同时对一个多控件进行多项验证。

（3）对照取值范围验证 ASP.NET 服务器控件

通过使用 RangeValidator 控件可以确定用户的输入是否介于特定的取值范围内，例如，介于两个数字、两个日期或两个字母字符之间。

要对照取值范围进行验证，通常需要将 RangeValidator 控件添加到页中，并按表 2-11 设置其属性。

表 2-11　RangeValidator 控件的常用属性

属　　性	说　　明
ControlTovalidate	被验证的表单字段的 ID
Text	验证失败时显示的错误信息
Type	所执行的比较类型。可能的值有 String、Integer、Double、Date 或 Currency
MinimumValue	验证范围的最小值
MaximumValue	验证范围的最大值

注意：使用 RangeValidator 控件时不要忘记设置 Type 属性。如果用户输入的信息无法转换为指定的数据类型，例如，无法转换为日期，则验证将失败。如果用户将控件保留为空白，则此控件将通过范围验证。若要强制用户输入值，则还要添加 RequiredFieldValidator 控件。

（4）根据模式对 ASP.NET 服务器控件进行验证

RegularExpressionValidator 控件用于把表单字段的值和正则表达式进行比较，以此来检查用户的输入是否匹配预定义的模式，例如电话号码、邮编或电子邮件地址等。

例 2-9： 使用 RegularExpressionValidator 验证页面中用户输入的电子邮件地址。

```
<div>
    电子邮箱：<asp:TextBox ID="txtEmail" runat="server" />
    <asp:RegularExpressionValidator ID="RegularExpressionValidator1" runat="server"
        ControlToValidate="txtEmail" ErrorMessage="邮箱格式不正确！"
        ValidationExpression="\w+([-+.']\w+)*@\w+([-.]\w+)*\.\w+([-.]\w+)*">
    </asp:RegularExpressionValidator>
    <asp:Button ID="Button1" runat="server" Text="确定" />
</div>
```

在上述代码中，通过将 ValidationExpression 属性设置为正则表达式验证用户输入的电子邮件地址是否正确。通过 Visual Studio 2008 的可视化设计器，打开 RegularExpressionValidator 的属性窗口，选择 ValidationExpression 属性，可以看到一些可复用的内置正则表达式，比如电子邮件地址、电话号码和 URL 等。

任务实施

用户注册页面设计的具体步骤如下：

步骤 1. 新建一个 ASP.NET 网站，命名为"UserRegDemo"。

步骤 2. 在解决方案资源管理器中，右击 UserRegDemo 网站，在弹出的快捷菜单中选择"添加新项"命令。

步骤 3. 在弹出的"添加新项"对话框中，选择 Web 窗体，命名为 Register.aspx，如图 2-9 所示。然后单击"确定"按钮。

步骤 4. 选择"表"→"插入表格"命令，在"插入表格"对话框中进行如图 2-10 所示设置。设置完成后，单击"确定"按钮插入表格，为注册界面进行页面布局。

图 2-9　新建 Web 窗体

图 2-10　"插入表格"对话框

步骤 5．设计"用户注册"页面。添加文字，将所需控件拖放到页面中，页面具体情况如图 2-11 所示。页面中各服务器控件的设置如表 2-12 所示。

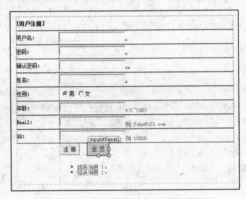

图 2-11　"用户注册"页面设计

表 2-12　用户注册页面控件设置

控件 ID	控 件 类 型	属 性 名	属 性 值
lblUsername	Label	Text	用户名：
txtUsername	TextBox		
reqtxtUsername	RequiredFieldValidator	ControlToValidate	txtUsername
		ErrorMessage	必须填写用户名
		Text	*
lblPwd	Label	Text	密码：
txtPwd	TextBox	TextMode	Password
reqtxtPwd	RequiredFieldValidator	ControlToValidate	txtPwd
		ErrorMessage	必须填写密码
		Text	*
lblRePwd	Label	Text	确认密码
txtRePwd	TextBox	TextMode	Password

续表

控件 ID	控件类型	属性名	属性值
reqtxtRePwd	RequiredFieldValidator	ControlToValidate	txtRePwd
		Display	Dynamic
		ErrorMessage	必须填写确认密码
		Text	*
comPwd	CompareValidator	ControlToCompare	txtPwd
		ControlToValidate	txtRePwd
		Display	Dynamic
		ErrorMessage	确认密码与密码不相同
		Text	*
lblName	Label	Text	姓名：
txtName	TextBox		
reqtxtName	RequiredFieldValidator	ControlToValidate	txtName
		ErrorMessage	必须填写姓名
		Text	*
lblSex	Label	Text	性别：
radioSex	RadioButtonList	Items[0].Value	男
		Items[1].Value	女
lblAge	Label	Text	年龄：
txtAge	TextBox		
rantxtAge	RangeValidator	ControlToValidate	txtAge
		ErrorMessage	必须填写有效的年龄
		Text	*(1~100)
		MaximumValue	100
		MinimumValue	1
		Type	Integer
lblEmail	Label	Text	Email：
txtEmail	TextBox		
regtxtEmail	RegularExpressionValidator	ControlToValidate	txtEmail
		ErrorMessage	必须填写有效的 Email
		Text	例：John@123.com
		ValidationExpression	\w+([-+.']\w+)*@\w+([-.]\w+)*\.\w+([-.]\w+)* 注：Internet 电子邮件地址
lblQQ	Label	Text	QQ：
txtQQ	TextBox		
regtxtQQ	RegularExpressionValidator	ControlToValidate	txtQQ
		ErrorMessage	必须填写有效的 QQ 号码
		Text	例：10000
		ValidationExpression	\d{5,12}

续表

控件 ID	控件类型	属性名	属性值
valError	ValidationSummary	ShowMessageBox	True
		ShowSummary	False
btnOK	Button	Text	注册
Reset1	Reset	Value	重置

步骤 6. 编辑 Default.aspx 页面。打开 Default.aspx 文件，在页面中输入文字"恭喜，注册完毕。"，如图 2-12 所示。

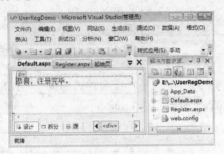

图 2-12　编辑 Default.aspx 页面

步骤 7. 添加代码。打开 Register.aspx 文件，双击注册按钮，在创建的按钮单击事件中添加如下代码：

```
protected void btnOK_Click(object sender, EventArgs e)
{          if(Page.IsValid)                //获取一个值，该值指示页验证是否成功
           Response.Redirect("~/Default.aspx");          //跳转到指定页面
}
```

步骤 8. 保存并在浏览器中查看运行效果。如果所有的内容输入无误，全部验证通过，则跳转到 Default.aspx。

知识拓展

1. 用户自定义控件

除了在 ASP.NET 网页中使用 Web 服务器控件外，开发人员还可以创建可重复使用的自定义控件，这些控件称作用户控件。

用户控件是一种复合控件，其工作原理类似于 ASP.NET 网页。开发人员可以向用户控件添加现有的 Web 服务器控件和标记，并定义控件的属性和方法，然后将控件嵌入到 ASP.NET 网页中充当一个单元。

（1）用户控件结构

ASP.NET Web 用户控件与完整的 ASP.NET 网页（.aspx 文件）相似，它也具有用户界面页和代码隐藏类。可以采取与创建 ASP.NET 页相似的方式创建用户控件。但用户控件与 ASP.NET 网页具有一定的区别，其主要区别如下：

- 用户控件的文件扩展名为.ascx。
- 用户控件中没有@ Page 指令，而是包含@Control 指令，该指令对配置及其他属性进行定义。
- 用户控件不能作为独立文件运行。而必须像处理其控件一样，将它们添加到 ASP.NET 页中。
- 用户控件中没有 html、body 或 form 元素。这些元素必须位于 ASP.NET 页中。

（2）创建 ASP.NET 用户控件

创建 ASP.NET 用户控件的操作步骤如下：

① 打开要添加用户控件的网站项目。在解决方案资源管理器中，右击网站项目的名称，在弹出的快捷菜单中选择"添加新项"命令。

② 在"添加新项"对话框中的"Visual Studio 已安装的模板"内，选择"Web 用户控件"选项，并在"名称"文本框中输入用户控件名称。如果要将用户控件的所有代码都放置在一个单独的文件中，需选中"将代码放在单独的文件中"复选框。完成后单击"添加"按钮。设置如图 2-13 所示。

图 2-13　添加用户控件

③ 将新创建的 ASP.NET 用户控件在设计器中打开。向新用户控件中添加表 2-13 中列出的控件。

表 2-13　控件及具体设置

控件 ID	控 件 类 型	属 性 名	属 性 值
Panel1	Panel（界面元素的容器）	BackColor	#0099FF
		Height	35px
		Width	300px
TextBox1	TextBox	Width	180px
Button1	Button	Text	确定

④ 双击"Button1"按钮，在创建的 Button1_Click 事件中添加如下代码：

```
protected void Button1_Click(object sender, EventArgs e)
{
        TextBox1.Text = "这是一个用户控件";
}
```

⑤ 保存操作。用户控件不能独立运行，必须将其拖放到 ASP.NET 网页中去运行。

（3）使用 ASP.NET 用户控件

用户控件不会会出现在工具箱中，需要直接从解决方案资源管理器中拖曳。操作过程如下：

① 打开要添加 ASP.NET 用户控件的网页，切换到"设计"视图。

② 在"解决方案资源管理器"中选择自定义用户控件文件，并将其拖到页面上。ASP.NET 用户控件被添加到该页面上时，设计器会创建@Register 指令，以识别用户控件。

此时就能在页面设计器中查看到用户控件设计时的样式，并且可以处理该控件的公共属性和方法。

任务 2　使用母版页设计网站

任务场景

使用 ASP.NET 母版页可以为 Web 应用程序中的页面创建一致的布局和风格，使网站的维护、扩展和修改工作变得更容易。单个母版页可以为 Web 应用程序中的所有页（或一组页）定义所需的外观和标准行为。然后可以创建包含要显示内容的各个内容页。当用户请求内容页时，这些内容页与母版页合并并将母版页的布局与内容页的内容组合在一起输出。如果需要更新或修改一个应用了母版页的网站，只需要修改母版页就可以动态地改变所有页面的外观。

本任务主要通过使用母版页来设计个人网站，最终达到掌握母版页和内容页的创建与应用的目的。

知识引入

2.4　母版页的工作原理

一个应用了母版页的网页实际由两部分组成，即母版页本身与内容页。母版页定义的是每个页面都公用到的部分，而内容页主要包含的是页面中的非公共内容。

2.4.1　母版页

母版页是具有扩展名 .master（如 MySite.master）的 ASP.NET 文件，它具有可以包括静态文本、HTML 元素和服务器控件的预定义布局。母版页由特殊的@Master 指令识别，该指令替换了普通.aspx 页的@ Page 指令。母版页指令代码如下所示：

```
<%@ Master Language="C#" AutoEventWireup="true" CodeFile="MasterPage.master.cs"
Inherits="MasterPage" %>
```

除@ Master 指令外，母版页还包含页的所有顶级 HTML 元素，如 html、head 和 form

等，开发人员可以在母版页中使用任何 HTML 元素和 ASP.NET 元素。

母版页还包括一个或多个 ContentPlaceHolder 控件。这些占位符控件定义可替换内容出现的区域，并由开发人员在内容页中定义可替换内容。下面是定义 ContentPlaceHolder 控件后，母版页的页面代码。

```
<%@ Master Language="C#" AutoEventWireup="true" CodeFile="MasterPage.master.cs"
Inherits="MasterPage" %>
<html xmlns="http://www.w3.org/1999/xhtml">
<head runat="server">
    <title>无标题页</title>
    <asp:ContentPlaceHolder id="head" runat="server"> </asp:ContentPlaceHolder>
</head>
<body>
    <form id="form1" runat="server">
    <div>
        <asp:ContentPlaceHolder id="ContentPlaceHolder1" runat="server">
        </asp:ContentPlaceHolder>
    </div> </form></body></html>
```

从上面的代码可以看出，每个母版页都必须包含以下几个元素：

● 基本的 HTML 和 XML 类型标记。
● 位于第一行的<%@ Master Language="C#"... %>指令。
● 带有 ID 的<asp:ContentPlaceHolder>标记。

页面主体包含的 ContentPlaceHolder 控件，是母版页中的一个区域，其中的可替换内容将在运行时由内容页合并给出。对于页面的非公共部分，需要在母版页中使用一个或多个 ContentPlaceHolder 控件来占位，而每个页面的具体内容则被放置在内容页中。定义好的母版页就可以作为容纳内容页的容器了。

2.4.2 内容页

虽然内容页也是扩展名为.aspx 的文件，但是其代码结构与普通的 Web 窗体有很大的差异。内容页和母版页关系紧密，开发人员通过创建各个内容页来定义母版页占位符控件中的内容。这些内容页为绑定到特定母版页的 ASP.NET 页（.aspx 文件以及可选的代码隐藏文件）。它们通过包含指向要使用的母版页的 MasterPageFile 属性，在内容页的@ Page 指令中建立绑定。例如，一个内容页可能包含如下所示的@ Page 指令，以将自己绑定到 MasterPage.master 页。

```
<%@ Page Language="C#" MasterPageFile="~/MasterPage.master" AutoEventWireup="true"
CodeFile="Default.aspx.cs" Inherits="Default" Title="无标题页" %>
```

在内容页中，通过添加 Content 控件将页面内容映射到母版页的 ContentPlaceHolder 控件上。内容页代码如下所示。

```
<%@ Page Language="C#" MasterPageFile="~/MasterPage.master"
AutoEventWireup="true" CodeFile="Default.aspx.cs" Inherits="Default" Title="无标题页" %>
```

```
<asp:Content ID="Content1" ContentPlaceHolderID="head" Runat="Server" >
</asp:Content>
<asp:Content ID="Content2" ContentPlaceHolderID="ContentPlaceHolder1"
Runat="Server"></asp:Content>
```

@ Page 指令将内容页绑定到特定的母版页上，并为要合并到母版页中的页定义标题（母版页必须包含一个具有属性 runat="server"的 head 元素，以便可以在运行时合并标题设置）。

内容页包含的所有标记都在 Content 控件中。在内容页中，Content 控件外的任何内容（除服务器代码的脚本块外）都将导致错误。

在 ASP.NET 页中所执行的所有任务都可以在内容页中执行。例如，可以使用服务器控件和数据库查询或其他动态机制来生成 Content 控件的内容。

开发人员可以创建多个母版页来为站点的不同部分定义不同的布局，并可以为每个母版页创建一组不同的内容页。

2.4.3　运行机制

在运行时，母版页是按照如下步骤对页面进行处理的。

（1）用户通过输入内容页的 URL 来请求浏览某页。

（2）获取该页后，读取@ Page 指令。如果该指令引用一个母版页，则读取该母版页。如果这是第一次请求，则母版页和内容页都要进行编译。

（3）包含更新内容的母版页合并到内容页的控件中。

（4）各个 Content 控件的内容合并到母版页对应的各 ContentPlaceHolder 控件中。

（5）浏览器中呈现得到的合并页。

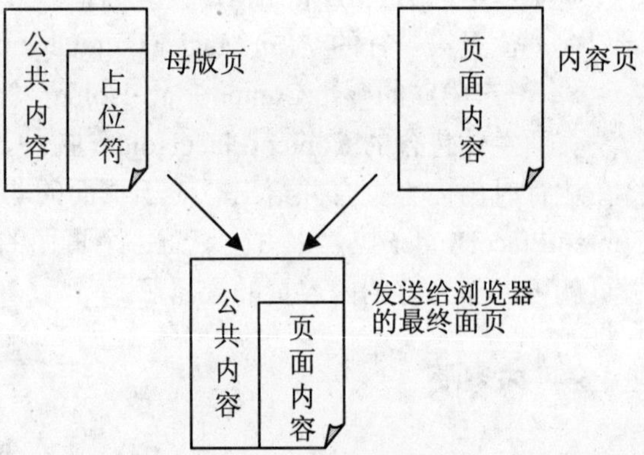

图 2-14 对母版页的运行机制进行了阐释。

图 2-14　运行时的母版页

2.5　确定网站布局

一个好的网站通常得益于一致的外观，所以在创建一个网站前，应综合考虑网站的布局。网站布局通常包括以下几个方面：

● 整个网站的公共标题和菜单系统。

● 在页面左侧栏提供页面导航。

● 在页脚提供版权信息和与网站管理员的联系方式。

这些元素通常会出现在每个页面上，为用户提供必要的功能。本任务中即将完成的个人网站的总体布局如图 2-15 所示。

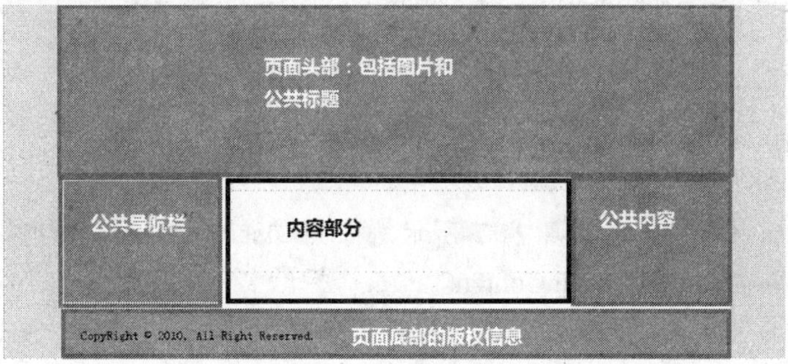

图 2-15　个人网站的布局

任务实施

步骤 1. 创建一个 ASP.NET 的网站，命名为 "MasterPageDesignDemo"。

步骤 2. 在解决方案资源管理器中，右击网站名称，在弹出的快捷菜单中选择 "添加新项" 命令。在 "Visual Studio 已安装的模板" 内选择 "母版页" 选项。在 "名称" 框中输入 "Master1"。选中 "将代码放在单独的文件中" 复选框，设置如图 2-16 所示。

图 2-16　添加新的母版页

步骤 3. 对母版页进行页面布局。在源视图中选定 Master1.master 文件，先删除页面中的内容占位符，将页面代码中\<form\>标签的内容修改如下：

```
<form id="form1" runat="server">
  <div id="wrapper">
    <div id="branding">
        <h1>我的网站</h1></div>
    <div id="content">
        <div id="mainContent"></div>
        <div id="secondaryContent">
            <h2>每周推荐</h2><p>请在这里添加文字</p>
    </div></div>
    <ul id="mainNav">
      <li><a href="Default.aspx">我的首页</a></li>
```

```
            <li><a href="Live.aspx">生活艺术</a></li>
            <li><a href="Study.aspx">学习天地</a></li>
            <li><a href="Link.aspx">友情链接</a></li>
            <li><a href="Message.aspx">有话要说</a></li> </ul>
        <div id="footer">
            <p>CopyRight © 2010. All Right Reserved. </p>
</div></div></form>
```

步骤 4．添加内容占位符。图 2-17 所示是将 Master1.master 文件切换到设计视图后的
效果。将光标放置在<div id="mainContent"></div>标记中，将工具栏中的 ContentPlaceHoler
内容占位符控件拖放到其中，完成后的情况如图 2-18 所示。

图 2-17 在设计视图中查看 Master1.master

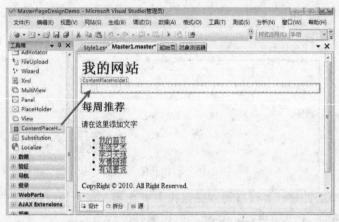

图 2-18 拖放 ContentPlaceHoler 控件

步骤 5．为了进一步完善 Master1.master 页面的布局，添加一个样式表 Style1.css 来美
化布局。在解决方案资源管理器中，右击网站项目的名称，在弹出的快捷菜单中选择"添
加新项"命令，在打开的对话框中的"Visual Studio 已安装的模板"内选择"样式表"选
项，将样式表命名为"Style1.css"。在打开的 Style1.css 样式表文件中添加如下内容：

```
* {         margin: 0;
            padding: 0;     }
body {
            font: 62.5%/1.6 宋体, Arial, Helvetica, sans-serif;
            background-color: #D4D4D4; }
```

```
p, li {        font-size: 1.4em; }
#branding{
          height: 150px;
          background-color: #438BF9;
          padding: 20px;      }
#branding h1{
          margin: 0;
          color: #FFFFFF;
          font-family: 宋体, Arial, Helvetica, sans-serif;      }
#mainNav {    list-style: none;      }
#secondaryContent h2 {
          font-size: 1.6em;
          margin: 0;      }
#secondaryContent p {    font-size: 1.2em;      }
#footer {
          background-color:#438BF9;
          padding: 1px 20px;      }
body {
          text-align: center;
          min-width: 760px;            }
#wrapper{
          width: 85%;
          margin: 0 auto;
          text-align: left;
          background: #fff;      }
#mainNav {
          width: 23%;
          float: left;      }
#content {
          width: 75%;
          float: right;      }
#mainContent {
          width: 66%;
          margin: 0;
          float: left;  }
#secondaryContent {
          width: 31%;
          min-width: 10em;
          display: inline;
          float: right; }
#footer { clear: both;   }
#mainNav, #secondaryContent {
          padding-top: 20px;
          padding-bottom: 20px; }
#mainNav *, #secondaryContent * {
          padding-left: 20px;
          padding-right: 20px;    }
#mainNav * *, #secondaryContent * * {
          padding-left: 0;
          padding-right: 0; }
```

步骤 6．保存样式表 Style1.css，打开母版页 Master1.master 的设计视图，从解决方案资源管理器中将 Style1.css 拖放到 Master1.master 页面的空白处。图 2-19 显示了拖放的过程，图 2-20 是拖放完成后的效果图。

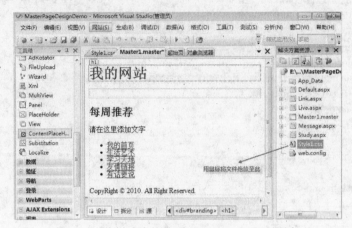

图 2-19　将样式表拖放到 Master1.master 页面中

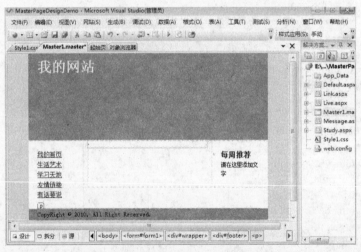

图 2-20　使用样式表后的 Master1.master

步骤 7．将原有的 Default.aspx 页面删除掉，再在解决方案资源管理器中，添加名为"Default.aspx"的 Web 窗体。在"添加新项"文本框中，选中"将代码放在单独的文件中"和"选择母版页"两个复选框，单击"添加"按钮后，在打开的"选择母版页"对话框的"文件夹内容"中，选择 Master1.master，然后单击"确定"按钮。

步骤 8．将 Default.aspx 页面在设计视图中打开。此时，除了占位符的部分可以编辑外，其余的部分都是禁止修改的。在内容占位符中添加文字："这是首页"，如图 2-21 所示。

步骤 9．继续为网站添加新的 Web 窗体页："Live.aspx"、"Study.aspx"、"Link.aspx"、"Message.aspx"，并为这些页面添加相应的内容。

步骤 10．保存并在浏览器中查看运行结果。

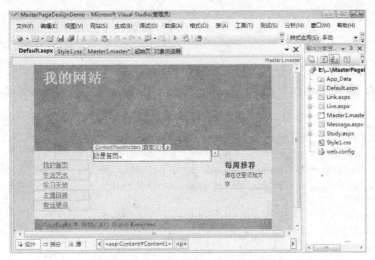

图 2-21 为 Default.aspx 页面添加内容

知识拓展

1. 嵌套母版页

母版页可以嵌套，即一个母版页可以引用另外的页作为其母版页。利用嵌套的母版页可以创建组件化的母版页。例如，大型站点可能包含一个用于定义站点外观的总体母版页，然后，不同的站点内容合作伙伴又可以定义其各自的子母版页，这些子母版页引用站点母版页，并定义该合作伙伴的相应内容外观。

与母版页一样，子母版页文件扩展名也是.master，它通常会包含一些内容控件，这些控件将映射到父母版页上的内容占位符，就这方面而言，子母版页的布局方式与所有内容页类似，但是子母版页还有自己的内容占位符，可用于显示其子页提供的内容。

例 2-10：使用嵌套母版页。

本例演示了一个简单的嵌套母版页配置，步骤如下：

（1）打开要创建嵌套母版页的网站项目。如果还没有网站项目，可以创建一个。

（2）为网站项目添加一个母版页"MasterPage.master"。将文件在源视图中打开，添加如下代码：

```
<%@ Master Language="C#" AutoEventWireup="true" CodeFile="MasterPage.master.cs"
Inherits="MasterPage" %>
<!DOCTYPE html PUBLIC "-//W3C//DTD XHTML 1.0 Transitional//EN"
"http://www.w3.org/TR/xhtml1/DTD/xhtml1-transitional.dtd">
<html xmlns="http://www.w3.org/1999/xhtml">
<head runat="server"> <title>无标题页</title></head>
<body>
    <form id="form1" runat="server">
        <h1>父母版页</h1>
        <p style="font:color=red">这是父母版页的内容.</p>
        <asp:ContentPlaceHolder ID="ContentPlaceHolder1" runat="server" />
```

```
        </form>
</body>
</html>
```

（3）继续为网站项目添加一个母版页"Child.master"，添加该母版页时选择"选择母版页"选项，为 Child.master 选择 MasterPage.master 作为母版页。将 Child.master 在源视图中打开，添加如下代码：

```
<%@ Master Language="C#" MasterPageFile="~/MasterPage.master"
        AutoEventWireup="false" CodeFile="Child.master.cs" Inherits="Child" %>
<asp:Content ID="Content2" ContentPlaceHolderID="ContentPlaceHolder1" Runat="Server">
    <asp:panel runat="server" id="panelMain" backcolor="lightyellow">
    <h2>子母版页</h2>
        <asp:panel runat="server" id="panel1" backcolor="lightblue">
            <p>这是子母版页的内容。</p>
            <asp:ContentPlaceHolder ID="ChildContent1" runat="server" />
        </asp:panel>
        <asp:panel runat="server" id="panel2" backcolor="pink">
            <p>这也是子母版页的内容。</p>
            <asp:ContentPlaceHolder ID="ChildContent2" runat="server" />
        </asp:panel>
    </asp:panel>
</asp:Content>
```

（4）为网站添加一个新的 Web 窗体。添加页面时选取"选择母版页"这个选项，并且选择 Child.master 作为母版页。将创建好的 Web 窗体在源视图中打开，添加如下代码：

```
<%@ Page Language="C#" MasterPageFile="~/Child.master" AutoEventWireup="true"
CodeFile="Default.aspx.cs" Inherits="_Default" Title="无标题页" %>
<asp:Content ID="Content1" ContentPlaceHolderID="ChildContent1" Runat="Server">
<asp:Label runat="server" id="Label1" text="页面内容一" font-bold="true" />
    <br />
</asp:Content>
<asp:Content ID="Content2" ContentPlaceHolderID="ChildContent2" Runat="Server">
    <asp:Label runat="server" id="Label2" text="页面内容二" font-bold="true"/>
</asp:Content>
```

（5）保存并在浏览器中查看运行结果。运行结果如图 2-22 所示。

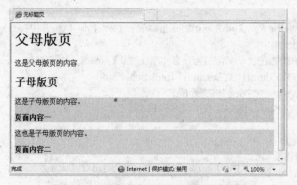

图 2-22　嵌套母版页面后的运行结果

任务 3　使用主题样式化网站

任务场景

　　ASP.NET 主题是属性设置的集合，使用这些设置可以定义页面和控件的外观，并可以在某个 Web 应用程序的所有页或服务器上的所有 Web 应用程序中统一应用此外观。ASP.NET 主题与母版页不同，母版页用于在网站的多个页面间共享内容，而主题的作用是保持控件内容的外观。

　　本任务通过对个人网站的创建和主题应用，介绍如何将设计出来的美观效果灵活准确地应用到网站中。

知识引入

2.6　主题与外观控件

　　主题由外观、级联样式表（CSS）以及图像等资源元素组成。主题需要在网站或 Web 服务器的特殊目录中定义。

2.6.1　外观

　　外观文件具有文件扩展名.skin，它包含各个控件（例如 Button、Label、TextBox 或 Calendar 控件）的属性设置。控件外观设置类似于控件标记本身，但只包含要作为主题的一部分来设置的属性。

　　外观文件通常保存在主题文件夹中，所以在创建主题的同时也创建了.skin 文件。一个.skin 文件可以包含一个或多个控件类型的一个或多个控件外观。可以为每个控件在单独的文件中定义外观，也可以在一个文件中定义所有主题的外观。

　　ASP.NET3.5 提供了两种类型的控件外观：“默认外观”和“已命名外观”。

　　当向页面应用主题时，默认外观自动应用于同一类型的所有控件。如果控件外观没有 SkinID 属性，则是默认外观。例如，为 Button 控件创建一个默认外观，则该控件外观适用于使用本主题的页面上的所有 Button 控件。默认外观严格按控件类型来匹配，因此 Button 控件外观只适用于所有 Button 控件，并不适用于 LinkButton 控件或从 Button 对象派生的控件。默认外观的示例代码如下所示。

```
<asp:Button runat="server" BackColor="#00FF99" BorderColor="#009933" />
```

　　已命名外观是设置了 SkinID 属性的控件外观。它不会自动按类型应用于控件，需要通过设置控件的 SkinID 属性显式应用于控件。通过创建已命名外观，可以为应用程序中同一控件的不同实例设置不同的外观。命名外观的示例代码如下所示：

```
<asp:Button runat="server" SkinId="btSkin" BackColor="#00FF99"
                                BorderColor="#009933" />
```

2.6.2 级联样式表（CSS）、图形和其他资源

主题还可以包含级联样式表（.css 文件）、图形和其他资源文件。通常将这些资源文件放在主题文件夹中时，资源文件自动作为主题的一部分加以应用，也可以将它们放置在主题目录以外的位置，通过使用“~”符号来引用资源。

2.7 创建 ASP.NET 页面主题

2.7.1 创建页面主题

通过 Visual Studio 2008 来创建 ASP.NET 主题，可以在解决方案资源管理器中右击网站项目名，在弹出的快捷菜单中选择“添加 ASP.NET 文件夹”子菜单命令，然后选择“主题”命令，如图 2-23 所示。

Visual Studio 2008 将会在网站项目目录下创建名为“App_Themes”的文件夹，并默认包含一个名为“主题 1”的子文件夹，该文件夹的名称也是页面主题的名称，开发人员可以对此名称进行重命名。创建好的主题文件夹如图 2-24 所示。

图 2-23　创建主题　　　　　　　图 2-24　创建主题文件夹

如果在创建主题文件夹后，还需要创建其他新的主题，只需右击“App_Themes 文件夹”，在弹出快捷菜单中选择“添加 ASP.NET 文件夹”子菜单下的“主题”命令即可。

2.7.2 在主题中添加外观文件

一个主题可能包含一个或多个外观文件，每个文件都可以是一种控件的外观定义。在主题文件夹中如何组织这些外观并不重要，因为所有文件夹最终都会被编译成一个主题类。

为主题添加一个外观文件，可以这么操作：在解决方案资源管理器中，右击主题的名称，在弹出的快捷菜单中选择“添加新项”命令，打开“添加新项”对话框，在对话框的模板中选择“外观文件”选项。在“名称”框中，输入.skin 文件的名称，然后单击“添加”按钮。

通常的做法是为每个控件创建一个.skin 文件，如 Button.skin 或 TextBox.skin，也可以

根据需要创建任意数量的.skin 文件。

如图 2-25 所示，在"主题 1"下创建了一个名为"TextBox"的外观文件。

外观文件可以任意命名，但是建议与待定义的控件名称一致，只需加上外观文件的扩展名即可。

在.skin 文件中，使用声明性语法添加标准控件定义，但仅包含要为主题设置的属性。控件定义必须包含 runat="server"属性，但不能包含 ID=""属性。

下面的代码示例演示 Button 控件的默认控件外观，其中定义了主题中所有 Button 控件的颜色和字体。

图 2-25　添加外观文件

```
<asp:Button runat="server"    BackColor="Blue"    ForeColor="White"
                    Font-Name="Arial"    Font-Size="9px" />
```

此 Button 控件外观不包含 SkinID 属性，它将应用于使用主题的应用程序中所有未指定 SkinID 属性的 Button 控件。

在.skin 外观文件中编辑控件属性时，没有智能感应功能，很不方便，比较简单的方法是使用设计器来设置控件的外观属性，然后将控件定义复制到外观文件中。

例如，要创建一个 Calendar 控件的外观文件，可以先将一个 Calendar 控件添加到任意.aspx 页中，并设置其日标题、选定的日期和其他想要设置的属性。然后将控件定义从页面中复制到外观文件中。

注意：将页面中控件的 HTML 代码复制到外观文件中时必须移除控件的 ID 属性。

2.7.3　在主题中添加 CSS

除了使用外观文件外，也可以使用 CSS 来控制页面上的 HTML 元素和 ASP.NET 控件的外观。在主题文件夹中可以添加任意多个 CSS 文件。添加之后在页面应用主题时，所有的 CSS 都会应用到页面。

为主题添加 CSS 的操作如下：在解决方案资源管理器中，右击主题的名称，在弹出的快捷菜单中选择"添加新项"命令，打开"添加新项"对话框，在对话框的模板中选择"样式表"选项。在"名称"框中，输入.css 文件的名称，然后单击"添加"按钮。

当主题应用于页时，ASP.NET 将向页的 head 元素添加对样式表的引用，应用该样式表。

2.7.4　创建全局主题

全局主题是可以应用于服务器上所有网站的主题。当需要维护同一个服务器上的多个网站时，可以使用全局主题定义域的整体外观。

全局主题与页面主题类似，它们都包括属性设置、样式表设置和图形。但是，全局主题存储在对 Web 服务器具有全局性质的名为"Themes"的文件夹中。服务器上的任何网站以及网站中的任何页面都可以引用全局主题。

创建全局主题的方法是将主题文件夹保存在如下路径中：

%windows%\Microsoft.NET\Framework\version\ASP.NETClientFiles\Themes

其中，Themes 文件夹需要创建，其子文件夹用来保存全局主题文件。子文件夹的名称即是主题的名称。例如，如果创建了一个名为"\Themes\FirstTheme"的文件夹，则主题的名称就是 FirstTheme。

注意： 在定义全局主题时，不能使用 Visual Studio 2008 直接将外观和样式表文件添加到全局主题中。简单的做法是将主题作为页主题进行定义和测试，然后将其复制到 Web 服务器上用于全局主题的文件夹中。

将主题文件夹保存到上述路径后，就可以在基于文件系统的网站中使用这个主题了。

如果要使用本地 IIS 网站测试主题，则需打开 Windows 操作系统的命令窗口，运行 aspnet_regiis -c 命令，然后在运行 IIS 的服务器上安装主题。

如需在远程网站或 FTP 网站上测试主题，则需要按照如下路径手动创建 Themes 文件夹。

IISRootWeb\aspnet_client\system_web\version\Themes

2.7.5 禁用 ASP.NET 主题

在 Visual Studio 2008 中，可以通过配置页或控件来忽略主题。默认情况下，主题将重写页和控件外观的本地设置。当控件或页已经有预定义的外观，不希望主题重写它时，可以禁用 ASP.NET 主题。

1. 禁用页的主题

在 Web 应用程序启用主题后，可以在特定页面中通过将@ Page 指令的 EnableTheming 属性设置为 false，禁用页的主题。设置代码如下所示：

```
<%@ Page EnableTheming="false" %>
```

2. 禁用控件的主题

每个 ASP.NET 控件都包含名为"EnableTheming"的属性。将控件的 EnableTheming 属性设置为 false 也可以阻止页面中的该控件应用皮肤。以下代码是对日历控件禁用主题的设置：

```
<asp:Calendar id="Calendar1" runat="server" EnableTheming="false" />
```

2.8 应用 ASP.NET 主题

开发人员可以对页或网站应用主题，或对全局应用主题。在网站级设置主题会对站点上的所有页和控件应用样式和外观，除非是个别页重写了主题；在页面级设置主题则样式和外观应用于该页及其所有控件。

1. 对网站应用主题

对 Web.config 文件中的主题进行设置可以使其应用于所有应用此程序的网页。

只需将应用程序的 Web.config 文件中的<pages>元素设置为全局主题或页面主题的主题名称即可，代码如下所示：

```
<configuration>
    <system.web>
      <pages theme="主题名称" />
    </system.web>
</configuration>
```

在设置过程中，如果应用程序主题与全局应用程序主题同名，则页面主题优先。

如果要将主题设置为样式表主题，则应设置 styleSheetTheme 属性，代码如下所示：

```
<configuration>
    <system.web>
      <pages styleSheetTheme="主题名称" />
    </system.web>
  </configuration>
```

StylesheetTheme 属性与 Theme 属性的工作方式相同，都可以把主题应用于页面，其区别在于这两者执行的优先级不同。

如果设置了页面的 Theme 属性，则主题和页中的控件设置将进行合并，以构成控件的最终设置；如果同时在控件和主题中定义了控件设置，则主题中的控件设置将重写控件上的任何页设置。

如果设置了页面的 StyleSheetTheme 属性，则将主题作为样式表主题来应用。在这种情况下，本地页设置优先于主题中定义的设置。如果希望能够设置页面上的各个控件的属性，同时仍然对整体外观应用主题，则可以将主题作为样式表主题来应用。

全局主题元素不能与应用程序级主题元素进行部分替换。如果创建的应用程序级主题的名称与全局主题相同，应用程序级主题中的主题元素不会重写全局主题元素。

2. 对单个页应用主题

若是对单个页应用主题，只需打开应用主题的页面，设置其 Theme 或 StyleSheetTheme 的属性为要使用的主题的名称即可，如图 2-26 所示。

图 2-26　为单个页面应用主题进行设置

也可以直接将页面@ Page 指令的 Theme 或 StyleSheetTheme 属性设置为要使用的主题的名称，代码如下所示：

```
<%@ Page Theme="ThemeName" %>
<%@ Page StyleSheetTheme="ThemeName" %>
```

3. 对控件应用外观

主题中定义的外观应用于已应用该主题的 Web 应用程序或页中的所有控件实例。当用户希望对单个控件应用一组特定属性时，可以通过创建命名外观（.skin 文件中设置了 SkinID 属性的一项），然后按 ID 将它应用于各个控件来实现。实现代码如下所示：

```
<asp:Calendar runat="server" ID="DatePicker" SkinID="SmallCalendar" />
```

如果页面主题不包括与 SkinID 属性匹配的控件外观，则使用该控件类型的默认外观。

4. 母版页与主题

不能直接将 ASP.NET 主题应用于母版页。如果对@ Master 指令添加一个主题属性，则页在运行时会引发错误。但在以下两种情况下，主题可以应用于母版页：

（1）如果主题是在内容页中定义的。母版页在内容页的上下文中解析，内容页的主题也会应用于母版页。

（2）通过 pages 元素中包含主题定义的方式可将整个站点配置为使用主题。

任务实施

步骤 1. 创建一个 ASP.NET 网站，命名为"ThemeDesignDemo"。

步骤 2. 在源视图中打开 Default.aspx 页面，在其<form>标签中添加如下代码：

```
<form id="form1" runat="server">
    <div id="wrapper">
        <div id="branding"><h1>我的网站</h1></div>
        <div id="content">
            <div id="mainContent">
                <h1>大学生活</h1> <p>请在这里添加文字</p>
                <h2>心灵鸡汤</h2> <p>请在这里添加文字</p>
                <h2>影视天地</h2> <p>请在这里添加文字</p>
            </div>
            <div id="secondaryContent">
                <h2>我的日记</h2>
                <p><asp:Calendar ID="Calendar1" runat="server" /></p>
            </div>
        </div>
        <ul id="mainNav">
            <li><a href="#">我的首页</a></li>
            <li><a href="#">生活艺术</a></li>
            <li><a href="#">学习天地</a></li>
            <li><a href="#">友情链接</a></li>
```

```
        <li><a href="#">有话要说</a></li>
    </ul>
    <div id="footer"><p>CopyRight © 2010. All Right Reserved. </p></div>
</div></form>
```

步骤 3. 创建主题 Blue 和 Red。在解决方案资源管理器中创建两个主题，分别命名为 Blue 和 Red，如图 2-27 所示。

步骤 4. 导入图片资源。右击解决方案资源管理器中主题文件夹，在弹出的快捷菜单中选择"添加现有项"命令，将准备好的两张风格不同的图片分别导入两个主题文件夹中，如图 2-28 所示。

图 2-27　创建主题 Blue 和 Red　　　　图 2-28　导入图片资源

步骤 5. 在主题中添加 CSS 样式表。右击"Blue 主题"文件夹，在弹出的快捷菜单中选择"添加现有项"命令，将"光盘目录\Chapter2\Chapter2Demo\ThemeDesignDemo"中名为"BlueStyle.css"的样式文件添加至 Blue 主题文件夹中，采用相同的方法将名为"RedStyle.css"的样式文件添加至 Red 主题文件夹中。

步骤 6. 为 Blue 主题添加外观文件。右击"Blue 主题"文件夹，在弹出的快捷菜单中选择"添加新项"命令，添加一个名为"Calendar.skin"的外观文件，在该外观文件中添加如下内容：

```
<asp:Calendar runat="server" BackColor="White" BorderColor="#3366CC"
BorderWidth="1px" CellPadding="1" DayNameFormat="Shortest" Font-Names="Verdana"
Font-Size="8pt" ForeColor="#003399" Height="200px" Width="220px">
    <SelectedDayStyle BackColor="#009999" Font-Bold="True" ForeColor="#CCFF99" />
    <SelectorStyle BackColor="#99CCCC" ForeColor="#336666" />
    <WeekendDayStyle BackColor="#CCCCFF" />
    <TodayDayStyle BackColor="#99CCCC" ForeColor="White" />
    <OtherMonthDayStyle ForeColor="#999999" />
    <NextPrevStyle Font-Size="8pt" ForeColor="#CCCCFF" />
    <DayHeaderStyle BackColor="#99CCCC" ForeColor="#336666" Height="1px" />
    <TitleStyle BackColor="#438BF9" BorderColor="#3366CC" BorderWidth="1px"
        Font-Bold="True" Font-Size="10pt" ForeColor="#CCCCFF" Height="25px" />
</asp:Calendar>
```

步骤 7. 为 Red 主题添加外观文件。右击 Red 主题文件夹，选择"添加新项"命令，添加一个名为"Calendar.skin"的外观文件，在该文件中添加如下内容：

```
<asp:Calendar runat="server" BackColor="#FFFFCC" BorderColor="#FFCC66"
BorderWidth="1px" DayNameFormat="Shortest" Font-Names="Verdana" Font-Size="8pt"
ForeColor="#663399" Height="200px" ShowGridLines="True" Width="220px">
```

```
<SelectedDayStyle BackColor="#CCCCFF" Font-Bold="True" />
<SelectorStyle BackColor="#FFCC66" />
<TodayDayStyle BackColor="#FFCC66" ForeColor="White" />
<OtherMonthDayStyle ForeColor="#CC9966" />
<NextPrevStyle Font-Size="9pt" ForeColor="#FFFFCC" />
<DayHeaderStyle BackColor="#FFCC66" Font-Bold="True" Height="1px" />
<TitleStyle BackColor="#F35468" Font-Bold="True" Font-Size="9pt"
    ForeColor="#FFFFCC" />
</asp:Calendar>
```

步骤 8. 应用 Blue 主题。打开 Default.aspx 的页面属性，将其中的 Theme 属性值设置为"Blue"。应用该主题后，在浏览器中查看结果，如图 2-29 所示。

图 2-29　应用 Blue 主题

步骤 9. 应用 Red 主题。打开 Default.aspx 的页面属性，将其中的 Theme 属性值设置为"Red"。应用该主题后，在浏览器中查看结果，如图 2-30 所示。

图 2-30　应用 Red 主题

知识拓展

1. 动态应用 ASP.NET 主题

除在页面声明和配置文件中指定主题和外观首选项之外，还可以通过编程方式动态地应用主题，这样用户可以根据自己的喜好来选择页面风格。通过编程方式动态地对主题设置时，应用每种类型主题的过程都有所不同。这里只简单介绍动态应用页面主题的方法。

通过处理页面的 PreInit 事件可以在页面中动态应用主题。在页面请求时，该事件是第一个被触发的，但是，在其后的 Load 或 PreRender 等事件中是不能动态应用主题的。

在页面的 PreInit 方法的处理程序中，设置页面的 Theme 属性。下面的代码将演示如何根据查询字符串中传递的值按条件设置页面主题。首先在本章任务 3 的基础上打开 Default.aspx 的后台代码，在其中添加以下内容：

```
protected void Page_PreInit(object sender, EventArgs e) {
    switch (Request.QueryString["theme"]) {
        case "Blue":
            Page.Theme = "Blue";break;
        case "Red":
            Page.Theme = "Red";break;
    }
}
```

打开 Default.aspx 文件，切换到源视图，在页面中添加如下代码：

```
请选择风格：<a href="Default.aspx?theme=Blue">蓝色风格</a>
  <a href="Default.aspx?theme=Red">红色风格</a>
```

完成上述操作后，保存并在浏览器中查看运行效果。

任务 4　使用导航控件

任务场景

网站的导航功能主要用于给浏览该网站的用户以指示作用，让用户清楚地了解自己当前处于网站的哪一层，并能快速地在各层不同模块间进行切换。

在 ASP.NET 中提供了 SiteMapPath、Menu 和 TreeView 这 3 种导航控件。本任务通过创建一个公司网站的菜单和导航功能，来掌握各导航控件的使用。

知识引入

2.9　理解站点地图

在使用导航控件之前，首先需要了解什么是站点地图（Site Maps）。站点地图实际上就是一个站点的结构。若要使用 ASP.NET 站点导航，先必须描述站点结构以便站点导航 API 和站点导航控件可以正确公开站点结构。默认情况下，站点导航系统使用一个包含站点层次结构的 XML 文件，当然也可以将站点导航系统配置为使用其他数据源。

　　创建站点地图最简单的方法是创建一个名为 Web.sitemap 的 XML 文件，该文件按站点的分层形式组织页面，ASP.NET 的默认站点地图提供程序自动选取名为该名称的站点地图。

　　尽管 Web.sitemap 文件可以引用其他站点地图提供程序或其他目录中的其他站点地图文件以及同一应用程序中的其他站点地图文件，但该文件必须位于应用程序的根目录中。

　　如图 2-31 所示展示了某公司网站的站点结构。

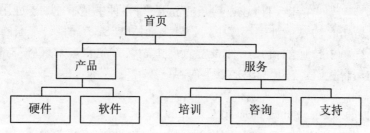

图 2-31　某公司网站站点结构图

例 2-11：创建站点地图。

　　下面的代码包含了三层结构的站点地图。其中每个节点的 url 属性可以用"~/"开头，它表示应用程序根目录。

```xml
<?xml version="1.0" encoding="utf-8" ?>
  <siteMap xmlns="http://schemas.microsoft.com/AspNet/SiteMap-File-1.0" >
   <siteMapNode title="返回首页" description="首页" url="~/Default.aspx">
    <siteMapNode title="我们的产品" description="产品" url="~/Products.aspx">
        <siteMapNode title="硬件产品" description="硬件" url="~/Hardware.aspx" />
        <siteMapNode title="软件产品" description="软件" url="~/Software.aspx" />
    </siteMapNode>
    <siteMapNode title="我们的服务" description="服务" url="~/Services.aspx">
        <siteMapNode title="培训服务" description="培训" url="~/Training.aspx" />
        <siteMapNode title="咨询服务" description="咨询" url="~/Consulting.aspx" />
        <siteMapNode title="技术支持" description="支持" url="~/Support.aspx" />
    </siteMapNode>
   </siteMapNode>
  </siteMap>
```

　　在 Web.sitemap 文件中，通过为网站中的每一页添加一个 siteMapNode 元素，再嵌入 siteMapNode 元素来创建层次结构。在上述代码中，"硬件"和"软件"页是"产品"siteMapNode 元素的子元素。title 属性定义通常用作显示的文本，description 属性同时用作文档和 SiteMapPath 控件中的工具提示。

注意：一个有效的站点地图文件只包含一个直接位于 siteMap 元素下方的 siteMapNode 元素。其他级的 siteMapNode 元素则可以包含任意数量的子 siteMapNode 元素。此外，尽管 url 属性可以为空，但有效站点文件不能有重复的 URL。

2.10　导航类控件的使用

2.10.1　SiteMapPath 控件

SiteMapPath 控件用来显示一个导航路径，此路径为用户显示当前页的位置，并显示返回到主页的路径链接。使用此控件可以使用户方便地从当前页导航到其父级页面上。

SiteMapPath 控件包含来自站点地图的导航数据。如果网站中已经建立了 Web.sitemap 文件，则只需要在页面中拖放一个 SiteMapPath 控件即可。该控件会自动读取位于应用程序根目录下的 Web.sitemap 文件。

注意：只有在站点地图中列出的页才能在 SiteMapPath 控件中显示其导航数据。如果将 SiteMapPath 控件放置在站点地图中未列出的页上，该控件将不会向客户端显示任何信息。

在 Default.aspx 页面中添加一个 SiteMapPath 控件的代码如下：

```
<asp:SiteMapPath ID="SiteMapPath1" runat="server"></asp:SiteMapPath>
```

如果想在应用程序中的每一页上都使用 SiteMapPath 控件，也可以将该控件设计在应用程序的母版页中。

2.10.2　Menu 控件

利用 ASP.NET 的 Menu 控件，可以为 ASP.NET 网页创建菜单。Menu 控件创建的菜单具有两种显示模式：静态模式和动态模式。

1. 静态显示模式

静态显示是指 Menu 控件始终是完全展开的。整个结构都是可视的，用户可以单击任何节点。

使用 Menu 控件的 StaticDisplayLevels 属性可以用来控制静态显示行为。StaticDisplayLevels 属性指定了包括根菜单在内的静态显示菜单的层数。例如，如果将 StaticDisplayLevels 属性设置为 3，菜单将以静态显示的方式展开其前 3 层。静态显示的最小层数为 1，如果将该值设置为 0 或负数，该控件将会引发异常。图 2-32 展示的是一个 StaticDisplayLevels 属性设置为 3 的静态显示菜单。

图 2-32　3 层静态显示菜单

2. 动态显示模式

在动态显示的菜单中，只有当用户将鼠标指针放置在父节点上时，才会显示其子菜单。MaximumDynamicDisplayLevels 属性用于指定静态显示层后应显示的动态显示菜单的节点层数。例如，如果菜单有 3 个静态层和 2 个动态层，则菜单的前 3 层为静态显示，后两层为动态显示。如果将 MaximumDynamicDisplayLevels 属性设置为 0，则动态显示不会有任何菜单节点。如果将 MaximumDynamicDisplayLevels 属性设置为负数，则会引发异常。

3. 定义菜单内容

为 Menu 控件定义菜单内容，可以在 Menu 控件中通过手动添加菜单项的方式直接配置其内容。通常是通过在 Items 中指定菜单项的方式向控件添加单个菜单项，Items 属性是 MenuItem 对象的集合；也可通过将该控件绑定到数据源的方式来指定其内容。无需编写任何代码，便可控制 ASP.NET Menu 控件的外观、方向和内容。这里主要介绍如何将 Menu 控件绑定到站点地图。

与 SiteMapPath 控件一样，可以使用 Menu 控件来展示站点地图，用户通过单击该菜单条目切换到指定的页面。但是，Menu 控件不能自动绑定到站点地图，而需要将 Menu 控件绑定到 SiteMapDataSource 控件上，才能显示站点地图的节点内容。SiteMapDataSource 控件在工具箱的"数据"选项中。

下面的代码包含了一个 Menu 控件和一个 SiteMapDataSource 控件，并对 Menu 控件进行了绑定。

```
<asp:Menu ID="Menu1" runat="server" DataSourceID="SiteMapDataSource1">
</asp:Menu>
<asp:SiteMapDataSource ID="SiteMapDataSource1" runat="server" />
```

2.10.3 TreeView 控件

TreeView 控件用于以树形结构显示分层数据，如目录或文件目录。它具有如下功能：

- 自动数据绑定，该功能允许将控件的节点绑定到分层数据（如 XML 文档）。
- 通过与 SiteMapDataSource 控件集成，提供对站点导航的支持。
- 显示为可选择文本或超链接的节点文本。
- 通过主题、用户定义的图像和样式自定义外观。
- 通过编程访问 TreeView 对象模型，可以动态地创建树、填充节点以及设置属性等。
- 通过客户端到服务器的回调填充节点。
- 能够在每个节点旁边显示复选框。

图 2-33　Menu 控件和 TreeView 控件

如图 2-33 所示显示了 Menu 控件和 TreeView 控件在外观上的区别。

任务实施

步骤 1. 创建一个 ASP.NET 的网站，命名为"NavigationSiteDemo"。

步骤 2. 在该网站中创建名为"MasterPage.master"的母版页。

步骤 3. 将 MasterPage.master 文件在源视图中打开，并在其<form>标签中添加如下代码：

```
<form id="form1" runat="server">
    <div id="wrapper">
        <div id="branding"><h1>公司网站</h1></div>
        <div id="content">
            <asp:ContentPlaceHolder ID="ContentPlaceHolder1" runat="server">
            </asp:ContentPlaceHolder>
        </div>
        <div id="mainNav"></div>
        <div id="footer"><p>Footer</p></div>
    </div>
</form>
```

步骤 4. 右击网站名称，在弹出的快捷菜单中选择"添加现有项"命令，将路径"光盘目录\Chapter2\Chapter2Demo\ NavigationSiteDemo"中名为"StyleSheet.css"的样式文件添加至网站中。

步骤 5. 将 MasterPage.master 文件在设计视图中打开，并将 StyleSheet.css 样式表拖放到母版页中应用此样式表。

步骤 6. 右击网站名称，在弹出的快捷菜单中选择"添加现有项"命令，添加一个站点地图，将其命名为"Web.sitemap"。打开站点地图，添加如下代码：

```
<?xml version="1.0" encoding="utf-8" ?>
<siteMap xmlns="http://schemas.microsoft.com/AspNet/SiteMap-File-1.0" >
    <siteMapNode title="返回首页" description="首页" url="~/Default.aspx">
        <siteMapNode title="我们的产品" description="产品" url="~/Products.aspx">
            <siteMapNode title="硬件产品" description="硬件" url="~/Hardware.aspx" />
            <siteMapNode title="软件产品" description="软件" url="~/Software.aspx" />
        </siteMapNode>
        <siteMapNode title="我们的服务" description="服务" url="~/Services.aspx">
            <siteMapNode title="培训服务" description="培训" url="~/Training.aspx" />
            <siteMapNode title="咨询服务" description="咨询" url="~/Consulting.aspx" />
            <siteMapNode title="技术支持" description="支持" url="~/Support.aspx" />
        </siteMapNode>
    </siteMapNode>
</siteMap>
```

步骤 7. 在设计视图中打开母版页，将光标定位在<div id="mainNav"> </div>标记中，从工具箱中拖放一个 TreeView 控件和一个 SiteMapDataSource 控件到其中。为 TreeView 控件设置样式并将其数据源绑定为 SiteMapDataSource 控件的 ID，如图 2-34 所示。

步骤 8. 在设计视图中打开母版页，将光标定位在<div id="footer"></div>标记中，从工具箱中拖放一个 SiteMapPath 控件到其中。

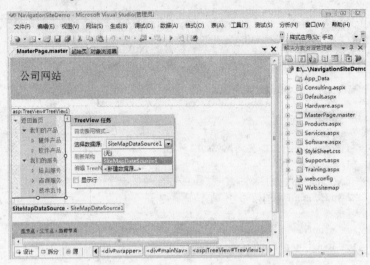

图 2-34　为 TreeView 控件绑定数据源

步骤 9. 分别在站点中添加名为 Default.aspx、Products.aspx、Hardware.aspx、Software.aspx、Services.aspx、Training.aspx、Consulting.aspx、Support.aspx 的页面。要注意的是,在添加这些页面时一定要应用 MasterPage.master 母版。

步骤 10. 保存并在浏览器中查看运行效果。

项目 3　Web 应用的状态管理

Web 应用本质是无状态的，浏览器每次将网页发送到服务器时，Web 服务器都会创建网页类的新实例。这就意味着在每一次的往返中，与该页及该页上的控件相关联的所有信息都会丢失。

状态管理是对同一页或不同页的多个请求维护状态和页信息的过程。在访问 Web 站点的过程中，它有助于保持用户信息（状态）的连续性。

在本项目中，通过完成如下 3 个任务，介绍状态管理在 Web 应用开发中的重要性。

任务 1　用户登录实现

任务 2　网络在线投票实现

任务 3　网站计数器实现

任务 1　用户登录实现

任务场景

用户登录是所有 Web 应用系统最基本的功能之一。其目的是为了防止非法用户访问 Web 应用系统，只有登录成功的用户才能以合法的身份访问 Web 应用系统。

本任务使用 Response 对象和 Request 对象来实现简单的用户登录功能。

知识引入

3.1　状态管理

Web 应用本质是无状态的，对页面的每个请求均被视为新请求，且默认情况下，来自一个请求的信息对下一个请求不可用。而在实际企业应用中，完成一个业务往往需要经过多个步骤。例如，在淘宝网订购商品时，首先需要找到想要的商品，将它添加到购物车中，然后继续浏览商品，直到选购完所有商品后，才提交购物车，完成订单。既然 Web 应用是无状态的，那么如何来维护订购商品过程中的信息呢？

ASP.NET 提供了在服务器上保存页面之间信息的状态管理。如果能够在页面之间保留状态，那么用户提供的初始信息就可以被重用，当页面发送回服务器时，用户就不需要多次输入相同的信息了。这一过程需要通过保存应用程序的信息来维护不同发送过程中的数据，这种行为称为应用程序的状态管理，也称之为状态维护。

状态管理是对同一页或不同页的多个请求维护状态和页信息的过程。在 ASP.NET 中提供了多种在服务器往返过程之间的维护状态，通常包括服务器端和客户端维护技术，选择哪种类型的状态管理取决于应用程序的性质。

1. 服务器端状态管理

服务器端状态管理使用服务器资源来存储状态信息，这类选项的安全性较高。

（1）应用程序状态

应用程序状态是一种全局存储机制，可从 Web 应用程序中的所有页面进行访问。例如，存储 Web 应用程序的访问人数。保存应用程序状态使用 Application 对象，例如 Application["visitors"]，这种保存应用程序状态的变量称为应用程序变量。

（2）会话状态

会话状态信息仅供 Web 应用程序中某个特定会话的用户使用。例如，存储某个用户的订单编号，存储登录用户的登录信息等。会话状态是 HttpSessionState 类的实例，通过 Page 等类的 Session 属性公开，例如 Session["OrderNumber"]。

（3）Cache 对象

在应用程序级可使用 Cache 对象来管理状态。

2. 客户端状态管理

客户端状态管理涉及在页中或客户端计算机上存储信息，在各往返行程间不会在服务器上维护任何信息。客户端状态管理的安全性最低，但其具有服务器性能，因为对服务器资源的要求是适度的。它提供可供维护状态的各个选项包括：

（1）Cookie

Cookie 是一个文本文件，用来存储保留状态所需的少量文本信息。

（2）视图状态

视图状态是 ASP.NET 页框架默认情况下用于保存往返过程之间的页和控件值的方法。通过 Page 类的 ViewState 属性公开，ViewState 属性被作为页的隐藏域进行维护。

（3）隐藏域

ASP.NET 允许将信息存储在 HiddenField 控件中，此控件将呈现为一个标准的 HTML 隐藏域，作为一个<input type="hidden"/>元素。隐藏域在浏览器中以不可见的形式呈现，但可以像标准控件一样设置其属性。当向服务器提交页面时，隐藏域的内容将在 HTTP 窗体集合中随其他控件的值一起发送。因此，隐藏域可用作一个存储库，可将希望直接存储在页中的任何特定的信息置于其中。

（4）查询字符串

查询字符串是在页面 URL 的尾部附加的信息，这种方式比较简单，在查询字符串中传递的信息可能被恶意用户篡改。因此，最好不要依靠查询字符串来传递重要或敏感的数据。

3.2 Response 对象

Response 对象用于将数据从服务器发送回浏览器，它允许将数据作为请求的结果发送到浏览器中，并提供相关响应的信息，包括向浏览器输出数据、重定向浏览器到另一个 URL 或者停止输出数据。Response 对象是属于 Page 对象的成员，不用声明便可以直接使用，其对应 HttpResponse 类，命名空间为 System.Web，它也与 HTTP 协议响应消息对应。

3.2.1　Response 对象的常用属性和方法

HttpResponse 类定义了许多属性和方法，以处理即将发送到浏览器的文本。由于该对象映射到 Page 对象的 Response 属性，因此可以直接将它用在 Web 页面中，其常用属性及说明如表 3-1 所示。

表 3-1　Response 对象的常用属性

属　　性	说　　明
Cache	获取 Web 页的缓存策略
Charset	设置或获取 HTTP 的输出字符编码
Expires	设置或获取在浏览器上缓存的页过期之前的分钟数
Cookies	获取当前请求的 Cookie 集合
SuppressContent	设定是否将 HTTP 的内容发送至客户端浏览器，若为 TRUE，则网页将不会发送至客户端

Response 对象常用方法及说明如表 3-2 所示。

表 3-2　Response 对象的常用方法

方　　法	说　　明
Clear	将缓冲区的内容清除
End	将目前缓冲区中所有的内容发送至客户端后关闭
Flush	将缓冲区中所有的数据发送至客户端
Redirect	将网页重新导向另一个地址
Write	将数据输出到客户端
WriteFile	将指定的文件直接写入 HTTP 内容输出流

3.2.2　Response 对象的应用

1. 向浏览器输出数据

在 Web 开发中使用 Response 最频繁的语句是显示文本，Response 对象提供的 Write 方法具有这一功能。如：

Response.Write("这是向浏览器输出的字符串");

除能将指定的字符串输出到客户端浏览器外，Response 对象还可以把 HTML 标记输出到客户端浏览器。

Response.Write("<h2>软件技术</h2>");

其中标签<h2>和</h2>，将与文本一起被发送到客户端，客户端浏览器会识别这些HTML 标记并在 Web 页显示为正确的形式。使用 Write 方法还可以输出 JavaScript 脚本，客户端浏览器会识别并执行这些脚本程序。如：

```
Response.Write("<script language=\"javascript\">alert('欢迎使用 ASP.NET')</script>");
```

上述代码向客户端输出一段 JavaScript 脚本，实现在客户端弹出一个信息提示框，如图 3-1 所示。

图 3-1　Reponse 对象的使用

2. 页面重定向

Response 对象的 Redirect 方法用于实现页面重定向，该方法可以由一个页面地址跳转到另一个页面地址或 URL 地址。下面的代码表示从当前页跳转到名为 Index.aspx 的页面。

```
Response.Redirect("Index.aspx");
```

通常，从一个页面跳转至另一页面时，还需要传递一些信息，Response.Redirect 方法在页面跳转时，可以向另一页面传递一些参数，例如：

```
Response.Redirect("Index.aspx?uName=xiaoli");
```

上述代码在完成向 Index.aspx 进行定向时，将参数 uName 及其对应的值 "xiaoli" 也传递给 Index.aspx 页，在 Index.aspx 页中可以通过 Request 对象获取该参数的值。有关 Request 对象的属性和方法在 3.3 节讨论。

3.3　Request 对象

Request 对象的主要功能是从客户端得到数据。当用户打开 Web 浏览器并从网站请求Web 页时，Web 服务器就接收到一个 HTTP 请求，该请求包含用户、用户的计算机、页面以及浏览器的相关信息。

Request 对象是 HttpRequest 类的一个实例，命名空间为 System.Web，它提供对当前页请求的访问，包括标题、Cookie、客户端证书以及查询字符串等。用户可以使用该类来访问基于表单的数据或通过 URL 发送的参数列表信息，还可以接收来自用户的 Cookie 的信息。

3.3.1　Request 对象的常用属性和方法

Request 对象的常用属性如表 3-3 所示。

表 3-3 Request 对象的常用属性

属 性	说 明
ApplicationPath	获取服务器上 ASP.NET 应用程序虚拟应用程序的根目录路径
Browser	获取或设置有关正在请求的客户端浏览器的功能信息
Cookies	获取客户端发送的 Cookie 集合
FilePath	获取当前请求的虚拟路径
Files	获取采用多部分 MIME 格式的由客户端上载的文件集合
Form	获取窗体变量集合
Params	获取 QueryString、Form、ServerVariables 和 Cookies 项的组合集合
Path	获取当前请求的虚拟路径
QueryString	获取 HTTP 查询字符串变量集合
Url	获取有关当前请求的 URL 的信息
UserHostAddress	获取远程客户端 IP 主机地址
UserHostName	获取远程客户端 DNS 名称

Request 对象的常用方法如表 3-4 所示。

表 3-4 Response 对象的常用方法

方 法	说 明
MapPath	将请求的 URL 中的虚拟路径映射到服务器上的物理路径
SaveAs	将 HTTP 请求保存到磁盘

3.3.2 Request 对象的应用

1. 获取表单的数据

使用 Request 对象的 Form 属性可以获取来自表单的数据，实现信息的提交和处理。

例 3-1：Form 属性的用法。

新建名为"RequestDemo"的 Web 网站，添加名为"RequestForm.aspx"的页，该窗体的 HTML 代码如下：

```
<html>
<% Response.Write(Request.Form["txtName"]); %>
<body>
<form id="form1" method="post" action="">
    <div>
        <input    type="text" name="txtName" />
        <input id="Submit1" type="submit" value="提交" />
    </div>
    </form>
</body></html>
```

这里使用的所有控件均为 HTML 控件。在浏览器中查看该页，在输入框中输入

"Hello,xiaoli"，单击"提交"按钮，效果如图 3-2 和图 3-3 所示。

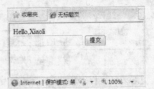

图 3-2　输入字符串　　　　　　　　　图 3-3　Form 属性获取表单值

当 form 标签里的 action 为具体的页面时，单击"提交"按钮，则表单的数据由 action 指定的页进行处理。

2. 获取查询字符串的数据

Request 对象通过 QueryString 属性来获取 HTTP 查询字符串变量集合。传递的变量的名和值由"？"后的内容指定。例如：

```
Response.Redirect("Index.aspx?uName=xiaoli");
```

上述代码将向 Index.aspx 页传递一个名为"uName"的变量，值为"xiaoli"。

如要在 Index.aspx 页中获得参数 uName 的值，只需在 Index.aspx 页面加载事件添加如下代码：

```
protected void Page_Load(object sender, EventArgs e)
{
    if (Request.QueryString["uName "] != null)         //判断参数值是否为空
        Response.Write("Hello,"+Request.QueryString["uName"]);
}
```

3. 获取计算机和浏览器的相关数据

例 3-2：通过 Request 对象的 Browser 属性获取客户端浏览器信息。

在例 3-1 所示的 RequestDemo 网站中，添加名为"RequestBrowse.aspx"的 Web 窗体。为该页添加 Page_Load 事件处理程序，代码如下：

```
protected void Page_Load(object sender, EventArgs e)
{
    HttpBrowserCapabilities b = Request.Browser;
    Response.Write("客户端浏览器信息："+"<hr>");
    Response.Write("名称： " + b.Browser + "<br>");
    Response.Write("版本： " + b.Version + "<br>");
    Response.Write("操作平台： " + b.Platform + "<br>");
    Response.Write("是否支持框架： " + b.Frames + "<br>");
    Response.Write("是否支持 Cookies： " + b.Cookies + "<br>"+"<hr>");
}
```

上述代码的运行结果如图 3-4 所示。

图 3-4　获取客户端浏览器相关信息

任务实施

步骤 1. 新建一个 ASP.NET 网站，命名为"UserLoginDemo"。添加 Web 窗体，命名为"Login.aspx"。

步骤 2. 在 Login.aspx 窗体中添加 Label 控件、TextBox 控件和 Button 控件，并按表 3-5 设置好各控件相应的属性。

表 3-5　界面控件设置

控 件 ID	控 件 类 型	属 性 名	属 性 值
lblTitle	Label	Text	用户登录
lblUserName	Label	Text	用户名：
lblUserPwd	Label	Text	密码：
txtUserName	TextBox		
txtUserPwd	TextBox	TextMode	Password
btnConfirm	Button	Text	确定
btnCancel	Button	Text	取消

步骤 3. 双击名为"btnConfirm"的 Button 按钮，为该按钮添加单击事件，代码如下：

```
protected void btnConfirm_Click(object sender, EventArgs e)
{
        string strUrl = "";
        string name = txtUserName.Text;
        string pwd = txtUserPwd.Text;
        if (name == "xiaoli" && pwd == "admin")
        {//只有当用户名为 xiaoli、密码为 admin 时才能跳转
            strUrl = "Index.aspx?uName=" + name + "&uPwd=" + pwd;
            Response.Redirect(strUrl);
        }
}
```

步骤 4. 双击名为"btnCancel"的 Button 按钮，为该按钮添加单击事件，代码如下：

```
protected void btnCancel_Click(object sender, EventArgs e)
{
        txtUserName.Text =null ;
        txtUserPwd.Text=null;
}
```

步骤 5．在 UserLoginDemo 中添加 Web 窗体，命名为 "Index.aspx"，编写该 Web 窗体的 Page_Load 事件，用来获取传递的用户名和密码。

```
protected void Page_Load(object sender, EventArgs e)
{
    if (Request["uName"] != null && Request["uPwd"] != null)
    {   Response.Write(Request["uName"] + ",你好！ <br/>");
        Response.Write("你的密码是： " + Request["uPwd"]);
    }
}
```

步骤 6．保存项目，在浏览器中查看 Login.aspx 页，效果如图 3-5 所示。

步骤 7．分别在用户名和密码文本框中输入 "xiaoli" 和 "admin"，单击 "确定" 按钮，页面跳转至 index.aspx 页，运行效果如图 3-6 所示。

图 3-5　会员登录界面

图 3-6　登录成功界面

任务 2　网络在线投票

任务场景

在线投票功能是网站应用程序开发中常用的功能模块。当网站的管理员或用户提出一些新的想法、建议或者推出一种新产品时，通常会需要通过用户投票方式来确定这些新的想法、建议是否可行或者新的产品是否能满足用户需求。另外，网站还可以通过在线投票功能做一些实际性的调查工作。例如一年一度的网络新闻人物评选，就是通过网络在线投票产生的。

本任务使用 Cookie 对象和文件的读写操作，实现简单的新闻人物网络在线投票功能。

知识引入

3.4　Cookie 对象

Cookie 是 HttpCookieCollection 类的实例，用于保存客户端浏览器请求的服务器页面，也可以用于存放非敏感性的用户数据。Cookie 可以是临时的（具有特定的过期时间和日期），也可以是持久性的。使用 Cookie 的优点如下：

● **可配置到期规则**：Cookie 可以设置在浏览器会话结束时到期，或者可以在客户端计算机上无限期存在。

- **不需要任何服务器资源**：Cookie 被存储在客户端并在发送后由服务器读取。
- **简单性**：Cookie 是一种基于文本的轻量结构，包含简单的键/值对。
- **数据持久性**：虽然客户计算机上 Cookie 的持续时间取决于客户端上的 Cookie 过期处理和用户干预，但它通常是客户端上持续时间最长的数据保留形式。

3.4.1　Cookie 对象的常用属性和方法

Cookie 对象的常用属性如表 3-6 所示。

表 3-6　Cookie 对象的常用属性

属　性	说　明
Name	获取 Cookie 变量的名称
Value	获取或设置 Cookie 变量的值
Expires	设定 Cookie 的过期时间，默认值为 1000 毫秒，若设为 0，则实时删除 Cookie
Path	获取或设置要与当前 Cookie 一起传输的虚拟路径
Version	获取或设置 Cookie 符合 HTTP 维护状态的版本

Cookie 对象的常用方法如表 3-7 所示。

表 3-7　Cookie 对象的常用方法

方　法	说　明
Add	增加 Cookie 变量
Remove	通过 Cookie 变量名称或索引删除 Cookie 对象
Get	通过变量名称或索引得到 Cookie 的变量值
Clear	清除所有的 Cookie

3.4.2　Cookie 对象的应用

1.　编写 Cookie

浏览器负责管理本地系统上的 Cookie，Cookies 对象隶属于 Response 对象和 Request 对象，而 Cookie 对象由 Cookies 对象来管理，每个 Cookie 是 HttpCookie 类的一个实例。

创建 Cookie 时，需要指定 Cookie 的名称、值和过期时间等信息。每个 Cookie 必须有一个唯一的名称，以便以后从浏览器读取 Cookie 时可以识别它。由于 Cookie 是按名称存储的，因此，用相同名称命名的两个 Cookie 会导致先前同名的 Cookie 被覆盖。

（1）通过键/值来添加 Cookie

通过键/值来添加 Cookie 的代码如下：

```
Response.Cookies["uName"].Value = "xiaoli";
Response.Cookies["uName"].Expires = DateTime.Now.AddDays(1);
```

上述代码中，向 Cookies 集合添加一个名为"uName"的 Cookie，并设定它的 Expires

属性为当前时间加一天，说明该 Cookie 将在客户端计算机上保存一天。如果未指定 Expires 属性，则 Cookies 不会被写到客户端的计算机中，只是保存在浏览器进程的内存中，当浏览器关闭后就会丢失。

（2）新建 HttpCookie 对象添加 Cookie

Cookie 是 HttpCookie 类的一个实例，创建 HttpCookie 对象后，再调用 Response.Cookies 集合的 Add 方法来添加 Cookie。代码如下：

```
HttpCookie aCookie = new HttpCookie("pwd");
aCookie.Value ="admin";
aCookie.Expires = DateTime.Now.AddDays(1);
Response.Cookies.Add(aCookie);        //将 Cookie 添加到 Cookies 集合中
```

（3）读取 Cookie

当添加了 Cookie 后，Cookie 将随页请求发送至服务器，并且可通过 HttpRequest 对象公开的 Cookies 集合进行访问。例如，通过下面代码可以读取 Cookie 的值。

```
string name;
if (Request.Cookies["uName"] != null){
     name = Request.Cookies["uName "].Value;
}
```

2. 编写多值 Cookie

在一个 Cookie 中存储多个名称/值对，名称/值对称为子键。例如，编写一个多值 Cookie，不用分别创建两个名为 uName 和 pwd 的 Cookie，只需创建一个名为 userInfo 的 Cookie，其中包含两个子键 uName 和 pwd 即可。

使用带有子键的 Cookie，可以将相关或类似的信息放在一个 Cookie 中，通过设置一个有效期就可以适用于所有的 Cookie 信息，这有助于限制 Cookie 文件的大小。

创建带子键的 Cookie 时，也应遵循编写单个 Cookie 的各种语法。

（1）直接添加多值 Cookie

```
Response.Cookies["userInfo"]["uName"] = "xiaoli";
Response.Cookies["userInfo"]["pwd"] = "admin";
Response.Cookies["userInfo"].Expires = DateTime.Now.AddDays(1);
```

（2）创建 HttpCookie 对象来添加

```
HttpCookie aCookie = new HttpCookie("userInfo");
aCookie.Values["uName"] =" xiaoli ";
aCookie.Values["pwd"] ="admin";
aCookie.Expires = DateTime.Now.AddDays(1);
Response.Cookies.Add(aCookie);
```

（3）读取 Cookie 值

读取多值 Cookie 的方法和读取单值 Cookie 类似，只需要访问 Cookie 的子键值即可。

```
string name;
if (Request.Cookies["userInfo"] != null){
```

项目 3 Web 应用的状态管理

```
        if (Request.Cookies["userInfo"] ["uName "] != null){
            name = Request.Cookies["userInfo"][" uName "]; }
}
```

例 3-3：利用 Cookie 对象实现本章任务 1 中"用户登录"的状态管理。

当用户以用户名"xiaoli"，密码"admin"登录时，选中"两周内不用登录"的复选框，可以实现将用户登录信息保存在 Cookie 中，再次运行该页面时实现自动登录。

首先，在用户登录页面中添加复选框 chkState，其 Text 值为"两周内不用登录"，如图 3-7 所示。

第二步，将"确定"按钮的单击事件改写成如下代码：

图 3-7　登录状态管理页面设计

```
protected void btnConfirm_Click(object sender, EventArgs e)
{
        string name = txtUserName.Text;
        string pwd = txtUserPwd.Text;
        if (name == "xiaoli" && pwd == "admin")
        {
            if (chkState.Checked)
            {   Response.Cookies["userInfo"]["uName"] = name;
                Response.Cookies["userInfo"]["uPwd"] = pwd;
                Response.Cookies["userInfo"].Expires = DateTime.Now.AddDays(14);
            }
            Response.Redirect("Index.aspx");
}       }
```

当复选框 chkState 被选中时，创建多值 Cookie，并设置其有效期为 14 天。

第三步，为 Login.aspx 页添加 Page_Load 事件，代码如下：

```
protected void Page_Load(object sender, EventArgs e)
{
        string name ="";
        string pwd = "";
        if (Request["userInfo"] != null&& Request.Cookies["userInfo"] ["uName "] != null)
        {   name = Request.Cookies["userInfo"]["uName"];
            pwd = Request.Cookies["userInfo"]["uPwd"];
            if (name == "xiaoli" && pwd == "admin")
                Response.Redirect("Index.aspx");
        }
}
```

当加载 Login.aspx 页面时，判断是否存在名为"userInfo"的 Cookie，如果存在，读出该多值 Cookie 的用户名和密码；当用户名和密码合法时，直接跳转至 Index.aspx 页。

最后，修改 Index.aspx 页的 Page_Load 事件，代码如下：

```
protected void Page_Load(object sender, EventArgs e)
{
```

```
if (Request.Cookies["userInfo"] != null)
{
    string name = Request.Cookies["userInfo"]["uName"];
    string pwd=    Request.Cookies["userInfo"]["uPwd"];
    Response.Write(name+ ",你好！ <br/>");
    Response.Write("你的密码是：" + pwd);
}    }
```

读者可以尝试编写本例程序，查看运行效果，并与任务 1 中登录效果进行比较。

在 Windows 7 操作系统中，Cookie 文件保存在"C:\Users\lxh\AppData\Roaming\Microsoft \Windows\Cookies"中的 "lxh@localhost[1].txt" 文件中，如图 3-8 所示。

打开文件"lxh@localhost[1].txt"，用户可以修改 Cookie 中的值，如图 3-9 所示。

图 3-8　保存 Cookie 的文件

图 3-9　Cookie 文件的内容

注意：这里给出的 Cookie 文件的存储路径是编者计算机的路径，读者可以在自己的计算机中找到 Cookie 文件的位置并查看其中内容。如果使用的操作系统是 Windows XP，则该路径为 "C:\Documents and Settings\Administrator\Cookies"。

3. 修改和删除 Cookie

由于 Cookie 存储在客户端，不能直接修改，当需要更改 Cookie 时，就必须创建一个具有新值的同名 Cookie，并将其发送到浏览器上以覆盖客户端上旧版本的 Cookie。也就是说，修改 Cookie 和添加 Cookie 一样，只不过需要先读取 Cookie 的值后再进行修改。例如，假设已经创建了一个名为 count 的 Cookie，用于记录请求页面的次数，每次累加 1，相应代码如下：

```
int count;
if (Request.Cookies["count"] == null) {
    count = 0;
}   else
{   count = int.Parse(Request.Cookies["count"].Value); }
//累加 1 后，以该项累加值重新创建 Cookie，发送至浏览器覆盖旧的 Cookie
count++;
Response.Cookies["count"].Value = count.ToString();
Response.Cookies["count"].Expires = DateTime.Now.AddDays(1);
```

如果要删除 Cookie，常采用浏览器来删除。开发过程中，只要在客户端创建一个与要删除的 Cookie 同名的新 Cookie，并将该 Cookie 的过期日期设置为早于当前时间即可。当浏览器检查 Cookie 的到期日期时，会自动丢弃该 Cookie。代码如下：

```
HttpCookie aCookie ;
string cookieName;
int maxNum=Request.Cookies.Count;
for(int i=0;i<maxNum;i++) {
    cookieName = Request.Cookies[i].Name ;
    aCookie = new HttpCookie(cookieName);
    aCookie.Expires = DateTime.Now.AddDays(-1);    //设置过期时间早于当前时间
    Response.Cookies.Add(appCookie);
}
```

上述代码中，通过循环访问 Cookies 集合，将所有 Cookie 的到期时间设置为昨天，当 Cookie 发送到浏览器后，浏览器检测到它们都已过期，就会将它们全部删除。

对于多值 Cookie，其修改方式与添加类似，只是在删除时，若要删除某个子键，则需要 Cookie 的 Values 集合。首先从 Cookies 对象中获取 Cookie 来创建，然后调用 Values 集合的 Remove 方法，将要删除的子键的名称传递给 Remove 方法；再将 Cookie 添加到 Cookies 集合，这样 Cookie 便会以修改后的格式发回浏览器。代码如下：

```
string subkeyName = "uid";
HttpCookie aCookie = Request.Cookies["userInfo"];
aCookie.Values.Remove(subkeyName);            //从 Values 集合中删除子键
aCookie.Expires = DateTime.Now.AddDays(1);
Response.Cookies.Add(aCookie);
```

注意：在实际应用中，有些用户禁用了浏览器或客户端接收 Cookie 的能力，使这一功能受到限制。同时，Cookie 的使用也存在潜在被篡改的危险，用户可能会操纵其计算机上的 Cookie，这意味着用户的浏览器存在潜在风险或导致依赖于 Cookie 的应用程序失败。

3.5　Server 对象

Server 对象是 HttpServerUtility 类的实例，它提供对服务器上的方法和属性的访问功能，其中大多数方法和属性是为应用程序的功能服务。

3.5.1　Server 对象的常用属性和方法

Server 对象的常用属性如表 3-8 所示。

表 3-8　Server 对象的常用属性

属　　性	说　　明
MachineName	获取服务器的计算机名称
ScriptTimeout	获取或设置请求超时

Server 对象的常用方法如表 3-9 所示。

表 3-9 Server 对象的常用方法

方　　法	说　　明
CreateObject	创建服务器组件的实例
HtmlEncode	将 HTML 编码应用到指定的字符串
HtmlDecode	对已被编码的消除 Html 无效字符的字符串进行解码
MapPath	将指定的虚拟路径，映射为物理路径
UrlEncode	将 URL 编码规则，包括转义字符，应用到字符串
UrlDecode	对字符串进行解码
Execute	使用另一个页面执行当前请求
Transfer	终止当前页面的执行，并为当前请求开始执行新页面

3.5.2　Server 对象的应用

1. 获取服务器的信息

Server 对象可以通过其常用属性来获取服务器的信息。代码如下：

```
Response.Write(Server.MachineName+"<br/>");        //输出服务器的名称
Response.Write(Server.ScriptTimeout);              //输出服务器的请求超时
```

上述代码输出结果根据计算机设置的不同而不同。

2. Server.MapPath 方法的使用

在 Web 应用开发中的文件读写时，需要指定文件的路径并显式提供物理路径执行文件的操作，如 "C:\Program Files"。这样就暴露了系统的物理路径，导致系统不安全。Server 对象的 MapPath 方法可以将指定的虚拟路径映射为物理路径，这样用户在访问应用程序时，就不可能知道系统的服务器路径。

当 MapPath 方法以 "/" 开头，则返回 Web 应用程序的根目录所在的路径；当 MapPath 方法以 "../" 开头，则会从当前目录开始寻找上级目录。例如：

```
Response.Write(Server.MapPath("default.aspx"));
```

该代码输出了 default.aspx 页的物理路径。

3. 浏览器中的字符编码

在 ASP.NET3.5 中，默认编码是 UTF-8，因此在使用 Cookie 和 Session 对象保存中文字符或其他字符集时，经常会出现乱码。为了避免乱码的出现，可以使用 HtmlEncode 和 HtmlDecode 方法进行编码和解码。

例 3-4：Server 对象 HtmlEncode 和 HtmlDecode 方法示例。

页面代码如下：

```
<html xmlns="http://www.w3.org/1999/xhtml">
  <body>
    <form id="form1" runat="server">
```

```
    编码: <asp:Label ID="Label1" runat="server" Text="Label" /><br />
    解码: <asp:Label ID="Label2" runat="server" Text="Label" />
    </form>
  </body>
</html>
```

上述代码中使用了两个标签控件来分别保存编码生成的字符串和解码后的字符串，在该页面对应的 cs 代码中添加 Page_Load 事件，代码如下：

```
protected void Page_Load(object sender, EventArgs e)
{
    string str = "<h3>湖南信息职院</h3>";
    Label1.Text = Server.HtmlEncode(str);
    Label2.Text = Server.HtmlDecode(Label1.Text);
}
```

上述代码将 str 字符串进行编码后放在 Label1 中，Label1 中字符串解码后放在 Label2 中。运行后结果如图 3-10 所示。

图 3-10　HtmlEncode 的使用

3.6　文件读写

在 Web 应用开发，经常要使用文件读写。当存储的信息比较小的时候，就不必为这些数据建立数据库来访问，以提高数据访问的效率。

.NET Framework 使用流模型来读写文件数据。流文件操作的类都是在 System.IO 命名空间下。通常实现文件操作常用的类有 File、StreamReader 以及 StreamWriter。这里主要讨论对 .txt 类型的文件的操作。

1. File 类

File 类提供用于创建、复制、删除、移动和打开文件的静态方法。File 类不用创建类的实例，只需通过调用其静态方法执行文件操作。

File 类的常用方法如表 3-10 所示。

表 3-10　File 类的常用方法

方　　法	说　　明
CreateText	创建或打开一个写入 UTF-8 编码的文本文件
OpenText	打开现有 UTF-8 编码文本文件以进行读取
Exists	确定指定的文件是否存在
AppendText	它将 UTF-8 编码文本追加到现有文件

在对 txt 文件进行操作时，首先需要判断文件是否存在。如果文件存在，则可以用 OpenText 方法打开文件，如果要创建文件则需要使用 CreateText 方法。

例 3-5：打开应用程序根目录下名为"test.txt"的文本文件，如果文件不存在，则创建该文件。

```
if(File.Exists(Server.MapPath("test.txt")))
{
    Response.Write("文件存在");
    File.OpenText(Server.MapPath("test.txt"));
} else  {
    Response.Write("文件不存在");
    File.CreateText(Server.MapPath("test.txt"));
}
```

2. StreamReader 类

StreamReader 类用于实现从数据流中读取字符。StreamReader 类的常用方法如表 3-11 所示。

表 3-11　StreamReader 类的常用方法

方　法	说　明
Read	读取输入流中的下一个字符或下一组字符
ReadLine	从当前流中读取一行字符并将数据作为字符串返回
ReadToEnd	从流的当前位置到末尾读取流
Peek	返回下一个可用的字符，但不使用它
Close	关闭 StreamReader 对象和基础流，并释放与读取器关联的所有系统资源

在例 3-5 中，当文件存在时，可以使用 StreamReader 类对文件进行读操作。代码如下：

```
StreamReader sr=File.OpenText(Server.MapPath("test.txt"));
while (sr.Peek() != -1)                        //判断文件是否读完
    Response.Write(sr.ReadLine() + "<br/>");    //将文件中的数据以行为单位读出
sr.Close();                                     //关闭流文件
```

上述代码中，首先通过 File 类的 OpenText 方法打开文件，并将打开的结果返回给 StreamReader 对象 sr，通过 sr.Peek 方法返回到指定 StreamReader 对象的下一个字符，如果读到文件尾，则返回-1。

3. StreamWriter 类

StreamWriter 类实现向数据流中写入字符。StreamWriter 类的常用方法如表 3-12 所示。

表 3-12　StreamWriter 类的常用方法

方　法	说　明
StreamWriter	使用编码和缓冲区大小，初始化 StreamWriter 类的新实例。已重载
Write	写入指定的字符流

续表

方　　法	说　　明
WriteLine	写入指定的字符串，后跟行结束符
Close	关闭 StreamWrite 对象和基础流

如果要向指定的文本文件 test.txt 中写入字符，则可以使用 StreamWriter 类。代码如下：

```
string filepath = Server.MapPath("test.txt");
StreamWriter sw = new StreamWriter(filepath, false);
string str = "Web 应用程序开发";
sw.WriteLine(str);
sw.Close();
```

上述代码中将字符串"Web 应用程序开发"写入到文本文件 test.txt 中。其中 StreamWriter 类的构造方法 StreamWriter(string, boolean)表示使用默认编码和缓冲区大小，为指定路径上的指定文件初始化 StreamWriter 类的新实例。如果该文件存在，则可以将其改写或向其追加；如果该文件不存在，则此构造函数将创建一个新文件。

任务实施

步骤 1. 新建一个 ASP.NET 网站，命名为 VoteDemo。添加 Web 窗体，命名为 Vote.aspx。

步骤 2. 在 Vote.aspx 窗体中添加投票系统所需控件、RadioButtonList 控件、Button 控件和 Label 控件。页面设计如图 3-11 所示。

图 3-11 中，页面元素采用表格进行布局，其中 lblState 标签控件用来显示是否已经投过票；lblView 标签控件用来显示投票后的结果；RadioButtonList 控件（rbtlVote）采用一行显示两列新闻人物候选人的姓名；"投票"按钮（btnVote）和"查看"按钮（btnView）分别用来进行投票事件和查看投票结果的事件处理。

步骤 3. 由于每次投票的结果都需要累加，这里采用文本文件 vote.txt 来存储每位候选人的投票数，各候选人的票数间用"|"符号分隔，文件 vote.txt 内容格式如图 3-12 所示。

图 3-11　投票系统页面设计

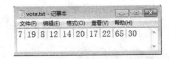

图 3-12　票数存储文件格式

步骤 4. 每位候选人的票数都存放在文件 vote.txt 中，因此每一次投票或查看投票结果时，都需要从文件中读取原来的票数。读文件的方法 getVote 定义如下：

```
protected void getVote()
```

```
{       string filePath = Server.MapPath("vote.txt");
        StreamReader sr = File.OpenText(filePath);
        while (sr.Peek() != -1)
        {       string str = sr.ReadLine();
                string[] strVote = str.Split('|');
                foreach (string ss in strVote)
                        count.Add(int.Parse(ss));
        }
        sr.Close();
}
```

其中，变量 count 为 Arraylist 类型，用来存储各候选人票数的数组，由于在其他方面也要使用该数组，因此将其定义为类的成员属性，代码如下：

```
ArrayList count = new ArrayList();
```

getVote 方法中使用 StreamReader 对象将文件中的数据读出时，使用 Split 方法按"|"符号作为分隔符将各整数进行分离，并存入到字符串数组 strVote 中；然后将 strVote 数组中的各字符串转换成整数添加到 count 数组中。

注意：在使用文件的读取时，要添加命名空间 System.IO。

步骤 5．当用户投票后，每一次新的票数都要写回到文件 vote.txt 中，其方法 putVote 定义如下：

```
protected void putVote()
{       string filepath = Server.MapPath("vote.txt");
        StreamWriter sw = new StreamWriter(filepath, false);
        string str = count[0].ToString();
        for(int i=1;i<count.Count;i++)
                str += "|"+count[i].ToString();
        sw.WriteLine(str);
        sw.Close();
}
```

这里使用 StreamWriter 的对象实现对文件的写操作。在向文件中写字符串时，其格式要与图 3-12 所示字符串的形式相同。

步骤 6．当投票系统页面加载时，通过 Cookie 判断是否已经投过票，如果投过，在 lblState 标签控件中提示"你已经投过票了"，反之提示"你还未投票"。页面的 **Page_Load** 事件定义如下：

```
protected void Page_Load(object sender, EventArgs e)
{
        lblView.Text = "";
        HttpCookie getCookie = Request.Cookies["Vote"];          //读 Cookie
        if (getCookie == null)
                lblState.Text = "你还未投票";
        else
                lblState.Text = "你已经投过票了";
```

```
getVote();          //读取 vote.txt 文件
}
```

步骤 7． 投票按钮 btnVote 的单击事件代码设计如下：

```
protected void btnVote_Click(object sender, EventArgs e)
{
    if (rbtlVote.SelectedIndex != -1)
    {
        //防止重复投票
        HttpCookie getCookie = Request.Cookies["Vote"];
        if (getCookie == null)
        {//没有投过票
            int k = rbtlVote.SelectedIndex;
            //对选中的候选人的票数累加 1
            count[k] = int.Parse(count[k].ToString()) + 1;
            putVote();          //修改后的票数写入文件
            HttpCookie vCookie = new HttpCookie("Vote");     //创建 Cookie
            vCookie.Value = "vote";
            vCookie.Expires = DateTime.Now.AddDays(30);
            Response.Cookies.Add(vCookie);          //写 Cookie
            Response.Write("<script>alert('投票成功！');</script>");
        }
        else
        {   Response.Write("<script>alert('你已经投过票了，不能重复投！');'</script>");}
    } else
        Response.Write("<script>alert('请选择投票项！'); </script>");
}
```

其中，当用户没有选择候选人时，提示"请选择投票项"；如果读到的 Cookie 为空，则对选择的候选人对应的票数值 count[i]进行累加 1，并创建 Cookie，其中 Cookie 的有效期为 30 天，并提示投票成功；如果读到的 Cookie 不为空，则出现"你已经投过票，不能重复投"的提示框，如图 3-13 所示。

步骤 8． 当用户单击查看按钮 btnView 时，则显示各用户的票数信息。代码如下：

```
protected void btnView_Click(object sender, EventArgs e)
{
    lblView.Text = "各候选人票数：<br/>";
    for (int i = 0; i < rbtlVote.Items.Count; i++)
        lblView.Text += rbtlVote.Items[i].Value + "：  " + count[i] + "票" + "<br/>";
}
```

显示效果如图 3-14 所示。

至此，一个简单的在线投票系统就完成了。为了更直观地查看投票结果，通常采用图形的方式显示投票结果，相关内容在项目 6 中详细介绍。另外，在在线投票系统的实现过程中对于 Cookie 只是作了简单的限制，读者也可以根据不同用户、不同的 IP 地址来限制。限于篇幅，这里不再讨论。

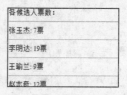

图 3-13　投票重复提示信息　　　　　图 3-14　投票结果统计

任务 3　网站计数器

任务场景

　　网站计数器是 Web 应用开发中的常用功能之一，它用来记录一个站点被访问的情况，包括当前在线人数和网站总访问人数两个方面的统计。本任务通过 Session 对象、Application 对象及 Global.asax 配置文件的综合运用，实现网站计数器的功能。

知识引入

3.7　Session 对象

　　Session 对象用于存储特定的用户会话所需的信息，它是 HttpSessionState 类的一个实例。与 Cookie 对象不同的是，Cookie 对象在客户端存储用户的相关信息，而 Session 对象则是在服务器端存储用户相关信息。

　　Session 对象限制在当前浏览器的会话中，当多个用户使用同一个应用程序时，每个用户都将拥有各自的 Session 对象，且这些 Session 对象相互独立，互不影响。

　　用户在应用程序的不同页面切换时，存储在 Session 对象中的信息不会丢弃，它将在整个会话期内都保留。当用户关闭浏览器或者在页面进行的操作时间超过系统规定的时间时，Session 对象会自动注销。

3.7.1　Session 对象的常用属性和方法

　　Session 对象的常用属性如表 3-13 所示。

表 3-13　Session 对象的常用属性

集合、属性	说　　明
Contents	确定指定会话的值或遍历 Session 对象的集合
SessionID	标识每一个 Session 对象
TimeOut	设置 Session 会话的超时时间，默认值为 20 分钟

　　Session 对象的常用方法如表 3-14 所示。

表 3-14　Session 对象的常用方法

方　法	说　明
Add	创建一个 Session 对象
Abandon	结束当前会话并清除对话中的所有信息。如果用户重新访问页面，则重新创建会话
Remove	删除会话集合中的指定项
RemoveAll	清除所有 Session 对象
Clear	清除所有的 Session 对象变量，但不结束会话

3.7.2　Session 对象的应用

1. 设置和使用 Session 对象

与 Cookie 对象相比，Session 对象主要用于安全性较高的场合。例如，应用系统的后台登录，通常管理员拥有对应用系统后台操作的权限，如果管理员在一段时间内不对应用系统进行任何操作，为了保证系统的安全性，应用系统后台将自动注销。

设置 Session 对象的方法比较简单，可以使用键/值对的方式，语法格式如下：

Session["变量名"]="值";

设置名为"uName"的会话值的代码如下：

Session["uName"]="张老三";

也可以调用 Session 对象的 Add 方法，传递项名称和项的值，向会话状态集合添加项。代码如下：

Session.Add("uName","张老三");

添加项以后，就可以在应用程序的任意页面中访问它的值。代码如下：

```
If(Session["uName"]!=null){
    string strVipName=Session["uName"].ToString();
}
```

在使用中，首先应判断会话状态项是否已经存在，然后再访问该会话状态值。

例 3-6：通常登录信息的保存也可以使用 Session 来存储。改写项目 3 任务 1 中的"用户登录"，用 Session 来保存用户名。

修改登录页面 Login.aspx 上登录按钮的单击事件如下：

```
protected void btnConfirm_Click(object sender, EventArgs e)
{
    string name = txtUserName.Text;
    string pwd = txtUserPwd.Text;
    if (name == "xiaoli" && pwd == "admin")
    {   Session["uName"]=name;          //创建 Session
        Response.Redirect("Index.aspx");
    }
}
```

然后，将 Index.aspx 页的 Page_Load 事件改写如下：

```
protected void Page_Load(object sender, EventArgs e)
{
    if (Session["uName"] != null)
    {   string name = Session["uName"].ToString();        //读 Session
        Response.Write(name + ",你好！<br/>");
    }
}
```

2. 设置 Session 对象的有效期

HTTP 是一个无状态协议，Web 服务器无法检测用户何时离开了 Web 站点，但却可以检测到在一定的时间段内用户有没有对页面发出请求。如果用户一直没发送页面请求，Web 服务器可假定用户已经离开了 Web 站点，并删除与那个用户相关的会话状态中的所有项。

默认情况下，如果用户在 20 分钟内没有请求页面，会话就会超时。可以通过编写代码设置 Session 对象的 Timeout 属性，来设置会话状态过期时间。代码如下：

```
Session.Timeout=1;
```

这里设置的会话超时时间为 1 分钟。

除此之外，还可以通过修改 Web 应用程序配置文件 Web.config 来设置在会话状态的超时时间。代码如下：

```
<configuration>
    <system.web>
        <sessionState mode="InProc" timeout="1"/>
    </system.web>
</configuration>
```

3. 删除会话状态中的项

要删除 Session 对象中的项时，可以通过调用 Session 对象的 Remove、RemoveAt、Clear 和 RemoveAll 的方法，其中 Remove 和 RemoveAt 方法可以清除会话状态集合中的某一项，而 Clear 和 RemoveAll 方法则一次性清除会话状态集合中的所有项；还可以通过调用 Abandon 方法取消当前会话，当会话取消时，与之相应的会话状态也立即消失。

例如，要从会话状态中删除 uName 项，就可以调用 Remove 方法，并传递要删除项的名称。代码如下：

```
Session.Remove("uName");
```

值得注意的是，当调用 Clear 和 RemoveAll 及 Remove 和 RemoveAt 方法时，只是从会话状态中删除了缓存项，会话并没有结束。实际应用中，出于对客户会话状态信息的保护，应该提供让客户注销登录的功能。通过调用 Abandon 方法就可完成注销功能。代码如下：

```
Session.Abandon();
```

调用 Abandon 方法后，ASP.NET 注销当前会话，清除所有有关该会话的数据。如果再次访问该 Web 应用系统时，将开启新的会话。

3.8   Application 对象

Application 对象用于在整个应用程序中共享信息。Application 对象是 HttpApplicationState 对象的一个实例，对于 Web 应用服务器上的每个 ASP.NET 应用程序都要创建一个单独的 Application 对象的实例，它是 ASP.NET 应用程序的全局变量，其生命周期从请求该应用程序的第一个页面开始，直到 IIS 停止。

实际上，ASP.NET 应用程序开发人员可以考虑将任何对象作为全局变量存储在 Application 对象中，应用程序维护一个键/值对的集合。当使用键/值存储一个数值时，就可以在 Web 应用程序的不同页面中使用该数值，实现数据共享的目的。

3.8.1   Application 对象的常用属性和方法

Application 对象常用的属性如表 3-15 所示。

表 3-15   Application 对象常用的属性

属　　性	说　　明
All	将全部的 Application 对象变量传回到一个 Object 类型的数组
AllKeys	将全部的 Application 对象变量名称传回到一个 String 类型的数组
Count	取得 Application 对象变量的数量
Item	使用索引或是 Application 变量名称传回内容值

Application 对象常用的方法如表 3-16 所示。

表 3-16   Application 对象常用的方法

方　　法	说　　明
Add	新增一个新的 Application 对象变量
Clear	清除全部的 Application 对象变量
Get	使用索引值或变量名称传回变量值
Set	使用变量名称更新一个 Application 对象变量的内容
GetKey	使用索引值来取得变量名称
Lock	锁定全部的 Application 变量* E: D* Q Q# Z0 B2 q K
Remove	使用变量名称移除一个 Application
RemoveAll	移除全部的 Application 对象变量
Unlock	解除锁定 Application 变量

3.8.2   Application 对象的应用

1. 设置和使用 Application 对象

每个 Application 对象变量都是 Application 集合中的对象之一，由 Application 对象统一管理。创建 Application 对象与使用 Session 对象的方法一样简单，代码如下：

```
Application["appVar"]=0;
```

此外，也可以调用 Application 对象的 Add 方法创建 Application 对象，代码如下：

```
Application.Add("appVar1",TextBox1.Text);
Application.Add("appVar2",TextBox2.Text);
Application.Add("appVar3",TextBox3.Text);
```

上述代码中添加了 3 个 Application 对象，并分别用 TextBox1 至 TextBox3 的值为它们赋值。也就是说，在一个应用程序中可以设置多个 Application 对象，每一个 Application 对象用来针对一个特殊的应用。例如，本任务要实现的在线人数统计和网站总的访问量，就可以使用两个不同的 Application 对象来存储。

若要使用 Application 对象，可通过索引 Application 对象的变量名进行访问，代码如下：

```
Response.Write(Application["appVar1"].ToString());
```

另外，也可以通过 Application 对象的 Get 方法来获取，代码如下：

```
Response.Write(Application.Get("appVar1").ToString());
```

如果要输出应用程序中的所有 Application 对象的值，可以使用 Application 对象的 Count 属性对循环变量进行控制。代码如下：

```
for(int i=0;i<Application.Count;i++)                //遍历 Application 对象
    Response.Write(Application.Get(i).ToString());
```

2. 应用程序状态同步

由于 Application 对象被应用程序中的各用户共享，当并发处理客户端请求时，应用程序的多个线程可能同时访问 Application 对象的值，这样就有可能在同一时刻多个用户修改 Application 对象的情形，造成数据的不一致。

HttpApplicationState 类提供 Lock 和 Unlock 方法，以解决对 Application 对象访问的同步问题，使得一次只允许一个线程访问应用程序状态变量。

对 Application 对象调用 Lock 方法，可以锁定当前 Application 对象，以便让当前用户线程单独进行修改。当修改完成后，对 Application 对象调用 Unlock 方法，解除对当前 Application 对象的锁定，这样其他用户线程就能够对 Application 对象进行修改了。

Lock 方法和 UnLock 方法应该成对使用。代码如下：

```
Application.Lock();
Application["appVar"] = TextBox1.Text;
Application.UnLock();
```

如果没有显示调用 Unlock 方法解除锁定，当请求完成、请求超时或请求执行过程中出现未处理的错误并导致请求失败时，.NET Framework 将自动解除锁定，这种自动解除锁定可以防止应用程序出现死锁的情况。

3.9　Global.asax 文件配置

Global.asax 配置文件也称作 ASP.NET 应用程序文件，在 ASP.NET2.0 以后的版本中，该文件是可选的，它包含对应 ASP.NET 引发的应用程序级别事件的代码。

Global.asax 配置文件存储在站点的虚拟根目录下，不能通过 URL 进行访问，以保证配置文件的安全性，并且每一个应用程序只能有一个 Global.asax 配置文件。

1. 创建 Global.asax 配置文件

Global.asax 配置文件通常用于处理应用程序和会话变量的事件，如 Application_Start、Application_End、Session_Start 和 Session_End 等。Global.asax 文件不为个别页面请求进行请求响应。要创建 Global.asax 配置文件可以右击网站名称，在弹出的快捷菜单中选择"添加新项"命令，在弹出的对话框中选择"全局应用程序类"模板来创建，如图 3-15 所示。

图 3-15　创建 Global.asax 配置文件

单击上图中"添加"按钮，创建并打开该文件，系统会自动产生如下代码：

```
<%@ Application Language="C#" %>
<script runat="server">
    void Application_Start(object sender, EventArgs e)
    {    //在应用程序启动时运行的代码
    }
    void Application_End(object sender, EventArgs e)
    {    //在应用程序关闭时运行的代码
    }
    void Application_Error(object sender, EventArgs e)
    {    //在出现未处理的错误时运行的代码
    }
    void Session_Start(object sender, EventArgs e)
    {    //在新会话启动时运行的代码
    }
    void Session_End(object sender, EventArgs e)
    {    //在会话结束时运行的代码
        // 注意，只有在 Web.config 文件中的 sessionstate 模式设置为
        // InProc 时，才会引发 Session_End 事件。如果会话模式
        //设置为 StateServer 或 SQLServer，则不会引发该事件
```

```
    }
</script>
```

从产生的代码注释来看，各事件都会在指定的条件下触发，因此这些事件也称为条件应用程序事件。

2. Global.asax 配置文件的应用

当 Global.asax 配置文件创建时会自动产生条件事件代码块，Web 应用开发人员只需要向相应的代码块中添加事务处理程序即可。

例 3-7：使用 Session 对象、Application 对象和 Global.asax 配置文件创建一个简单的聊天室。要求只有当用户的密码输入为"admin"时，才能登录聊天室。

首先，创建名为 ChatRoomDemo 的网站，添加登录页 login.aspx，用于用户登录管理。界面设计如图 3-5 所示，为图中对应的登录按钮添加单击事件如下：

```
protected void btnConfirm_Click(object sender, EventArgs e)
{    string name = txtUserName.Text;
    string pwd = txtUserPwd.Text;
    if (pwd == "admin")
    {   //当密码正确时，用 Session 保存用户的登录名，并跳转到聊天页面
        Session["uName"] = name;
        Response.Redirect("ChatRoom.aspx");
    }
    else {
        Response.Write("<script>alert('密码不正确')</script>");
        txtUserName.Text = "";
        txtUserPwd.Text = "";          }        }
```

接下来，在 ChatRoomDemo 的网站中添加新的 Web 窗体页 ChatRoom.aspx，界面设计如图 3-16 所示。

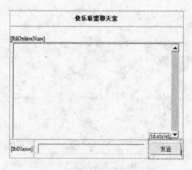

图 3-16　聊天室界面设计

其界面中各控件的属性设置如表 3-17 所示。

表 3-17　界面控件设置

控件 ID	控件类型	属 性 名	属性值或功能描述
lblTitle	Label	Text	快乐联盟聊天室
lblOnlineNum	Label		显示聊天室当前在线人数

续表

控件 ID	控件类型	属性名	属性值或功能描述
lblName	Label		显示当前用户的登录名
txtChatRoom	TextBox	TextMode	MultiLine
		ReadOnly	True
			显示聊天的内容，内容不能修改
txtChat	TextBox		输入聊天内容
btnSend	Button	Text	发送

对聊天室的功能进行综合分析可以得知，聊天室中的在线人数和各用户的聊天内容是整个应用程序共享的内容。因此，当应用程序开始启动时，可以在 Global.asax 配置文件中，创建两个应用程序变量来分别存储它们，代码如下：

```
void Application_Start(object sender, EventArgs e)
{    //在应用程序启动时运行的代码
    Application["count"] = 0;        //记录在线人数
    Application["chat"] = "";        //记录聊天内容
}
```

当用户成功登录聊天室时，就开启了一个会话，这时在线人数应该加 1，代码如下：

```
void Session_Start(object sender, EventArgs e)
{    Application.Lock();
    Application["count"] = int.Parse(Application["count"].ToString())+1;
    Application.UnLock();
}
```

当一个用户离开聊天室，在线人数应该减 1，代码如下：

```
void Session_End(object sender, EventArgs e)
{
    Application.Lock();
    Application["count"] = int.Parse(Application["count"].ToString()) - 1;
    Application.UnLock();
}
```

注意：当用户关闭聊天室的页面时，并不会触发 Session_End 事件，只有当会话时间超时或显示调用 Session.Abandon()时才能触发。也就是说，采用这种方式不能精确地反映当前的在线人数，不过对于 Internet 来说，这并不重要。

配置好 Global.asax 文件后，接下来处理 ChatRoom.aspx 页的事件。当用户登录到该页时，页面加载 Page_Load 事件首先判断用户是不是正常登录，如果是正常登录就在相应位置显示聊天室里的聊天内容、在线人数和用户名等信息，如果不是正常登录则跳转到 Login.aspx 页进行登录。代码如下：

```
protected void Page_Load(object sender, EventArgs e)
    {    //判断用户是否成功登录
        if (Session["uName"] != null)
```

```
                {
                        //显示在线人数
                        lblOnlineNum.Text = "当前在线人数为"+Application["count"].ToString()+"人";
                        //读取聊天信息，并置于聊天文本框中
                        txtChatRoom.Text = Application["chat"].ToString();
                        lblName.Text = Session["uName"].ToString();
                }
                else
                {       //如果没有登录，则跳转到登录页
                        Response.Redirect("Login.aspx");        }
        }
```

当用户成功登录聊天室后，就可以进行聊天，单击"发送"按钮可以将内容发送到聊天内容的文本框中。发送按钮的单击事件定义如下：

```
protected void btnSend_Click(object sender, EventArgs e)
{
        string tab = " ";
        string newline = "\r";
        string newMessage = lblName.Text + ":" + tab + txtChat.Text +
                                                        newline + Application["chat"];
        //当聊天信息达到 500 个字符时，截断信息
        if (newMessage.Length > 500)
                newMessage = newMessage.Substring(0, 499);
        //修改聊天信息
        Application.Lock();
        Application["chat"] = newMessage;
        Application.UnLock();
        txtChat.Text = "";
        txtChatRoom.Text = Application["chat"].ToString();
}
```

至此，简易聊天室就创建完成了，读者可以参照以上步骤自己创建。

任务实施

步骤 1. 新建一个 ASP.NET 网站，命名为 SiteCountDemo。

由于在线人数和网站访问量是网站中所有页面共有的信息，因此将其制作成用户控件。

步骤 2. 在 SiteCountDemo 的网站中添加用户控件 onlineNumber.ascx，用户控件的页面布局如图 3-17 所示。

其中显示人数的控件采用 Literal 控件。该控件同 Label 控件一样，可以将表态文本呈现在页面上；与 Label 控件不同的是，该类控件不会将任何 HTML 元素添加到文本上。

当前访问人数：[asp:Literal#Literal1]
总访问人数：0

图 3-17　用户控件界面设计

步骤 3. 为应用程序添加配置文件 Global.asax。

由于当前访问人数和总访问人数都是应用程序的共享变量，因此创建应用程序变量 Application["CurNum"]和 Application["TotNum"]来分别保存它们。如果遇到故障使 IIS 停止，

那网站总访问人数将会自动清零，为此这里采用文件 counter.txt 存储网站的总访问人数。

　　应用程序启动时，将总访问人数从文件中读出，并赋值给 Application["TotNum"]应用程序变量；当用户开启会话时，总访问人数加 1，并将 Application["TotNum"]应用程序变量的值写入文件 counter.txt 中。为 Global.asax 文件中各条件事件添加代码如下：

```
<%@ Application Language="C#" %>
//导入命名空间 System.IO，支持文件读写
<%@ Import Namespace=" System.IO" %>
<script runat="server">
    void Application_Start(object sender, EventArgs e)
    {   //在应用程序启动时运行的代码
        int count = 0;                      //用来保存历史访问人数
        string filePath = Server.MapPath("counter.txt");
        StreamReader sr = File.OpenText(filePath);
        while (sr.Peek() != -1)
        {   string str = sr.ReadLine();      //读取文件中的数据
            count = int.Parse(str);
        }
        sr.Close();
        Application.Lock();
        Application["CurNum"] = 0;           //用来记录当前在线人数
        Application["TotNum"] =(object)count;  //用来记录网站访问总人数
        Application.UnLock();
    }
    void Session_Start(object sender, EventArgs e)
    {   //会话开始时，在线人数和总访问量都加 1
        Application.Lock();
        Application["CurNum"] =Convert.ToInt32(Application["CurNum"]) + 1;
        Application["TotNum"] = Convert.ToInt32(Application["TotNum"]) + 1;
        Application.UnLock();
        string filepath = Server.MapPath("counter.txt");
        StreamWriter sw = new StreamWriter(filepath, false);
        //将访问总人数写入文件
        sw.WriteLine(Convert.ToInt32(Application["TotNum"]));
        sw.Close();
    }
    void Session_End(object sender, EventArgs e)
    {   //会话结束时，在线人数减 1
        Application.Lock();
        Application["CurNum"] = Convert.ToInt32(Application["CurNum"]) - 1;
        Application.UnLock();
    }
</script>
```

　　步骤 4．在加载用户控件时，将当前在线人数和总访问人数读取到指定的 Literal 控件中。添加用户控件 onlineNumber.ascx 的 Page_Load 事件代码如下：

```
protected void Page_Load(object sender, EventArgs e)
{
```

```
Literal1.Text = Application["CurNum"].ToString();        //显示在线人数
Literal2.Text = Application["TotNum"].ToString();        //显示总访问人数
}
```

步骤 5. 在网站中添加 Web 窗体 SiteCount.aspx，并将用户控件 onlineNumber.ascx 拖曳至该页中的适当位置。使用两个不同浏览器浏览该页，运行效果如图 3-18 所示。

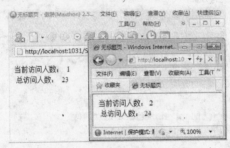

图 3-18   网站计数器效果图

注意： 可以将用户控件置于网站母版页中，以统一站点中网站计数器的外观。

项目 4   Web 应用开发中的数据访问

Web 应用开发中最核心的部分就是数据访问。本项目通过 4 个典型的任务（用户注册功能的实现、在线购物中的商品管理功能实现、购物车和留言板的功能实现），让读者深入了解 ASP.NET 3.5 是如何实现数据访问的，以及为实现数据访问 ASP.NET 3.5 提供了哪些核心技术。

任务 1   用户注册功能的实现

任务 2   在线购物中的商品管理功能实现

任务 3   购物车的实现

任务 4   留言板的功能实现

任务 1   用户注册功能的实现

任务场景

几乎所有的 Web 系统中，都需要实现用户注册功能，即有一个注册页面。项目 2 的任务 1 完成了用户注册的页面设计和数据验证，若要保持用户注册信息的有效性，还需将这些信息存储到数据库中保存。

本任务使用 ASP.NET 3.5 提供了 ADO.NET 数据访问技术，轻松地实现应用程序连接数据库，并将用户注册的信息保存到数据库中。

4.1   数据访问模型

4.1.1   数据访问原理

在 ASP.NET 3.5 中，数据访问必须依赖于.NET Framework 所提供的功能，ASP.NET3.5 通过对 ADO.NET 的引用，达到了获取数据和操作数据的目的。具体地说，数据访问涉及四个主要的组件：Web 应用程序（ASP.NET）、数据层（ADO.NET）、数据提供程序以及数据源。这些组件构成了所有数据访问 Web 应用程序的基础结构，如图 4-1 所示。

1. 数据存储（Data Store）

数据存储是数据存放的源头，通过 ADO.NET 3.5 和 ASP.NET 3.5 的新增控件，Web 应用程序能够访问多种数据存储中的数据，包括关系数据库、XML 文件、Web 服务、平面文件或诸如 Microsoft Excel 电子数据表程序中的数据。

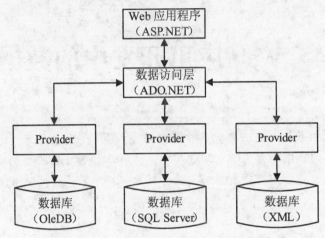

图 4-1　数据访问的主要组件结构图

2. 数据提供程序（Provider）

为什么可以通过 ADO.NET 来访问许多不同的数据源呢？这是由于 ASP.NET 可以提供程序模型的缘故。这些 Provider 相当于一个适配器，它将不同数据源的数据操作细节隐藏起来，这种模型的灵活性使开发人员只需编写一组数据访问代码就能访问各种类型的数据成为可能。

3. 数据操作层（DataLayer）

在 ADO.NET 中，通过 ADO.NET API 定义的抽象层，使所有的数据源看起来都是相同的。不论何种数据源，提取信息的过程都具有相同的关键类和步骤。

4. Web 应用程序层

为了减少数据访问的代码量，ASP.NET 3.5 提供了一系列数据控件。例如，开发人员能够使用数据源向导自动创建和配置一个数据源，使用这个数据源发布查询和检索结果。此外，不同的控件能够绑定到一个数据源，因此，控件能够依据从数据源检索到的信息，自动设置控件的外观和内容。

在数据访问的 4 个组件中，最主要的就是数据操作层（DataLayer）。借助 ADO.NET 数据访问层的强大功能，开发人员既可以通过编写代码来访问各种数据，也可以通过 ASP.NET 3.5 新增控件实现无代码访问各种数据。

4.1.2　ADO.NET 访问技术

ADO.NET 是一种将 Microsoft.NET 的 Web 应用程序以及 Microsoft Windows 应用程序连接到诸如 SQL Server 数据库或 XML 文件等数据源的技术。ADO.NET 专门为 Internet 无连接的工作环境而设计，它提供了一种简单而灵活的方法，便于开发人员把数据访问和数据处理集成到 Web 应用程序中。

1. ADO.NET 组成

ADO.NET 包括两个核心组件：.NET Framework 数据提供程序和 DataSet 数据集。

（1）数据提供程序

数据提供程序用于连接到数据库、执行命令和检索结果。数据提供程序中包含的核心对象如表 4-1 所示。

表 4-1　ADO.NET 的核心对象

对　象	说　　明
Connection	建立与数据源的连接
Command	对数据源执行操作命令
DataReader	从数据源中读取只进且只读的数据流
DataAdapter	使用 Connection 对象建立 DataSet 与数据提供程序之间的链接；并协调对 DataSet 中数据的更新

为了满足不同的数据库和不同的开发要求，.NET Framework 提供了 4 个数据提供程序：

● SQL Server .NET Framework 数据提供程序
● OLE DB .NET Framework 数据提供程序
● ODBC .NET Framework 数据提供程序
● Oracle .NET Framework 数据提供程序

SQL Server .NET Framework 和 OLE DB .NET Framework 数据提供程序使用的对象名称不同，前者通过 SqlConnection、SqlCommand、SqlDataReader 和 SqlDataAdapter 对象来访问，后者通过 OleDBConnection、OleDBCommand、OleDBDataReader 和 OleDBDataAdapter 对象来访问。

组成 ADO.NET 的各个对象被包含在不同的命名空间中。如果处理 SQL Server 2005 数据库中的数据，需要导入 System.Data 和 System.Data.SqlClient；如果处理 Access、SQL Server 7.0 以下版本、dBase 和 Oracle 数据库中的数据，需要导入 System.Data 和 System.Data.OleDb。

（2）DataSet 对象

在 Web 应用程序中，DataSet 对象用于存储从数据源中收集的数据。处理存储在 DataSet 中的数据并不需要 ASP.NET Web 窗体与数据源保持连接，仅当数据源中的数据随着改变而被更新的时候，才会重新建立连接。使用 DataSet 对象不仅能获取数据源中心的数据，而且还能获得数据源的类型信息。

DataSet 对象把数据存储在一个或多个 DataTable 中。每个 DataTable 由来自唯一数据源中的数据组成。与 DataSet 相关的对象如表 4-2 所示。

表 4-2　DataSet 相关的对象

对　象	说　　明
DataSet	数据在内存中的缓存
DataTable	内存中存放数据的表
DataRow	DataTable 中的行

续表

对　象	说　明
DataColumn	DataTable 中的列

2. 使用 ADO.NET 访问数据

ADO.NET 提供了一组丰富的对象,用于对几乎任何种类的数据存储的连接式或断开式访问,当然包括关系型数据库。在此模式下,连接会在程序的整个生存周期中保持打开,而不需要对状态进行特殊处理。随着应用程序开发的发展演变,数据处理结构越来越多地使用多层结构,断开方式的处理模式可以为应用程序提供良好的性能和伸缩性。图 4-2 显示了如何使用 ADO.NET 访问数据。

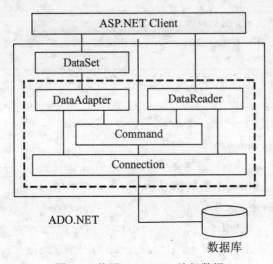

图 4-2　使用 ADO.NET 访问数据

（1）断开式数据访问模式

断开式数据访问模式指的是客户端不直接对数据库进行操作。在.NET 平台上,使用各种开发语言开发的数据库应用程序,一般并不直接对数据库进行操作,而是先完成数据库连接和通过数据适配器填充 DataSet 对象,然后客户端再通过读取 DataSet 来获取需要的数据。同样在更新数据库中的数据时,也需要首先更新 DataSet,然后再通过数据适配器来更新数据库中对应的数据。使用断开式数据访问模式的基本过程如下:

● 使用连接对象 Connection 连接并打开数据库。

● 使用数据适配器 DataAdapter 对象填充数据集 DataSet。

● 关闭连接。

● 对 DataSet 进行更新操作,操作完成后打开连接。

● 使用数据适配器 DataAdapter 更新数据库,关闭连接。

断开式数据访问模式适用于远程数据处理、本地缓存数据及执行大量数据的处理,而不需要与数据源保持连接的情况,从而将连接资源释放给其他客户端使用。

（2）连接式数据访问模式

连接式数据访问模式是指用户在操作过程中,一直与数据库保持连接。如果不需要

DataSet 所提供的功能，则打开连接后可以直接使用命令对象 Command 进行数据库相关操作，并使用 DataReader 对象以只读方式返回数据并显示，从而提高应用程序的性能。

在实际应用中，选择数据访问模式的基本原则是首先满足需求，然后考虑性能优化。

4.2　使用 Connection 对象连接数据库

访问数据库的第一项工作就是和数据库建立连接，然后通过该连接向数据库发送命令并读取返回的数据，这些在 ADO.NET 中由 Connection 对象来实现。

4.2.1　编写代码创建数据库连接

对于不同的数据库的连接，使用的连接对象有所区别，连接字符串也有不同。

1.　使用 SQL Server.NET 数据提供程序连接 SQL Server 2005 数据库

如果需要访问的版本号为 SQL Server 2005 数据库，则需要使用 SQL Server.NET 数据提供程序，相关的类在 System.Data.SqlClient 命名空间中，此时需要使用 SqlConnection 对象来连接数据库。

SqlConnection 对象最重要的属性就是 ConnectionString 属性，该属性将建立连接的详细信息传递给 SqlConnection 对象，SqlConnection 对象通过这个属性中所提供的连接字符串来连接数据库。在连接字符串中至少需要包含服务器（Server）、数据库名（Database）和身份验证（User ID/Password）等信息。

ConnectionString 中常见的属性如表 4-3 所示。

表 4-3　ConnectionString 的属性

属 性 名 称	默 认 值	说　明
Server/ Data Source	本地机器	要连接的 SQL Server 实例的名称或网络地址。指定本地实例时，使用（local）
Initial Catalog/ Database	默认数据库	数据库的名称
Trusted_Connection / Integrated Security	false	当为 false 时，将在连接中指定用户 ID 和密码。当为 true 时，将使用当前的 Windows 账户凭据进行身份验证。可识别的值为 true、false、yes、no 以及与 true 等效的 sspi（强烈推荐）
Password/Pwd		SQL Server 账户登录的密码。建议不要使用。为保持高安全级别，强烈建议使用 Integrated Security 或 Trusted_Connection 关键字
Persist Security Info	false	当该值设置为 false 或 no（强烈推荐）时，如果连接是打开的或者一直处于打开状态，那么安全敏感信息（如密码）将不会作为连接的一部分返回。重置连接字符串将重置包括密码在内的所有连接字符串值。可识别的值为 true、false、yes 和 no
User ID		SQL Server 登录账户（建议不要使用）。为保持高安全级别，强烈建议用户使用 Integrated Security 或 Trusted_Connection 关键字

属 性 名 称	默 认 值	说 明
Connect Timeout/ Connection Timeout	15	在终止尝试并产生错误之前，等待与服务器的连接的时间长度（以秒为单位）
Packet Size	8192	用来与 SQL Server 的实例进行通信的网络数据包的大小，以字节为单位
Pooling	False/True	数据库连接池的数量

连接字符串可以在创建 SqlConnection 对象时作为参数传递，也可以通过 ConnectionString 属性来设置。

下面例子中的连接字符串，用于建立应用程序到本机上的 SQLServer 连接。

```
SqlConnection sqlconn = new SqlConnection("Server=(local);
Database=SuperMarketDB;Integrated Security=SSPI;");
```

下面的例子是一个连接到"使用 SQL Server 身份验证"的远程服务器 MyServer 的连接字符串。设置 Connection Timeout 为 60 秒。

```
SqlConnection sqlconn2 = new SqlConnection("Server=MyServer; Userid=aa; Database=
SuperMarketDB;Passord=abcd; Connection Timeout=60;");
```

在创建 SqlConnection 对象并正确设置好连接字符串后，还需要使用 SqlConnection 的 Open 方法打开连接，连接被打开后才可以通过它访问数据库中的数据，访问完毕之后还需要使用 Close 方法关闭连接，直到下一次访问数据库时再打开。

SqlConnection 对象的主要方法如表 4-4 所示。

表 4-4　SqlConnection 对象的主要方法

方 法 名 称	说 明
Open	该方法使用连接字符串中指定的连接详细信息打开连接
Close	该方法关闭当前处于打开状态的连接
ChangeDatabase	修改目前用于连接的数据库。只有在连接打开时才能使用该方法

2. 使用 OLEDB.NET 数据提供程序连接 Access 数据库

如果需要访问的是 Access 数据库，则使用 SQL OLEDB.NET 数据提供的程序，相关的类在 System.Data.OleDB 命名空间中，此时需要使用 OleDBConnection 对象来连接数据库。

OleDBConnection 和 SqlConnection 的使用基本是一样的，唯一的区别就是 ConnectionString 的取值有所不同，访问 Access 数据库的连接字符串中至少需要包含提供者（Provider）和数据库文件名（Data Source）这两个信息，其中的 Provider 用来指定数据库类型，访问 Access 时应该为"Microsoft.Jet.OLEDB.4.0"。

下面是一个访问 Access 数据库 StudentMS.mdb 的例子。

```
OleDbConnection oledbconn;
oledbconn.ConnectionString = "Provider=Microsoft.Jet.OLEDB.4.0;
        DataSource="f:\SuperMarketDB.mdb";
```

```
oledbconn.Open();
oledbconn.Close();
```

4.2.2　使用 Web.Config 文件定义数据连接字符串

在 Web 应用程序中,往往有多个窗体需要访问数据库,这些页面中都要创建 Connection 对象,而每次创建 Connection 对象时又必须设置 ConnectionString 属性为合适的连接字符串,这样会有一个问题,一旦数据库信息发生变化(例如 SQLServer 服务器名改变或者 Access 数据库文件的存储路径变化),就必须修改每个页面中的连接字符串,为应用程序的维护带来了麻烦。

利用 ASP.NET 的 Web.config 文件可以很好地解决这个问题。

下面是一个将连接字符串保存在 Web.config 文件中的例子。

```
<connectionStrings>
    <add name="DBConnStr" connectionString="Data Source=.; User ID=sa;
        Initial Catalog=SuperMarketDB; Persist Security Info=True;"
        providerName="System.Data.SqlClient" />
</connectionStrings>
```

上面的示例在 Web.config 文件中建立了一个 connectionString "DBConnStr",其中保存了所需的数据库连接字符串(Value 的值),这样在窗体中创建连接对象时,只需要读取 "DBConnStr" 的值就行了。

```
string myconnstr = ConfigurationManager.ConnectionStrings["DBConnStr"].
ConnectionString;
SqlConnection sqlconn = new SqlConnection(myconnstr);
sqlconn.Open();
```

4.3　使用 Command 对象操作数据库

4.3.1　Command 对象

在连接好数据源后,就可以对数据源执行命令操作。命令操作包括从数据存储区(数据库、数据文件等)检索或对数据存储区进行插入、更新和删除操作。在 ADO.NET 中,对数据库的命令操作通过 Command 对象实现。常用的 SQL 语句命令如 Select、Update、Delete 和 Insert 等都可以在 Command 对象中创建。

在.NET 的 SQL Server.NET 数据提供程序和 OLEDB.NET 数据提供程序中,Command 对象分别叫做 SqlCommand 和 OleDbCommand,两者的用法基本一致。这里以 SqlCommand 对象为例进行介绍。

1. SqlCommand 对象的属性

SqlCommand 对象的主要属性如表 4-5 所示。

表 4-5　SqlCommand 对象的主要属性

属　性	说　明
CommandText	获取或设置要对数据源执行的 Transact-SQL 语句、表名或存储过程
CommandTimeout	获取或设置在终止执行命令的尝试并生成错误之前的等待时间
CommandType	获取或设置一个值，该值指示如何解释 CommandText 属性
Connection	获取或设置 SqlCommand 实例使用的 SqlConnection
Parameters	获取 SqlParameterCollection 参数集
Transaction	获取或设置在 SqlCommand 执行过程中的 SqlTransaction
UpdatedRowSource	获取或设置命令结果在由 DbDataAdapter 的 "Update" 方法使用时，如何应用于 DataRow。当取值为 None 时，忽略任何返回的参数或行；当取值为 Both 时，将输出参数和第一个返回行映射到 DataSet 中已更改的行

CommandText 是 SqlCommand 类中最常用的属性，可以由任何有效的 T-SQL 命令或 T-SQL 命令组组成。例如，Select、Insert、Update 和 Delete 语句以及存储过程，还可以指定由逗号分隔的表名或存储过程名。在调用方法执行 CommandText 中的命令前，还需要正确设置 CommandType 和 Connection 的属性。

下面是一段使用 Text 的命令类型的代码，并指定 T-SQL 命令作为 SqlCommand 对象的文本。

```
SqlCommand cmd;
cmd.Connection = sqlconn;
cmd.CommandType = CommandType.Text;
cmd.CommandText = "Select * from T_Ware";
```

下面的代码则使用 StordProcedure 命令类型指明 SqlCommand 对象执行在 CommandText 属性中指定的存储过程。

```
SqlCommand cmd;
cmd.Connection = sqlconn;
cmd.CommandType = CommandType.StoredProcedure;
cmd.CommandText = "GetAllWares";
```

上述代码中 "GetAllWares" 为数据库中存储过程的名称。

2. SqlCommand 对象的方法

SqlCommand 对象的主要方法如表 4-6 所示。

表 4-6　SqlCommand 对象的主要方法

方 法 名 称	说　明
Cancel	尝试取消 SqlCommand 的执行
CreateParameter	创建 SqlParameter 对象的新实例
ExecuteNonQuery	连接执行 Transact-SQL 语句并返回受影响的行数
ExecuteReader	将 CommandText 发送到 Connection 并生成一个 SqlDataReader，已重载

续表

方法名称	说　明
ExecuteScalar	执行查询，并返回查询所返回的结果集中第一行的第一列，忽略其他列或行
ExecuteXmlReader	将 CommandText 发送到 Connection 并生成一个 XmlReader 对象
ResetCommandTimeout	将 CommandTimeout 属性重置为其默认值

SqlCommand 提供了 3 种不同的方法在 SQL Server 上执行 T-SQL 语句，这 3 种方法的工作方式非常相似。每种方法都会将在 SqlCommand 对象中形成的命令详细信息，传递给指定的连接对象，再通过 SqlConnection 对象在 SQL Server 上执行 T-SQL 语句，最后根据语句执行结果生成一组数据，这些数据在不同的方法中有不同的表现形式。

（1）ExecuteNonQuery

ExecuteNonQuery 方法是在 SQL Server 上执行指定的 T-SQL 语句。但是它只返回受 T-SQL 语句影响的行数，因此，它适合执行不返回结果集的 T-SQL 命令。这些命令有数据定义语句（DDL）命令，如 Create Table、Create View、Drop Table；以及数据操作语言（DML）命令，如 Insert、Update 和 Delete；也可以用于执行不返回结果集的存储过程。

下面的代码实现创建到 SQL Server 的连接，使用 ExecuteNonQuery 运行 3 个 T-SQL 命令。第一个命令的作用是创建一个新的临时表，第二个命令的作用是在该临时表中插入一行，并且返回行中受影响的参数，第三个命令的作用是删除该临时表。

```
string myconnstr = ConfigurationManager.ConnectionStrings["DBConnStr"].ConnectionString;
SqlConnection sqlconn = new SqlConnection(myconnstr);
SqlCommand cmd;
cmd.Connection = sqlconn;
cmd.CommandType = CommandType.Text;
sqlconn.Open();
cmd.CommandText = "Create Table TempTable(IDCol Int)";
cmd.ExecuteNonQuery();
cmd.CommandText = "Insert TempTable(IDCol) Values(1)";
cmd.ExecuteNonQuery();
cmd.CommandText = "Drop Table TempTable";
cmd.ExecuteNonQuery();
sqlconn.Close();
```

（2）ExecuteReader

ExecuteReader 方法用于返回 DataReader 对象。DataReader 对象是一种从 SQL Server 中检索单一结果集的高速只读方法。

下面是执行 T-SQL 命令并遍历结果集，并将一列数据输出到页面上的代码。

```
String str="select SPMC from T_SPXX";
SqlCommand scmd=new SqlCommand (str, sqlconn);
SqlDataReader sdr=scmd.ExecuterReader();
while(sdr.Read()) {
    Label1.Text=sdr["SPMC"].ToString()+"<br>";
}
```

（3）ExecuteScalar 方法

ExecuteScalar 方法执行后返回一个单值，多用于使用聚合函数的情况，例如 COUNT(*) 之类的聚合函数。

下面的代码使用 ExecuteScalar 方法在表上执行 COUNT(*)，返回其结果并输出到页面上。

```
String str= "select count(*) from T_SPXX";
SqlCommand scmd=new SqlCommand (str,conn);
int count=Convert.toInt32(scmd.ExecuteScalar());
```

4.3.2 使用 Command 对象操作数据

1. 使用 Command 对象操作数据

使用 Command 对象实现数据库的操作，对于编写与数据库相关的应用程序来说是必需的，它是典型的 ADO.NET 连接式操作模式。其基本步骤包括：

● 打开到数据库连接。
● 创建新的 Command 对象。
● 定义 T-SQL 命令。
● 执行 T-SQL 命令。
● 关闭数据库连接。

在定义 T-SQL 命令时，与下面类似的 T-SQL 命令经常会用到，这就需要在书写 T-SQL 命令时注意数据类型和标点符号，同时必须在英文状态下书写，否则程序在编译时会出错。

```
string SQLStr = "select * from T_Ware where id="+vid;
string SQLStr = "delete from T_Ware where id=" + vid;
string SQLStr = "update T_Ware set uName='" + TextBox1.Text =    '",where    id=" + vid;
string SQLStr = "insert into T_Ware values('" + strName + "','" + strSex + "','"    +
                                              strPost + "','" + strCompany + "')";
```

在下面的代码中，获取用户在文本框中输入的姓名、性别、职务、公司和联系方式等信息，并将获取的信息插入到数据库中。

```
string strName = TextBox1.Text;
string strSex = TextBox2.Text;
string strPost = TextBox3.Text;
string strCompany = TextBox4.Text;
string strContact = TextBox5.Text;
string connstr = ConfigurationManager.ConnectionStrings["ConnStr"].ConnectionString;
SqlConnection conn = new SqlConnection(connstr);
conn.Open();
string SQLStr = "insert into T_Ware values('" + strName + "','" + strSex + "','"    + strPost
                                         + "','" + strCompany + "','" + strContact +"')";
SqlCommand cmd = new SqlCommand(SQLStr, conn);
cmd.ExecuteNonQuery();
conn.Close();
```

2. 在操作数据时使用 SQL 参数

在实际应用中，常常需要用户在页面上输入信息，并将这些信息插入到数据库中。只要允许用户输入数据，就有可能出现输入错误，并可能对 Web 应用程序创建和执行 SQL 代码产生致命的影响。

为了解决这个问题，除了项目 2 任务 1 中使用的 ASP.NET 验证控件对输入控件进行检查之外，还可以在生成 T-SQL 命令时，不使用窗体变量而使用 SQL 参数来构造连接字符串。SQL 参数不属于 SQL 查询的可执行脚本部分。由于错误或恶意的用户输入不会处理成可执行脚本，所以不会影响 SQL 查询的执行结果。

（1）Parameters 属性和 SqlParameter 对象

要在 ADO.NET 对象模型中使用 SQL 参数，需要向 Command 对象的 Parameters 集合中添加 Parameter 对象。在使用 SQL Server.NET 数据提供程序时，要使用的 Parameter 对象的类名为 SqlParameter。

创建 SqlParameter 对象，必须包括 Value 在内的一些属性，其主要属性如表 4-7 所示。

表 4-7 SqlParameter 对象的主要属性

属 性 名 称	说　　明
DbType	获取或设置参数的 SqlDbType
Direction	获取或设置一个值，该值指示参数是输入、输出、双向还是存储过程返回值参数
ParameterName	获取或设置 SqlParameter 的名称
Size	获取或设置列中数据的最大大小（以字节为单位）
SqlDbType	获取或设置参数的 SqlDbType 的数据类型
SqlValue	获取作为 SQL 类型的参数的值，或设置该值
Value	获取或设置该参数的值

SqlDbType 是 SqlParameter 对象的重要属性之一，通过它来控制向 SQL Server 数据库传递参数信息时所使用的数据类型。此属性接受来自 SqlDbType 枚举中的值，如 NVarChar、Int、DateTime、Bit、Money、Text 和 Image 等；Direction 属性则设置参数的方向。在查询中使用参数向数据库传递数据，并从数据库获取数据。例如，通过输出参数从数据库的单一行中获取数据，而不是通过 SqlDataReader 来查看一个数据行。由于参数所涉及的开销少于结果集，所以通过输出参数来返回数据的速度更快一些。

（2）使用 SQL 参数的基本步骤

使用 SQL 参数的基本步骤如下：

- 使用 Parameters 构建 SqlCommand 命令字符串。
- 声明 SqlParameter 对象，并赋值。
- 将 SqlParameter 对象赋值给 SqlCommand 对象的 Parameters 属性。

对上面的例子进行修改，通过使用 SQL 参数实现向数据库插入一条记录时获取用户在文本框中输入的姓名、性别、职务、公司以及联系方式等信息。

```
string strName = TextBox1.Text;
string strSex = TextBox2.Text;
string strPost = TextBox3.Text;
string strCompany = TextBox4.Text;
string strContact = TextBox5.Text;
string connstr = ConfigurationManager.ConnectionStrings["ConnStr"].ConnectionString;
SqlConnection conn = new SqlConnection(connstr);
conn.Open();
string SQLStr = "insert into T_Ware values(@strName,@strSex,@strPost,
                                          @strCompany,@strContact)";
SqlParameter paraName1 = new SqlParameter("@strName", strName);
SqlParameter paraName2 = new SqlParameter("@strSex", strSex);
SqlParameter paraName3 = new SqlParameter("@strPost", strPost);
SqlParameter paraName4 = new SqlParameter("@strCompany",      strCompany);
SqlParameter paraName5 = new SqlParameter("@strContact",  strContact);
SqlCommand cmd = new SqlCommand(SQLStr, conn);
cmd.Parameters.Add(paraName1);
cmd.Parameters.Add(paraName2);
cmd.Parameters.Add(paraName3);
cmd.Parameters.Add(paraName4);
cmd.Parameters.Add(paraName5);
cmd. ExecuteNonQuery ();
conn.Close();
```

4.4 使用 DataReader 对象读取数据

DataReader 对象定义如何根据连接读取数据。DataReader 对象的特点主要有：

● DataReader 只能读取数据，不能对记录进行数据的编辑、添加和删除。

● DataReader 只能在记录间"向前"移动，一旦移动到"下一个"记录，就不能再
回到前一个记录了，除非再执行一遍所有的 SQL 查询。

● DataReader 不能在 IIS 内存中存储数据，数据直接在页面对象上显示。

● DataReader 是工作在连接模式下的，应用程序在读取数据时，数据库的连接必须
处于打开状态。

DataReader 和 Command 一样在不同的数据提供程序中，它们有不同的版本，这些版本
的功能非常相似。这里主要介绍 SqlDataReader 对象。

SqlDataReader 不与 SQL Server 连接直接交互，而需调用 SqlCommand. ExecuteReader
方法将查询结果传递给 SqlDataReader 对象，然后就可以通过 SqlDataReader 对象依次访问
每行的值。

4.4.1 SqlDataReader 对象的属性

SqlDataReader 对象的主要属性如表 4-8 所示。

表 4-8　SqlDataReader 对象的主要属性

属 性 名 称	说　明
Connection	获取与 SqlDataReader 关联的 SqlConnection 数据库连接对象
Depth	获取一个指示当前行的嵌套深度的值
FieldCount	获取当前行中的列数
HasRows	获取一个指示 SqlDataReader 是否包含一行或多行的值
IsClosed	检索一个指示是否已关闭指定的 SqlDataReader 实例的布尔值
Item	已重载。获取以本机格式表示的列的值
RecordsAffected	获取执行 Transact-SQL 语句所更改、插入或删除的行数

4.4.2　SqlDataReader 对象的方法

SqlDataReader 对象的主要方法如表 4-9 所示。

表 4-9　SqlDataReader 对象的主要方法

方 法 名 称	说　明
Close	关闭 SqlDataReader 对象
GetBoolean、GetByte、GetChar、GetDateTime、GetDecimal、GetDouble、GetFloat、GetGuid、GetInt16、GetInt32、GetInt64	按指定的 System 数据类型返回列值。不转换列值，因此必须保持数据类型一致
GetBytes、GetChars	从列中指定的偏移量的位置获取字节流或字符流
GetName	获取指定列的名称
GetSchemaTable	返回一个描述 SqlDataReader 的元数据的 DataTable
GetSqlBinary、GetSqlBoolean、GetSqlByte、GetSqlDateTime、GetSqlDecimal、GetSqlDouble、GetSqlGuid、GetSqlInt16、GetSqlInt32、GetSqlInt64、GetSqlMoney、GetSqlSingle、GetSqlString、	按指定的 SQL 数据类型返回列值。它不转换列值，因此必须是所要求的数据类型，或者是可以兼容的基类型
GetSqlValue、GetValue	分别以其本地的 SQL Server 或.NET 数据类型返回列值
GetSqlValues、GetValues	分别以其本地的 SQL Server 或.NET 数据类型返回列值填充数组
IsDBNull	获取一个值，用于指示列中是否包含不存在的或缺少的值
Read	使 SqlDataReader 前进到下一条记录
NextResult	当读取批处理 Transact-SQL 语句的结果时，使数据读取器前进到下一个结果

4.4.3 使用 SqlDataReader 对象

1. 获取某一表中的字段名

获取某一表中的字段名的代码如下：

```
string SQLStr = "select * from T_Ware";
SqlCommand cmd = new SqlCommand(SQLStr, conn);
SqlDataReader dr = cmd.ExecuteReader();
//检索列架构信息（列的字段属性）
DataTable scm = dr.GetSchemaTable();
foreach (DataRow myRow in scm.Rows) {
    Message.Text = myRow[0].ToString() + "<br>";
}
```

2. 获取某一记录的字段值

获取某一记录字段值的代码如下：

```
string SQLStr = "select * from student where id=2";
SqlCommand cmd = new SqlCommand(SQLStr, conn);
SqlDataReader dr = cmd.ExecuteReader();
if (dr.Read()) {
    txtName.Text = dr["Name"].ToString();
    txtPassord1.Text = dr["Password"].ToString();
    txtAge.Text = dr["Age"].ToString();
}
```

任务实施

步骤 1. 还原数据库备份，备份文件位于"配套光盘\Chapter4Demo\RegisterDemo\APP_Date\SM.BAK"路径中。

步骤 2. 新建一个 ASP.NET 网站，命名为"RegisterDemo"，添加 Web 窗体，命名为"Register.aspx"。

步骤 3. 在"Register.aspx"页中添加用户输入的控件。在"Register.aspx"网页中切换到设计视图，将 Label 控件、TextBox 控件、RadioButtonList 控件、CheckBoxList 控件、DropDownList 控件以及 Button 控件从工具箱拖放到页面，设置其属性，并采用表格布局，如图 4-3 所示。

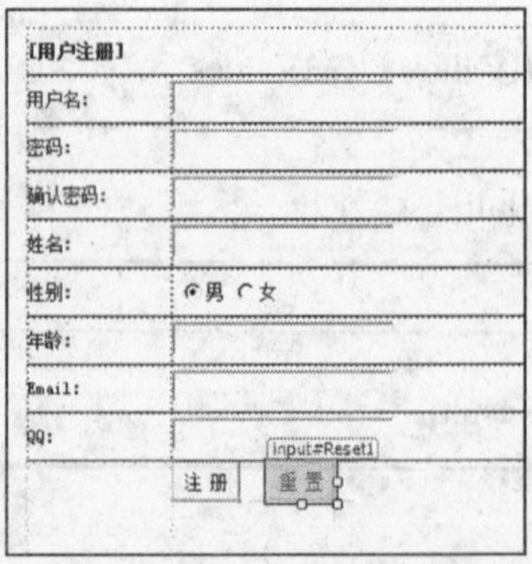

步骤 4. 为输入控件添加验证，如图 4-4 所示，具体操作步骤参照项目 2 任务 1 来进行。

步骤 5. 打开"Web.config"文件，配置数据库连接字符串，代码如下所示：

图 4-3 Register.aspx 内容页

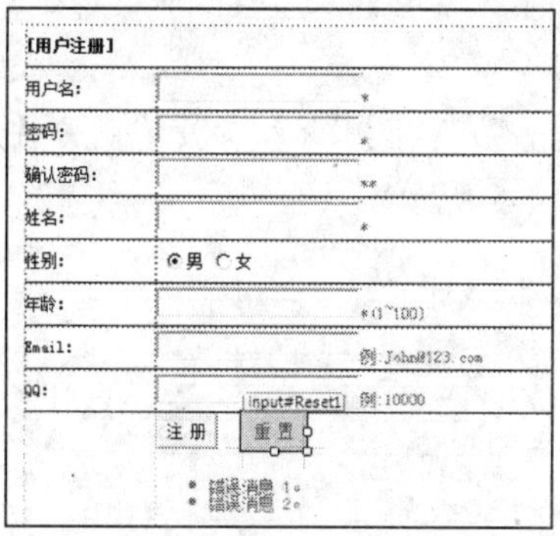

图 4-4　添加验证控件

```
<connectionStrings>
    <add name=" SMDBConnStr " connectionString="Integrated Security=SSPI;
                Persist Security Info=False;Initial Catalog=SuperMarketDB;
                    Data Source=." providerName="System.Data.SqlClient" />
</connectionStrings>
```

步骤 6. 打开"Register.aspx.cs"文件，给"注册"按钮的事件处理过程添加如下代码，以实现将用户注册信息保存到数据库，并提示注册成功的功能。

```
protected void btnOK_Click(object sender, EventArgs e) {
if (Page.IsValid) {
    string username = txtUsername.Text;
    string password = txtPwd.Text;
    string truename = txtName.Text;
    string sex = radioSex.SelectedValue;
    int age = Convert.ToInt16(txtAge.Text);
    string email = txtEmail.Text;
    string qq = txtQQ.Text;
    string connstr = ConfigurationManager.ConnectionStrings["SMDBConnStr "].ConnectionString;
    SqlConnection conn = new SqlConnection(connstr);
    conn.Open();
    string sqlstr = "insert into
        t_Vip(hy_Username,hy_passwod,hy_name,hy_sex,hy_age,hy_email,hy_qq)
        values(@hy_Username,@hy_passwod,@hy_name,@hy_sex,@hy_age,@hy_email,@hy_qq)";
SqlParameter[] prams={    new SqlParameter("@hy_Username", username),
                        new SqlParameter("@hy_passwod", password),
                        new SqlParameter("@hy_name", truename),
                        new SqlParameter("@hy_sex", sex),
                        new SqlParameter("@hy_age", DbType.Int16),
                        new SqlParameter("@hy_email", email),
                        new SqlParameter("@hy_qq", qq)};
SqlCommand cmd = new SqlCommand(sqlstr, conn);
if (prams != null)
{       foreach (SqlParameter para in prams)
            cmd.Parameters.Add(para);
}
cmd.ExecuteNonQuery();
```

```
        Response.Write("<script>alert('注册成功')</script>");
}   }
```

步骤 7. 浏览"Register.aspx"页面，输入有效的用户注册信息后单击"注册"按钮，提示"注册成功"，效果如图 4-5 所示。

图 4-5　Register.aspx 页面效果图

任务 2　在线购物时商品管理功能的实现

任务场景

对于像"淘宝"、"阿里巴巴"之类的购物网站，不仅买家能方便地查找自己喜欢的商品，而且卖家还能管理自己的商品，如对商品进行添加、删除和修改等操作。

本任务通过使用数据源控件 SqlDataSource、数据绑定控件 GridView 和 FormView 控件，结合 DataSet 对象和 DataAdapter 对象，来实现商品管理的各项功能。

知识引入

4.5　SqlDataSource 控件

4.5.1　SqlDataSource 控件

在 ASP.NET 3.5 中，数据访问系统的核心是数据源控件。一个数据源控件代表数据（数据库、对象、XML 和消息队列等）在系统内存中的映像，并能够在 Web 页面上通过数据绑定控件展示出来。

为了适应对不同数据源的访问，ASP.NET 3.5 提供了 SqlDataSource、AccessDataSource、ObjectDataSource、XmlDataSource 和 SiteMapDataSource 5 个内置数据源控件。ASP.NET 3.5 的数据源控件提供声明方式来处理数据，使用这些控件，只需很少的代码或无需任何代码就可从数据库中检索数据。本节以 SqlDataSource 控件为例，介绍 ASP.NET 3.5 强大的数据访问能力。

SqlDataSource 可用于任何具有关联 ADO.NET 提供程序的数据库，包括 Microsoft SQL Server、OLE DB、ODBC 或 Oracle 数据库。在配置时，SqlDataSource 使用的 SQL 语法以及是否可使用更高级的数据库功能均由所使用的数据库来决定。然而，数据源控件对于所有数据库的操作都是相同的。

下面通过一个实例演示 SqlDataSource 控件实现对数据库的数据访问。

例 4-1：查询商品类型表 T_WareType 中商品类别的名称，并将查询结果置于下拉列表控件 DropDownList1 中（表 T_WareType 在项目 4 任务 1 中所提供的数据库中）。

首先，新建名为"Test.aspx"的 Web 窗体，在设计视图下双击"工具箱"中数据分类项中的 SqlDataSource 控件就会添加一个 SqlDataSource 到当前页面。

SqlDataSource 控件的 HTML 标签代码如下所示：

```
<asp:SqlDataSource ID="SqlDataSource1" runat="server" >
</asp:SqlDataSource>
```

单击 SqlDataSouce 控件时会出现一个三角箭头（即"智能标记"按钮），如图 4-6 所示。

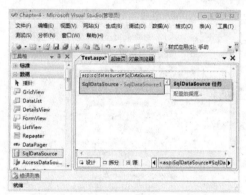

图 4-6   配置 SqlDataSource 数据源

选择图 4-6 中"配置数据源"命令，出现如图 4-7 所示的创建数据库连接界面。

图 4-7   创建数据库连接

单击"新建连接"按钮,进行数据源的配置,如图 4-8 所示。默认情况下,数据源连接到 Sql Server 数据库。通过单击"更改"按钮,可对 Access 数据库文件、ODBC 数据源、SQL Server 数据库文件和 Oracle 数据库文件等进行配置。

在图 4-8 中,设置服务器名及服务器登录方式,并选择要连接的数据库名。

注意:如果要连接的数据库服务器与应用程序服务器在同一个局域网里,可以使用局域网IP 地址或者局域网中的电脑主机名;如果要连接的数据库服务器与应用程序服务器不在同一个局域网内,就要求数据库服务器必须有一个公网的 IP 地址;如果要连接的数据库服务器与应用程序服务器是同一台机器,可以使用"(local)"或"."或"127.0.0.1"来标识。

单击"测试连接"按钮,如果弹出连接成功的消息提示就表示这个数据库连接是可用的。单击"确定"按钮,回到"配置数据源"界面,单击连接字符串左边的"+"按钮,就可以看到数据库的连接字符串信息,如图 4-9 所示。

图 4-8　设置数据库连接　　　　　图 4-9　查看数据库连接字符串信息

单击"下一步"按钮,将连接字符串保存到配置文件 Web.Config 中,如图 4-10 所示。

单击"下一步"按钮,打开如图 4-11 所示的对话框。配置 SqlDataSource1 数据源控件关联的 SQL 语句,开发人员可以采用两种方式检索数据库数据,一种是自定义 SQL 语句或存储过程,另一种是指定来自表或视图的列。

在图 4-11 中,选择查询商品类别表 T_WareType 中的所有列,也可以根据需求,对数据进行筛选、排序等。单击"下一步"按钮,直至完成。

通过上述过程,完成了对 SqlDataSource 数据源的配置。那么,怎样将配置好的数据源绑定到指定的数据控件呢?

在页面中,添加一个 DropDownList 控件,单击该控件右边的"智能标记"按钮,选择

"选择数据源"命令，出现如图 4-12 所示对话框。

图 4-10　保存数据连接字符串到 Web.Config 中

图 4-11　配置数据库查询设置

图 4-12　选择数据源

选择数据源为"SqlDataSource1";选择要在 DropDownList 中显示的数据字段为"splb_TypeName(商品类别名称)";DropDownList 的值选择数据字段"splb_TypeID",单击"确定"按钮。

切换 Test.aspx 页至源视图,.NET 生成的页面代码如下:

```
<asp:SqlDataSource ID="SqlDataSource1" runat="server"
    ConnectionString="<%$ ConnectionStrings:SuperMarketDBConnetionString %>"
    SelectCommand="SELECT * FROM [T_WareType]">
</asp:SqlDataSource>
<asp:Label ID="Label1" runat="server" Text="商品类别: "></asp:Label>
<asp:DropDownList ID="DropDownList1" runat="server"
        DataSourceID="SqlDataSource1"
        DataTextField="splb_TypeName" DataValueField="splb_TypeID">
</asp:DropDownList>
```

从上述页面代码可以知道,SqlDataSource 控件有以下两个重要属性:

① ConnectionString:设置特定数据库的连接字符串。为使 Web 应用程序更易于维护并且安全性更高,通常将连接字符串存储在应用程序配置文件的 connectionStrings 元素中。

② SelectCommand:指定该控件要执行的 SQL 查询。

在浏览器中查看 Test.aspx 页面的效果,如图 4-13 所示。

图 4-13 SqlDataSource 数据源控件筛选数据页面

从上例可以看出,通过 SqlDataSource 数据源控件,可以不书写一行代码就完成对数据库中数据的检索,大大地提高了应用程序的开发效率。

4.5.2 在 SqlDataSource 中使用参数化查询

前面介绍了如何使用 SqlDataSource 控件直接从数据库中获取数据。通过"配置数据源"向导,选择一个特定的数据库,然后就可以从一个表或一个视图中选择一些列,输入一个自定义 SQL 语句或使用一个存储过程。不管是手工输入 SQL 语句还是在向导页中选择列,最终都是将一个 SELECT 语句赋值给 SqlDataSource 控件的 SelectCommand 属性,在 SqlDataSource 的 Select 方法被调用的时候,执行这个 SELECT 语句。

例 4-1 使用的 SELECT 语句查询了表中所有的记录行,而实际中则需要对查询的数据表进行筛选来限制返回的记录集。例如,仅显示商品表中包含有"教程"两个字的商品名称,相应的 SQL 查询语句如下:

```
SELECT sp_WareName FROM T_Ware
WHERE sp_WareName like '%教程%'
```

一般而言，WHERE 子句所使用的值取决于某个外部因素，比如 Session、QueryString 或者用户在页面上某个控件中的输入等。通常通过使用参数变量来对这些输入进行指定。在 SQL Server 中，参数变量用"@"符号开头。例如带参数的 SQL 语句如下所示：

```
SELECT sp_WareName
FROM T_Ware
WHERE sp_WareName like @sp_WareName
```

例 4-2：SqlDataSource 控件实现参数化查询的应用。

用户在文本框中输入要查询的商品名称的部分文字，单击"查询"按钮，在商品表（T_Ware）中查找符合条件的商品信息，并将查询结果呈现在 GridView 控件中。

首先，新建名为"Test2.aspx"的 Web 窗体，添加一个可以让用户输入要查询的字符串的 TestBox 控件；添加一个 Button 服务器端控件，将其 Text 属性设置为"查询"。

在页面上添加 GridView 控件，并通过其智能标签创建一个名为 SqlDataSource1 的 SqlDataSource 数据源控件。按例 4-1 中"配置数据源"的方法配置至"配置 Select 语句"对话框，从"名称"标签对应的下拉列表中选择 T_Ware 表，并选中"sp_WareID"和"sp_WareName"两个复选框，如图 4-14 所示。

图 4-14　"配置数据源"界面

单击"WHERE"按钮，弹出"添加 WHETE 子句"对话框，如图 4-15 所示。

要添加一个用于限制 SELECT 查询所返回的结果的参数，首先需要选择用来筛选数据的列；然后选择一个用于筛选的操作符（=、<、<=、>、……）；最后，选择这个参数值的来源，比如来自 QueryString 或 Session。

这里参数来源于控件的值。在"参数来源"下拉列表中选择"控件"，并在"ControlID"下拉列表中选择"TextBox1"，在用户没有输入任何数据时默认值（可选）有效。配置好参数之后，单击"添加"按钮即可将它加入到 SELECT 语句中了。

添加了参数之后，单击"确定"按钮以返回"配置数据源"向导。显示在向导底部的 SELECT 语句将会跟上一个名为@ sp_WareName 的参数的 WHERE 子句，代码如下所示：

```
SELECT sp_WareID, sp_WareName
```

FROM T_Ware
WHERE sp_WareName like '%' + @sp_WareName + '%'

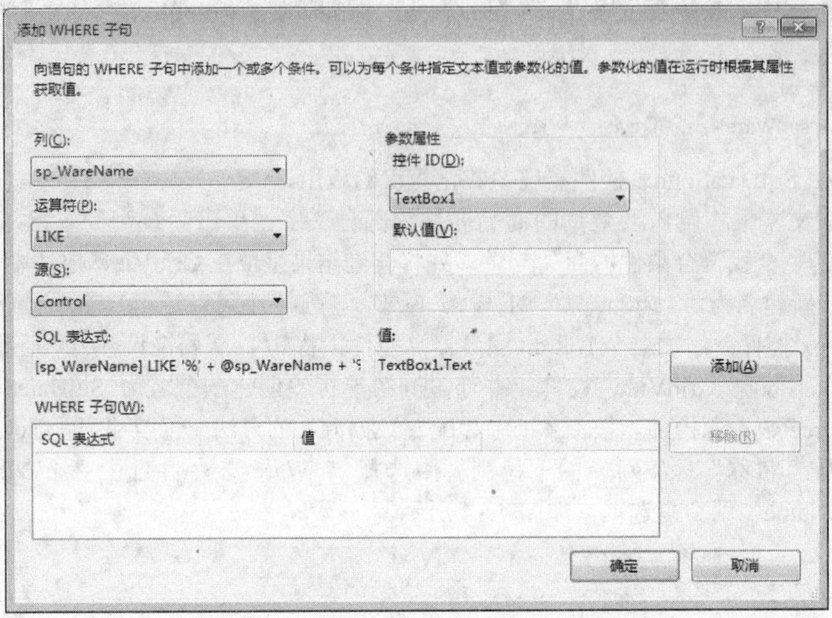

图 4-15　"添加 WHERE 子句"对话框

完成 SqlDataSource 的配置（单击"下一步"按钮，然后单击"结束"），查看其声明标记代码如下所示：

```
<asp:SqlDataSource ID="SqlDataSource1" runat="server"
ConnectionString="<%$ ConnectionStrings:SMDBConnStr %>"
SelectCommand="SELECT [sp_WareID], [sp_WareName] FROM [T_Ware] WHERE
([sp_WareName] LIKE '%' + @sp_WareName + '%')">
    <SelectParameters>
        <asp:ControlParameter ControlID="TextBox1" Name="sp_WareName"
            PropertyName="Text" Type="String" />
    </SelectParameters>
</asp:SqlDataSource>
```

上述代码中，包含了一个<SelectParameters>的集合，它详细说明了 SelectCommand 中参数的来源。在 SqlDataSource 控件的 Select 方法被调用时，用户输入在文本框中的值将在 SelectCommand 被发送到服务器之前赋值给参数 @sp_WareName。因此，从 T_Ware 表中返回的结果仅仅包含用户输入文字的商品，如图 4-16 所示，在 GridView 控件中就只会显示含有"asp.net"的商品行。

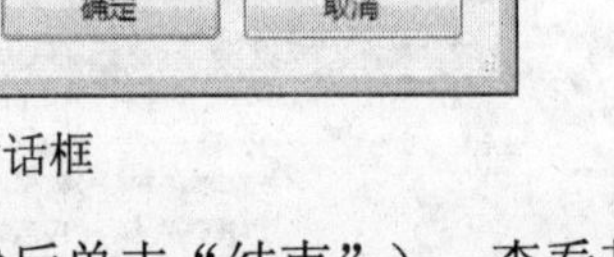

图 4-16　test2.aspx 显示效果

4.5.3　数据绑定控件

可以配置数据源的控件，称为数据绑定控件。常用的数据绑定控件有 DropDownList、ListBox、GridView、DataList、FormView 和 Repeater 等。在 ASP.NET 3.5 中，所有的数据库绑定控件都是由 BaseDataBoundControl 抽象类派生的，常用属性和方法如下：

- **DataSource 属性**：指定数据绑定控件的数据来源，显示的时候程序将会从这个数据源中获取数据并显示。
- **DataSourceID 属性**：指定数据绑定控件的数据源控件的 ID，显示的时候程序将会根据 ID 找到相应的数据源控件，并利用数据源控件中指定方法获取数据并显示。
- **DataBind 方法**：当指定了数据绑定控件的 DataSource 属性或者 DataSourceID 属性之后，再调用 DataBind 方法才会显示绑定的数据。

在使用数据源时，会先尝试使用 DataSourceID 属性标识的数据源，如果没有设置 DataSourceID 时才会用到 DataSource 属性标识的数据源。也就是说 DataSource 和 DataSourceID 两个属性不能同时使用。

4.6　GridView 控件

4.6.1　GridView 控件概述

在使用 ASP.NET 开发 Web 应用程序过程中，GridView 是一个非常重要的控件，几乎任何与数据相关的显示都要用到该控件。因此熟练掌握 GridView 控件的应用技巧是每个 Web 开发人员所必备的基本能力。

GridView 控件以表格的形式显示数据源的值，每列表示一个字段，每行表示一条记录。该控件提供了内置排序功能、内置更新和删除功能、内置分页功能、内置行选择功能、以编程方式访问 GridView 对象模型以动态设置属性以及处理事件等功能，同时，它还可以通过主题和样式进行自定义外观，实现多种样式的数据展示，表 4-10 列举了 GridView 控件的常见属性。

表 4-10　GridView 控件常见属性

属 性 名 称	功 能 说 明
AllowPaging	设置是否启用分页功能
AllowSorting	设置是否启用排序功能
AutoGenerateColumns	设置是否为数据源中的每个字段自动创建绑定字段。这个属性默认为 true，但在实际开发中很少使用自动创建绑定列
Columns	获取 GridView 控件中列字段的集合
PageCount	获取在 GridView 控件中显示数据源记录所需的页数
PageIndex	获取或设置当前显示页的索引
PagerSetting	设置 GridView 的分页样式
PageSize	设置 GridView 控件每次显示的最大记录条数

在软件项目开发时，功能的实现固然重要，但界面的呈现风格也是不容忽视的，友好、和谐的界面风格能为软件增色不少。

有两种方式可对 GridView 控件的样式进行调整，一种方式是选择"智能标记"下的"自动套用格式"命令，直接在窗口上显示最终格式化的效果。

另一种方式是通过设置 GridView 控件不同部分的样式属性来自定义该控件的外观，这些样式包括一些基本的样式，如 BackColor、BorderStyle 等。

4.6.2 自定义列

如果要对 Gridview 控件中的每一列自定义格式，则只需要选择"智能标记"中"编辑列"命令，弹出如图 4-17 所示的对话框，就可以对每列进行详细设置了。

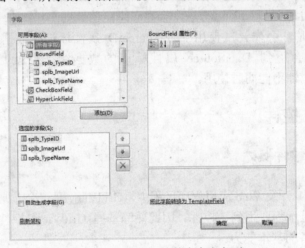

图 4-17　GridView 控件中自定义列

从图 4-17 中可以看出在 GridView 中可以显示 7 种类型的列，如表 4-11 所示。

表 4-11　GridView 控件中的列

列 的 类 型	说　明
BoundField	绑定字段，以文本的方式显示数据
CheckBoxField	复选框字段，如果数据库是 bit 字段，则以此方式显示
HyperLinkField	用超链接的形式显示字段值
ImageField	用于显示存放 Image 图像的 URL 字段数据
ButtonField	显示按钮列
CommandField	显示可执行操作的列，可以执行编辑或者删除等操作。可以设置它的 ButtonType 属性来决定显示成普通按钮、图片按钮或者超链接
TemplateField	自定义数据的显示方式，可以使用所熟悉的 HTML 控件或者 Web 服务器控件

● **绑定列**：用于显示数据源中一列的信息。对于要显示的每个数据列，通常对应一个绑定列。要显示几个字段，就加入几个绑定列。使用绑定列还可以设置相关属

性，例如列标题和列脚注的文本、字体及颜色、列宽和数据格式等，当字段数固定时可选用绑定列。添加绑定列界面如图 4-18 所示。

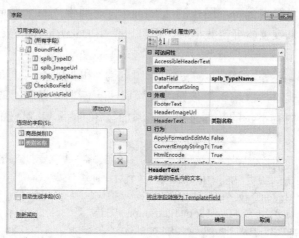

图 4-18　自定义列属性设置

添加绑定列后，其 HTML 标签代码如下：

```
<asp:BoundField DataField="sp_TypeName" HeaderText="类别名称"
        InsertVisible="False" ReadOnly="True"    SortExpression=" sp_TypeName " />
```

- **复选框列**：用于显示布尔型数据字段的值。由于复选框只能是选定的或未选定的状态，因此复选框列只能绑定到具有布尔型数据类型的字段，可通过设置 DataField 属性完成。通过设置 Text 属性，还可以在每个复选框旁边显示标题。添加复选框列后，其 HTML 标签代码如下：

```
<asp:CheckBoxField DataField="sp_Checked" HeaderText="审核"
                        SortExpression="sp_Checked" />
```

- **超链接列**：用于显示各行中的链接。超链接的文本可以指定，也可以从数据列中链接文本。同样，超链接的 URL 可以指定或者从数据源中获取。例如，当用 GridView 显示商品列表时，添加超链接后，通过传递主键参数，就可以在其他页面上显示商品的详细信息。其 HTML 标签代码如下：

```
<asp:HyperLinkField DataNavigateUrlFields="sp_WareID"
        DataNavigateUrlFormatString="Details.aspx?spID={0}"
                        HeaderText="查看" Text="查看" />
```

这里超链接利用查询字符串将 sp_WareID 的值传递到 Details.aspx 页。

- **图像列**：可以为所显示的每行记录显示图像。只需将图像列绑定到包含图像 URL 的数据源中的字段。通过设置 DataImageUrlField 属性完成，可以通过使用 DataImageUrlFormatString 属性设置 URL 值的格式。当添加图像列后，其对应的 HTML 标签代码如下：

```
<asp:ImageField DataImageUrlField="tp_ImagePath" HeaderText="商品图片" />
```

每个图像还可以具有与之相关联的备用文本，当无法加载图像或图像不可用时，将显示此文本。使用 AlternateText 属性指定图像的备用文本；也可以使用 DataAlternateTextField 属性将数据源中的字段绑定到每个图像的 AlternateText 属性，每个显示的图像选择不同的备用文本通常通过它来设置。绑定数据时，还可以使用 DataAlternateTextFormatString 属性格式化备用文本。

● **按钮列**：可以创建"编辑"、"更新"、"取消"和"删除"功能的按钮。当 GridView 处于编辑模式时，"编辑"按钮被替换成"更新"按钮和"取消"按钮。此功能适用于字段内容不长的数据维护。当添加按钮列后，其对应的 HTML 标签代码如下：

```
<asp:ButtonField ButtonType="Link" CommandName="Update"
        HeaderText="编辑" ShowHeader="True" Text="更新" />
<asp:CommandField ButtonType="Button" HeaderText="操作"
        ShowDeleteButton="True" ShowEditButton="True"
        ShowHeader="True" ShowSelectButton="True" />
```

● **模板列**：在使用 GridView 显示数据时，有时需要对某些列单独控制。使用 GridView 的模板列可以很方便地实现自定义列。下面介绍图形界面对模板列进行设计的过程。

① 新增模板列。选择 GridView 控件智能标签菜单的"编辑列"命令，系统显示如图 4-17 所示的界面。在可用字段中，将出现 TemplateField 字段，单击"添加"按钮，在"选定的字段"列表中，将出现"TemplateField"字段，这时可在其对应的属性栏中设置相应的属性。

② 对模板列进行编辑和设计。在设计视图中，选择 GridView 智能标记菜单中的"编辑模板"项，在系统显示的"GridView"任务窗口中，选择刚才新增的模板列，系统将显示如图 4-19 所示的界面。

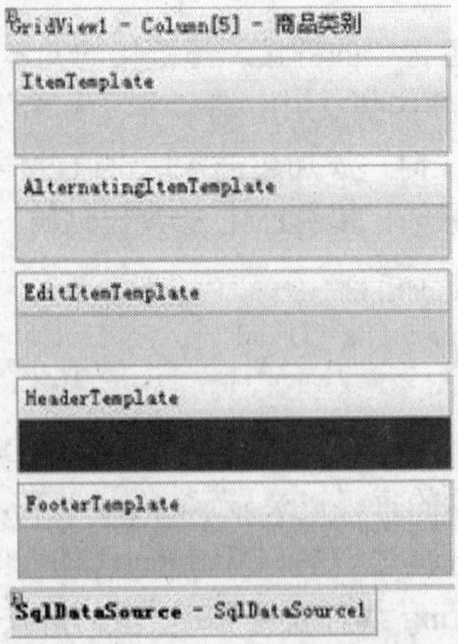

图 4-19　GridView 模板编辑界面

图 4-19 中不同的区域设置不同的模板，具体说明如表 4-12 所示。

表 4-12　GridView 控件中的模板类型

模 板 类 型	说　　明
AlternatingItemTemplate	交替项模板，定义 GridView 中的交替行样式
EditItemTemplate	编辑项模板，定义列的编辑样式
FooterTemplate	脚模板，即脚注部分要显示的内容，不可以进行数据绑定
HeaderTemplate	头模板，即表头部分要显示的内容，不可以进行数据绑定
ItemTemplate	项模板，提供在 GridView 中显示数据列的样式

根据不同的模板，可以在模板容器中选择不同的控件，进行数据绑定设置。下面是一段在 ItemTemplate 模板项中添加标签控件 Label1 的代码，并将其绑定到商品类别的 ID 上。

```
<asp:TemplateField HeaderText="商品类别">
    <ItemTemplate>
        <asp:Label ID="Label1" runat="server" Text='<%# Eval("splb_TypeID") >' />
    </ItemTemplate>
</asp:TemplateField>
```

上述代码中 Eval 方法可将控件绑定到数据，当用户修改数据值时，可以用 Bind 方法进行数据绑定。

下面通过一个例子来介绍采用 GridView 控件显示两个数据表信息的使用方法。

例 4-3：使用 GridView 控件显示商品记录列表，在 GridView 中添加一个模板列，用来显示商品类别的名称，如图 4-20 所示。

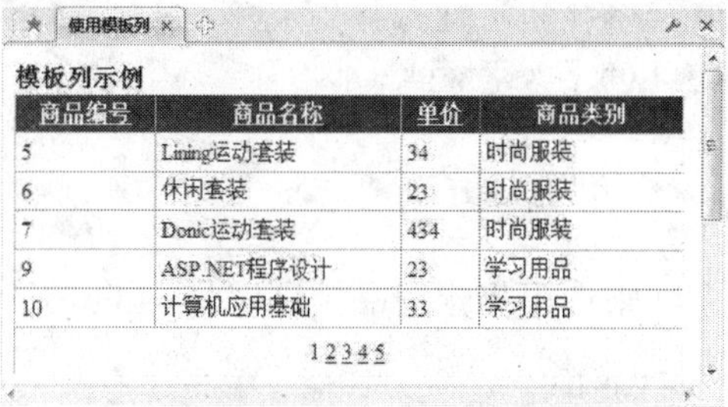

图 4-20　添加模板列

实现代码：在界面文件中绑定列和模板列的代码如下。

```
<asp:GridView ID="GridView1" runat="server" AutoGenerateColumns="False"
    DataSourceID="SqlDataSource1" BackColor="White" BorderColor="White"
    BorderStyle="Ridge" BorderWidth="2px" CellPadding="3" CellSpacing="1"
    GridLines="None" OnRowDataBound="GridView1_RowDataBound" Width="493px"
    AllowPaging="True" PageSize="5"  >
<Columns>
    <asp:BoundField DataField="sp_WareID" HeaderText="商品编号"
        InsertVisible="False" ReadOnly="True" SortExpression="sp_WareID" />
    <asp:BoundField DataField="sp_WareName" HeaderText="商品名称"
        SortExpression="sp_WareName" />
    <asp:BoundField DataField="sp_Price" HeaderText="单价"
```

```
            SortExpression="sp_Price" />
        <asp:TemplateField HeaderText="商品类别">
            <ItemTemplate>
                <asp:Label ID="Label1" runat="server" Width="102px"/ >
            </ItemTemplate>
        </asp:TemplateField>
    </Columns>
 </asp:GridView>
<asp:SqlDataSource ID="SqlDataSource1" runat="server"
ConnectionString="<%$ ConnectionStrings:SMDBConnStr %>"
SelectCommand="SELECT [sp_WareID], [sp_WareName], [sp_Price], [splb_TypeID],
 [sp_Checked] FROM [T_Ware]">
</asp:SqlDataSource>
```

注意：GridView 中记录的每一行都有商品类别，这就要求将商品类别编号（splb_TypeID）作为参数，以获取商品类别的名称，并赋给模板列中的 Label1。这需要对 GridView 控件的 RowDataBound 事件编写代码，该事件在数据绑定时触发。代码如下：

```
protected void GridView1_RowDataBound(object sender, GridViewRowEventArgs e)
{
    if (e.Row.RowType == DataControlRowType.DataRow)
    {   //获取每一行的商品类别的 ID
        int typeID;
        typeID = Convert.ToInt32(DataBinder.Eval(e.Row.DataItem, "splb_TypeID"));
        //获取某商品类别 ID 的名称
        string str = TypeName(typeID);
        //在 GridView 的行中查找名为 "Label1" 的控件
        Label lbl = (Label)e.Row.FindControl("Label1");
        lbl.Text = str;
    }
}
```

下面使用 TypeName 方法来读出指定商品类别编号（splb_TypeID）所对应的商品名称。

```
protected string TypeName(int typeID)   {
    string s = "";
    string str = "select splb_TypeName from T_WareType where splb_typeid=" + typeID;
    SqlConnection string strconn =
        ConfigurationManager.ConnectionStrings["SMDBConnStr"].ConnectionString;
    conn = new SqlConnection(strconn);
    conn.Open();
    SqlCommand cmd = new SqlCommand(str, conn);
    SqlDataReader sdr = cmd.ExecuteReader();
    if (sdr.Read())
    {   s = sdr["splb_TypeName"].ToString();   }
    conn.Close();
        return s;
}
```

4.6.3 分页

ASP.NET 3.5 中的 GridView 控件内置分页。可以使用默认分页用户界面和创建自定义的分页界面。

使用 GridView 控件的界面方式可以很方便地实现分页。在 VS2008 的设计视图中，单击 GridView 的"智能标记"菜单的"启用分页"命令，就可以实现自动分页，如图 4-21 所示。

图 4-21 启用 GridView 控件分页

也可以通过编程方式将 GridView 控件的 AllowPaging 属性设置为 True，通过 PageSize 属性来设置页的大小，还可通过设置 PageIndex 属性设置 GridView 控件的当前页。使用 PagerSettings 属性进行分页的 UI 设计，常用的模式如表 4-13 所示。

表 4-13 GridView 控件的分页模式

分 页 模 式	说 明
NextPrevious	由"上一页"和"下一页"按钮组成的分页控件
NextPreviousFirstLast	由"上一页"、"下一页"、"首页"、"末页"按钮组成的分页控件
Numeric	由用于直接访问页的带编号的链接按钮组成的分页控件
NumericFirstLast	由带编号的链接按钮及"首页"和"末页"链接按钮组成的分页控件

界面方式设置控件的 PagerSettings 属性对应的 HTML 标签代码如下：

```
<PagerSettings FirstPageText="首页" LastPageText="末页"
          Mode="NextPreviousFirstLast"    NextPageText="下一页"
                                 PreviousPageText="上一页" />
```

用户也可以通过程序代码设置 PagerSettings 的 Mode 属性来自定义分页模式。如：

```
GridView1.PagerSettings.Mode=PagerButtons.NextPrevious;
GridView1.PagerSettings.NextPageText="下一页";
GridView1.PagerSettings. PreviousPageText ="上一页";
```

4.7 DataSet 对象和 DataAdapter 对象

4.7.1 DataSet 对象

DataSet 对象即数据集对象。.NET 的数据提供程序提供数据源和 DataSet 之间的连接，由于 DataSet 不依赖于数据源，因此这种数据访问模式也称为断开连接模式。

在 ADO.NET 中，DataSet 在断开式连接环境中存储从数据源中收集的数据。DataSet 对象是数据的一种内存驻留表示形式，无论包含的数据来自什么数据源，它都会提供一致的关系编程模型。

DataSet 对象把数据存储在一个或多个 DataTable 中。每个 DataTable 可由来自唯一数据源中的数据组成，DataSet 具备存储多个表数据以及表间关系的能力。而每一个 DataTable 又包含了 DataRow 和 DataColumn，分别存放表中行和列的数据信息。对数据集的操作主要是对 DataSet 包含的表中的行或列的操作，与直接对数据库的操作一致。

此外，DataSet 对象中数据完全采用 XML 格式，因此，XML 文档可以导入 DataSet 对象，而 DataSet 对象中的数据也可以导出为 XML 文档。也就是说，DataSet 对象和 XML 文档是可以互换的，这样就使得跨平台的数据访问成为可能，也使得 DataSet 对象可以作为 Web 服务或者是其他类型远程调用的返回值。图 4-22 所示给出了与 DataSet 类相关的主要类及它们间的关系。

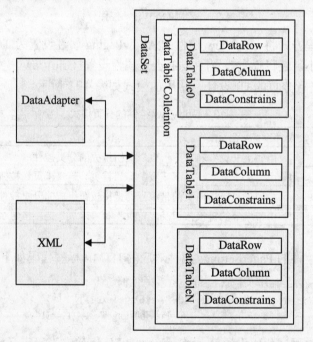

图 4-22 DataSet 类相关联的主要类

4.7.2 DataAdapter 对象

DataAdapter 对象是 DataSet 和 ADO.NET 对象模型中断开式连接对象之间的桥梁。该对象使用 Connection 对象与数据库连接，然后使用 Command 和 DataReader 对象来获取数据和处理数据库的变化。

DataAdapter 对象的属性包含 SQL 语句的 SqlCommand 或 OleDbCommand 对象，通常有以下 4 种 Command-Type 属性：

- SelectCommand：该属性发布一个 SQL Select 语句。
- UpdateCommand：该属性发布一个 SQL Update 语句。
- InsertCommand：该属性发布一个 SQL Insert 语句。
- DeleteCommand：该属性发布一个 SQL Delete 语句。

如果数据来自单一的表，则可以使用 CommandBuilder 对象自动生成 DataAdapter 的 UpdateCommand、InsertCommand 和 DeleteCommand 属性，以提高开发效率。DataAdapter 对象的 Fill 方法用于填充数据集，而 Update 方法用于更新数据库。

4.7.3　填充数据集

填充 DataSet 时，DataAdapter 将查询的结果存储在 DataSet 的 DataTable 对象中，当执行这一过程时，DataAdapter 通过 SelectCommand 与数据库通信，并在内部使用了 DataReader 来获取查询结果，最后才将结果复制到 DataSet 中的表行中，这就是数据填充的过程。具体操作时，只要调用其 Fill 方法即可。

从上述可知，DataAdapter 填充 DataSet 的过程主要分为两个步骤：

- 通过 DataAdapter 的 SelectCommand 属性从数据库中检索出所需数据。
- 调用 DataAdapter 的 Fill 方法把检索出的数据填充到 DataSet。

填充数据集的代码如下：

```
string connstr = ConfigurationManager.ConnectionStrings["SMDBConnStr"].ConnectionString;
SqlConnection sqlConn = new SqlConnection(connstr);
sqlConn.Open();
string str = "SELECT * FROM T_WareType"
SqlDataAdapter da = new SqlDataAdapter(str, sqlConn);
DataSet ds = new DataSet();
da.Fill(ds, "splb");
```

这时，DataSet 中的表可以直接作为数据控件的数据源，只需设置数据源控件的 DataSource 属性，再调用 DataBind 方法就可以将控件与数据联系起来。

例如要将商品信息用 4.6 节讲到的 GridView 控件关联起来，实现的代码如下：

```
GridView1.DataSource = ds.Tables["splb"].DefaultView;
GridView1.DataBind();
```

4.7.4　使用 DataSet 对数据源中的记录进行编辑

利用 DataSet 可以对数据源中的记录进行编辑。通常是将数据源中的有关内容写入内存数据库；更改内存数据库中的内容；更改完成后，调用 DataAdapter 对象的 Update 方法，并根据 DataSet 内的数据更新情况，分别应用于 InsertCommand、UpdateCommand 和 DeleteCommand 属性的 Command 命令将数据写回数据库。

怎样设置用于更新数据源的 SQL 语句及参数呢？可以使用 CommandBuilder 对象。系统可根据内存数据表自建立以来的变化情况，自动生成 UpdateCommand、DeleteCommand

和 InsertCommand 属性，并提供相应单一命令的方法，自动协调 DataSet 通过 DataAdapter 对象对后台数据库更新。只需添加如下代码：

```
SqlCommandBuilder scmd=new SqlCommandBuilder(da);
```

（1）添加记录。添加新记录需要创建数据表中的新行，再使用添加行的方法。

```
DataTable dt = ds.Tables["splb"];
DataRow row = dt.NewRow();
row["splb_TypeName"]=TextBox1.Text;
dt.Rows.Add(row);
da.Update(ds,"splb");
```

（2）更新记录。更新记录前首先应取得更新行，在创建 DataRow 对象的实例时，与添加新记录不相同。

```
string str = "SELECT * FROM T_WareType where splb_TypeID="+spID;
DataTable dt = ds.Tables["splb"];
DataRow row = dt.Rows[0];
row["splb_TypeName"] = TextBox1.Text;
da.Update(ds,"splb");
```

（3）删除记录。删除记录同样要先获取删除行的记录，再调用行的 Delete 方法。

```
string str = "SELECT * FROM T_WareType where splb_TypeID="+spID;
DataTable dt = ds.Tables["splb"];
DataRow row = dt.Rows[0];
row.Delete();
da.Update(ds, "splb");
```

从上述可知，使用 DataSet 和 CommandBuilder 对象对数据库操作的代码非常简洁，只需通过 row["字段名"]即可读取或设置字段值，没有冗长的 SQL 语句和复杂的标点符号。值得注意的是，不论是更新、删除还是添加操作，最后都必须调用 Update 方法，否则，DataSet 中更新的数据不会写回数据库中。此外，使用 CommandBuilder 对象时，被更新的表中要有主键，否则会出现"对于不返回任何键列信息的 SelectCommand 不支持 UpdateCommand 的动态 SQL 生成"的错误信息。

4.8 FormView 控件

可以使用 FormView 控件访问和操作数据源的单个记录，通常用于记录更新和插入。FormView 控件不指定用于显示记录的预定义布局。实际上，可以创建一个包含控件的模板，以显示记录中的各个字段，该模板包含用于创建窗体的格式、控件和绑定表达式。

FormView 控件的用法和 GridView 控件的用法非常类似，它支持以下功能：

● 可以绑定到数据源控件，如 SqlDataSource 和 ObjectDataSource。
● 内置插入、更新和删除功能。
● 内置分页功能。
● 可以动态设置属性和处理事件。

● 可通过用户定义的模板、主题和样式自定义外观。

FormView 控件一次只能显示一条数据，但是如果绑定的数据源有多条记录时，默认是显示第一条记录。

```
<!--定义 FormView 控件，并允许分页-->
<asp:FormView ID="FormView1" runat="server" DataKeyNames="sp_WareID"
    DataSourceID="SqlDataSource1" Height="150px" Width="198px"
    BackColor="Linen" AllowPaging="True">
<!--定义 FormView 的数据编辑模板-->
 <EditItemTemplate>
    sp_WareID: <asp:Label ID="sp_WareIDLabel1" runat="server"
                            Text='<%# Eval("sp_WareID") %>' /><br />
    sp_Information: <asp:TextBox ID="sp_InformationTextBox" runat="server"
                            Text='<%# Bind("sp_Information") %>' /><br />
    sp_Time: <asp:TextBox ID="sp_TimeTextBox" runat="server"
                            Text='<%# Bind("sp_Time") %>' /><br />
    sp_Price: <asp:TextBox ID="sp_PriceTextBox" runat="server"
                            Text='<%# Bind("sp_Price") %>' /><br />
    sp_WareName: <asp:TextBox ID="sp_WareNameTextBox" runat="server"
                            Text='<%# Bind("sp_WareName") %>' /><br />
    <!--定义命令按钮-->
    <asp:LinkButton ID="UpdateButton" runat="server" CausesValidation="True"
                            CommandName="Update" Text="更新" />
    <asp:LinkButton ID="UpdateCancelButton" runat="server" CausesValidation="False"
                            CommandName="Cancel" Text="取消" />
 </EditItemTemplate>
<!--定义 FormView 的数据插入模板-->
 <InsertItemTemplate>
    sp_Information: <asp:TextBox ID="sp_InformationTextBox" runat="server"
                            Text='<%# Bind("sp_Information") %>' /><br />
    sp_Time: <asp:TextBox ID="sp_TimeTextBox" runat="server"
                            Text='<%# Bind("sp_Time") %>' /> <br />
    sp_Price: <asp:TextBox ID="sp_PriceTextBox" runat="server"
                            Text='<%# Bind("sp_Price") %>' /><br />
    sp_WareName: <asp:TextBox ID="sp_WareNameTextBox" runat="server"
                            Text='<%# Bind("sp_WareName") %>' /><br />
    <!--定义命令按钮-->
    <asp:LinkButton ID="InsertButton" runat="server" CausesValidation="True"
                            CommandName="Insert" Text="插入" />
    <asp:LinkButton ID="InsertCancelButton" runat="server" CausesValidation="False"
                            CommandName="Cancel" Text="取消" />
 </InsertItemTemplate>
<!--定义 FormView 的数据显示模板-->
 <ItemTemplate>
    sp_WareID: <asp:Label ID="sp_WareIDLabel" runat="server"
                            Text='<%# Eval("sp_WareID") %>' /><br />
    sp_Information: <asp:Label ID="sp_InformationLabel" runat="server"
                            Text='<%# Bind("sp_Information") %>' /><br />
    sp_Time: <asp:Label ID="sp_TimeLabel" runat="server"
```

```
                                    Text='<%# Bind("sp_Time") %>' /><br />
    sp_Price: <asp:Label ID="sp_PriceLabel" runat="server"
                                    Text='<%# Bind("sp_Price") %>' /><br />
    sp_WareName: <asp:Label ID="sp_WareNameLabel" runat="server"
                                    Text='<%# Bind("sp_WareName") %>' /><br />
    <!--定义命令按钮-->
    <asp:LinkButton ID="EditButton" runat="server" CausesValidation="False"
                                    CommandName="Edit" Text="编辑" />
    <asp:LinkButton ID="DeleteButton" runat="server" CausesValidation="False"
                                    CommandName="Delete" Text="删除" />
    <asp:LinkButton ID="NewButton" runat="server" CausesValidation="False"
                                    CommandName="New" Text="新建" />
  </ItemTemplate>
 </asp:FormView>
<!--定义数据源控件-->
 <asp:SqlDataSource ID="SqlDataSource1" runat="server"
ConflictDetection="CompareAllValues"
ConnectionString="<%$ ConnectionStrings:SMDBConnStr %>"
DeleteCommand="DELETE FROM [T_Ware]
                WHERE [sp_WareID] =@original_sp_WareID
                AND [sp_Price] = @original_sp_Price
                AND [sp_WareName] = @original_sp_WareName
                AND [sp_Information] = @original_sp_Information"
InsertCommand="INSERT INTO [T_Ware] ([sp_Price], [sp_WareName], [sp_Information])
                        VALUES (@sp_Price, @sp_WareName, @sp_Information)"
OldValuesParameterFormatString="original_{0}"
SelectCommand="SELECT [sp_WareID], [sp_Price], [sp_WareName], [sp_Information]
                FROM [T_Ware]"
UpdateCommand="UPDATE [T_Ware]
                SET [sp_Price] = @sp_Price,
                [sp_WareName] = @sp_WareName,
                [sp_Information] = @sp_Information
                WHERE [sp_WareID] = @original_sp_WareID
                AND [sp_Price] = @original_sp_Price
                AND [sp_WareName] = @original_sp_WareName
                AND [sp_Information] = @original_sp_Information">
 <DeleteParameters>
   <asp:Parameter Name="original_sp_WareID" Type="Int32" />
   <asp:Parameter Name="original_sp_Price" Type="Double" />
   <asp:Parameter Name="original_sp_WareName" Type="String" />
   <asp:Parameter Name="original_sp_Information" Type="String" />
 </DeleteParameters>
 <UpdateParameters>
   <asp:Parameter Name="sp_Price" Type="Double" />
   <asp:Parameter Name="sp_WareName" Type="String" />
   <asp:Parameter Name="sp_Information" Type="String" />
   <asp:Parameter Name="original_sp_WareID" Type="Int32" />
   <asp:Parameter Name="original_sp_Price" Type="Double" />
   <asp:Parameter Name="original_sp_WareName" Type="String" />
```

```
    <asp:Parameter Name="original_sp_Information" Type="String" />
</UpdateParameters>
<InsertParameters>
    <asp:Parameter Name="sp_Price" Type="Double" />
    <asp:Parameter Name="sp_WareName" Type="String" />
    <asp:Parameter Name="sp_Information" Type="String" />
</InsertParameters>
</asp:SqlDataSource>
```

在上面的代码中，FormView 的模板定义是在定义好数据源之后，在对 FormView 设置绑定时，FormView 自动产生的，通过对模板的调整可让 FormView 的呈现风格更加灵活和多样化，以满足不同的操作样式的需要。

此外，FormView 控件公开多个可以处理的事件，以便执行自己的代码，完成自定义的功能。这些事件在对关联的数据源控件执行插入、更新和删除操作之前和之后触发，如表 4-14 所示。

表 4-14   FormView 控件常用事件

事　　件	说　　明
PageIndexChanging	在单击某个页导航按钮时发生，但在 FormView 控件执行分页操作之前。此事件通常用于取消分页操作
PageIndexChanged	在单击某个页导航按钮时发生，但在 FormView 控件执行分页操作之后。此事件通常用于在用户定位到控件中不同的记录之后需要执行某项任务时
ItemCommand	在单击 FormView 控件中的某个按钮时发生。此事件通常用于在单击控件中的某个按钮时执行某项任务
ItemCreated	在 FormView 控件中创建完所有 FormViewRow 对象之后发生。此事件通常用于在显示行之前修改行中将要显示的值
ItemDeleting	在单击 Delete 按钮（其 CommandName 属性设置为"Delete"的按钮）时发生，但在 FormView 控件从数据源删除记录之前。此事件通常用于取消删除操作
ItemInserting	在单击 Insert 按钮（其 CommandName 属性设置为"Insert"的按钮）时发生，但在 FormView 控件插入记录之前。此事件通常用于取消插入操作
ItemUpdating	在单击 Update 按钮（其 CommandName 属性设置为"Update"的按钮）时发生，但在 FormView 控件更新记录之前。此事件通常用于取消更新操作
ModeChanging	在 FormView 控件更改模式（更改为编辑、插入或只读模式）之前发生。此事件通常用于取消模式更改
DataBound	此事件继承自 BaseDataBoundControl 控件，在 FormView 控件完成对数据源的绑定后发生

4.9　数据绑定

数据绑定是指在程序设计时实现数据与包含数据的控件之间的连接，这个连接在运行时很少发生变化。从本质上讲，数据绑定是一个过程，即在运行时为包含数据的结构中一个或多个窗体设置属性的过程。通过数据绑定，可有效减少代码，提高开发效率。

1. 使用 Eval 方法

Eval 方法可计算数据绑定控件（如 GridView 和 FormView 控件）的模板中的后期绑定数据表达式。在运行时，Eval 方法调用 DataBinder 对象的 Eval 方法，同时引用命名容器的当前数据项。命名容器通常是包含完整记录的数据绑定控件的最小组成部分，如 GridView 控件中的一行。因此，只能对数据绑定控件的模板内的绑定使用 Eval 方法。

Eval 方法以数据的字段名称作为参数，从数据源的当前记录返回一个字符串。字符串格式参数使用 String 类的 Format 方法定义语法。下面的代码显示如何将数据源字段"splb_TypeName"的相关数据绑定到数据显示控件的方法。

```
<%#DataBinder.Eval(Container.DataItem, "splb_TypeName")%>
```

2. 使用 Bind 方法

Bind 方法与 Eval 方法有相似之处，但也存在很多差异。虽然可以像使用 Eval 方法一样使用 Bind 方法来检索数据绑定字段的值，但当数据被修改时，则必须使用 Bind 方法。

在 ASP.NET 中，数据绑定控件可自动执行数据源控件的更新、删除和插入操作。例如，如果已为数据源控件定义了 SqlSelect、Insert、Delete 和 Update，则通过使用 GridView 和 FormView 控件模板中的 Bind 方法，就可以使控件从模板中的子控件中提取值，并将这些值传递给数据源控件，然后数据源控件将执行适当的数据库命令。由此，在数据绑定控件的 EditItemTemplate 或 InsertItemTemplate 中要使用 Bind 方法。

Bind 方法通常与输入控件一起使用，例如使用 GridView 控件进行编辑数据行时所呈现的 TextBox 控件。Bind 方法采用数据字段的名称作为参数，从而与绑定属性关联，代码如下：

```
<asp:TextBox ID="sp_WareNameTextBox" runat="server"
             Text='<%# Bind("sp_WareName") %>' />
```

3. 显式调用 DataBind 方法

在 ASP.NET2.0 中，数据绑定控件通过 DataSourceID 属性绑定到数据源控件时，会隐式调用 DataBind 方法来执行绑定。如果使用 DataSource 属性将数据绑定到控件，需要显式调用 DataBind 方法，来执行数据绑定和解析数据绑定表达式。

```
GridView1.DataSource=dataSet;
GridView1.DataBind();
```

任务实施

步骤 1. 还原数据库备份。备份文件位于"配套光盘\Chapter4Demo\WareManageDemo\APP_Date \SM.BAK"路径中。

步骤 2. 新建一个 ASP.NET 网站，命名为"WareManageDemo"。

步骤 3. 新建名为"Web.config"的配置文件，并配置数据库连接字符串，代码如下：

```
<connectionStrings>
```

```
<add name="SMDBConnStr" connectionString="Integrated Security=SSPI;Persist
    Security Info=False;Initial Catalog=SuperMarketDB;Data Source=."
    providerName="System.Data.SqlClient" />
</connectionStrings>
```

步骤 4. 新建名为"WareList.aspx"的 Web 窗体，为其添加所需控件（如图 4-23 所示），设置好各控件相应的属性，如表 4-15 所示。

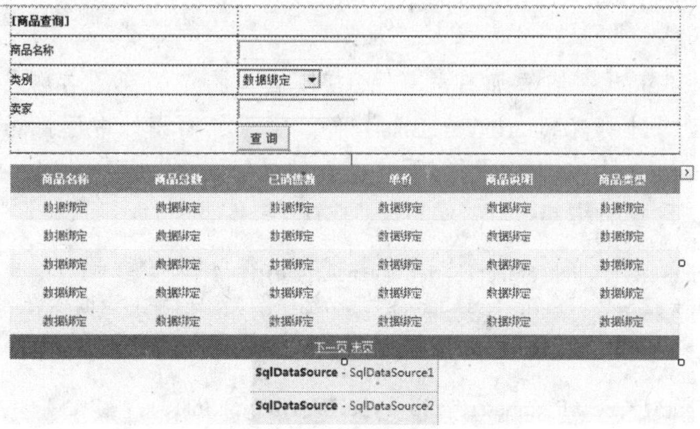

图 4-23　商品信息查询界面设计

表 4-15　界面控件设置

控件 ID	控 件 类 型	属 性 名	属 性 值
txtWareName	TextBox		
txtSale	TextBox		
ddlWareType	DropdwonList		
btnSelect	Button	Text	查询
grdWareList	GridView	Mode	NextPreviousFirstLast
		PageSize	5
		FirstPageText	首页
		LastPageText	末页
		NextPageText	下一页
		PreviousPageText	上一页
SqlDataSouce1	SqlDataSouce		
SqlDataSouce2	SqlDataSouce		

步骤 5. 为 SqlDataSource1 数据源控件配置连接字符串，代码如下：

```
<asp:SqlDataSource ID="SqlDataSource1" runat="server"
    ConnectionString="<%$ ConnectionStrings: SMDBConnStr %>"
    SelectCommand="SELECT * FROM [T_WareType]">
</asp:SqlDataSource>
```

步骤 6. 为 SqlDataSource2 数据源控件配置连接字符串，代码如下：

```
<asp:SqlDataSource ID="SqlDataSource2" runat="server"
    ConnectionString="<%$ ConnectionStrings: SMDBConnStr %>"
    SelectCommand="SELECT T_Ware.sp_WareID, T_Ware.hy_VipID, T_Ware.tp_ImageID,
    T_Ware.splb_TypeID, T_Ware.sp_AllSum, T_Ware.sp_SellSum,
    T_Ware.sp_Price, T_Ware.sp_Information, T_Ware.sp_Checked,
    T_Ware.sp_DiscountPrice, T_Ware.sp_Time, T_Ware.sp_WareName,
    T_WareType.splb_TypeName FROM T_Ware INNER JOIN T_WareType ON
    T_Ware.splb_TypeID = T_WareType.splb_TypeID">
</asp:SqlDataSource>
```

步骤 7. 为 btnSelect 按钮添加单击事件，实现查询指定的商品名称或商品类别的功能，查询得到的数据动态地绑定到 grdWareList 控件。由于界面设计中已将 grdWareList 控件与数据源 SqlDataSource2 控件绑定，因此要将查询结果绑定到 grdWareList 控件上，需要先将其绑定设置清空，再重新绑定。

```
protected void btnSelect_Click(object sender, EventArgs e) {
    SqlDataSource2.SelectParameters.Clear();        //清空数据源控件的查询参数
    string str = SqlDataSource2.SelectCommand + " where T_WareType.splb_TypeID =
    @splb_TypeID";
    Parameter para1 = new Parameter("splb_TypeID", DbType.Int16);
    para1.DefaultValue = ddlWareType.SelectedItem.Value;
    SqlDataSource2.SelectParameters.Add(para1);
    if (txtWareName.Text != "") {
        str += " and T_Ware.sp_WareName like '%'+ @sp_WareName + '%'";
        SqlDataSource2.SelectParameters.Add("sp_WareName", txtWareName.Text);
    }
    grdWareList.DataSourceID = null;                //清空 GridView 控件 grdWareList 的数据源
    SqlDataSource2.SelectCommand = str;            //重新设置 GridView 控件 grdWareList 的数据源
    grdWareList.DataSourceID = "SqlDataSource2";
}
```

步骤 8. 浏览 "WareList.aspx" 页面，效果如图 4-24 所示。

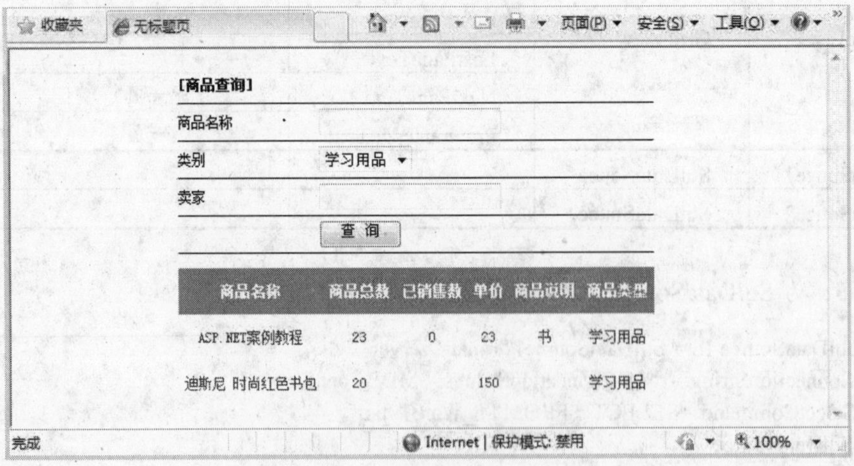

图 4-24　商品查询效果

在商品名称后的文本框中输入要查询的名称，查询的结果如图 4-25 所示。

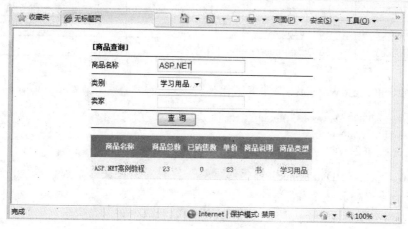

图 4-25 商品查询结果

步骤 9. 新建名为"WareManage.aspx"的 Web 窗体，添加所需控件如图 4-26 所示，并设置各控件相应的属性，如表 4-16 所示。

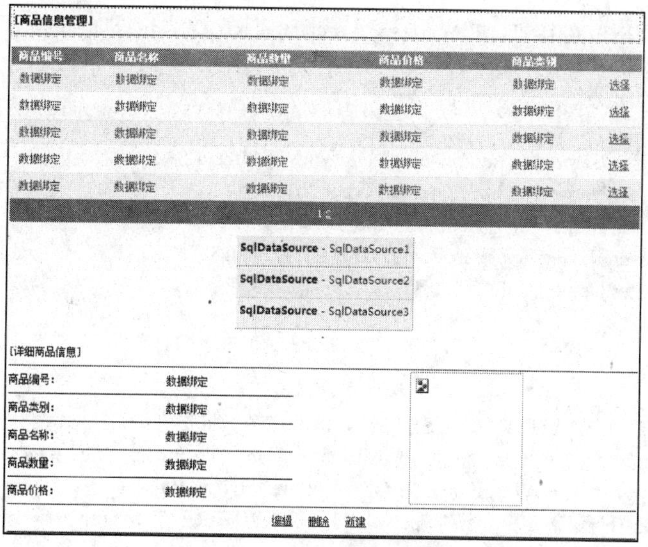

图 4-26 商品信息管理界面

表 4-16 界面控件设置

控件 ID	控件类型	属性名	属性值
lblTitle	Label	Text	商品信息管理
grdWareList	GridView	AllowPaging	True
		Mode	Numeric
		PageSize	5
		DataSourceID	SqlDataSouce1
frvWare	FormView	DataSourceID	SqlDataSouce1
SqlDataSouce1	SqlDataSouce		

续表

控件 ID	控 件 类 型	属 性 名	属 性 值
SqlDataSouce2	SqlDataSouce		
SqlDataSouce3	SqlDataSouce		

在图 4-26 中，grdWareList 控件中 "选择" 为命令列，其设置如下：

```
<asp:CommandField ShowSelectButton="True" >
    <ItemStyle Width="40px" />
</asp:CommandField>
```

步骤 10． 配置 SqlDataSouce1 数据源控件，实现对商品表的添加、删除、查询和修改功能，设置命令代码和参数如下所示。

（1）查询命令

```
SelectCommand="SELECT T_Ware.*, T_WareType.splb_TypeName FROM T_Ware
    INNER JOIN T_WareType ON T_Ware.splb_TypeID = T_WareType.splb_TypeID"
```

（2）插入命令

```
InsertCommand="INSERT INTO T_Ware(sp_WareName, sp_AllSum, sp_Price,
    sp_WareImage, splb_TypeID) VALUES (@sp_WareName, @sp_AllSum, @sp_Price,
    @sp_WareImage,@splb_TypeID)"
<InsertParameters>
    <asp:Parameter Name="sp_WareName" DbType="String" />
    <asp:Parameter Name="sp_AllSum" DbType="Int16" />
    <asp:Parameter Name="sp_Price" DbType="Int16" />
    <asp:Parameter Name="sp_WareImage" DbType="String" />
    <asp:Parameter Name="splb_TypeID" />
</InsertParameters>
```

（3）更新命令

```
UpdateCommand="UPDATE T_Ware SET splb_TypeID = @splb_TypeID,
    sp_WareName = @sp_WareName, sp_AllSum = @sp_AllSum, sp_Price = @sp_Price,
    sp_WareImage = @sp_WareImage FROM T_Ware INNER JOIN T_WareType ON
    T_Ware.splb_TypeID = T_WareType.splb_TypeID WHERE (T_Ware.sp_WareID =
    @sp_WareID)">
<UpdateParameters>
    <asp:Parameter Name="splb_TypeID" />
    <asp:Parameter Name="sp_WareName" />
    <asp:Parameter Name="sp_AllSum" />
    <asp:Parameter Name="sp_Price" />
    <asp:Parameter Name="sp_WareImage" />
    <asp:Parameter Name="sp_WareID" />
</UpdateParameters>
```

（4）删除命令

```
DeleteCommand="DELETE FROM T_Ware WHERE (sp_WareID = @sp_WareID)"
<DeleteParameters>
```

```
    <asp:Parameter Name="sp_WareID" />
</DeleteParameters>
```

步骤 11. 配置 SqlDataSouce2 数据源控件，返回商品类别表（T_WareType）中的所有记录，其 HTML 代码如下：

```
<asp:SqlDataSource ID="SqlDataSource2" runat="server"
    ConnectionString="<%$ ConnectionStrings: SMDBConnStr %>"
    SelectCommand="SELECT * FROM [T_WareType]"></asp:SqlDataSource>
```

步骤 12. 配置 SqlDataSouce3 数据源控件，返回某个商品的购买记录，其 HTML 代码如下：

```
<asp:SqlDataSource ID="SqlDataSource3" runat="server"
    ConnectionString="<%$ ConnectionStrings: SMDBConnStr %>"
    SelectCommand="SELECT [BuyID] FROM [T_BuyInfo] WHERE ([sp_WareID] =
    @sp_WareID)">
    <SelectParameters>
        <asp:Parameter Name="sp_WareID" Type="Int32" />
    </SelectParameters>
</asp:SqlDataSource>
```

步骤 13. 设置 frvWare 控件，编辑对应模板。

（1）编辑 ItemTemplate 模板

单击 frvWare 控件智能按钮，单击"编辑模板"，在"显示"下拉列表中选中 ItemTemplate 模板，修改标签，并添加一个 Image 控件，且绑定数据源字段，代码如下：

```
<asp:Image ID="Image1" runat="server" ImageUrl='<%# Eval("sp_WareImage") %>' />
```

编辑完成后，效果如图 4-27 所示。

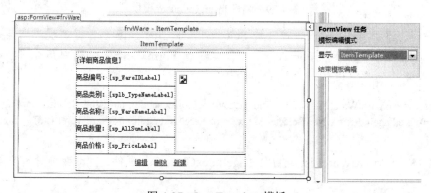

图 4-27　ItemTemplate 模板

（2）编辑 EditTemplate 模板

单击 frmWare 控件智能按钮，单击"编辑模板"，在"显示"下拉列表中选中 EditTemplate 模板，修改标签，为商品类别标签对应添加 DropDrownList 控件，并选择数据源为 SqlDataSouce2，且为商品图片标签对应添加 FileUpload 控件，如图 4-28 所示。

（3）编辑 InsertTemplate 模板

单击 frvWare 控件智能按钮，单击"编辑模板"，选中 InsertTemplate 模板，修改标签，为商品类别标签对应添加 DropDrownList 控件,并选择数据源为 SqlDataSouce2,且为商品图片标签对应添加 FileUpload 控件,如图 4-29 所示。

图 4-28 编辑 EditTemplate 模板

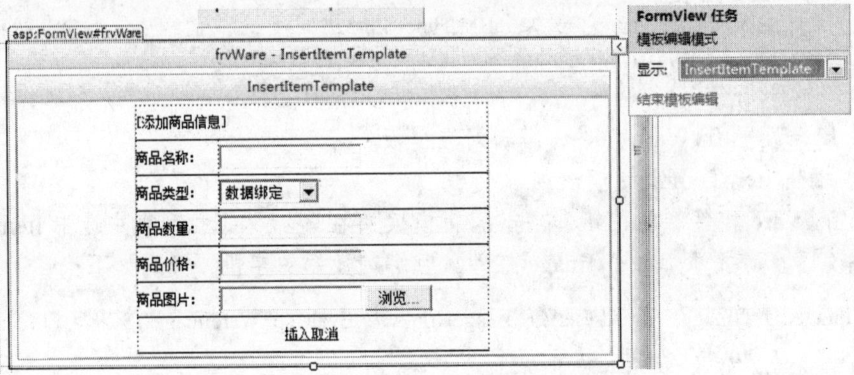

图 4-29 编辑 InsertTemplate 模板

步骤 14. 添加 grdWareList 控件的 SelectedIndexChanging 事件,实现选中某条记录时将当前这条记录信息显示在 FormView 中,即设置 FormView 页的索引值为当前这条记录在整个记录集中的索引值。

```
protected void grdWareList_SelectedIndexChanging(object sender, GridViewSelectEventArgs e){
    frvWare.PageIndex = e.NewSelectedIndex + grdWareList.PageIndex * grdWareList.PageSize;
}
```

步骤 15. 添加 grdWareList 控件的 PageIndexChanging 事件,实现翻页时清空 GridView的选中项。

```
protected void grdWareList_PageIndexChanging(object sender, GridViewPageEventArgs e)
{
        grdWareList.SelectedIndex = -1;
}
```

步骤 16. 添加保存上传图片的文件夹,在网站根目录下添加"images"文件夹,在"images"下添加子文件夹"ware",如图 4-30 所示。

图 4-30　添加存放图片的文件夹

步骤 17. 添加 ImageUpLoad 方法，上传图片文件至网站根目录下的 "images\ware" 文件夹中，并返回图片的相对路径和文件名的字符串。

```
protected string ImageUpLoad(FileUpload fUpload)
{
    bool fileValid = false;
    string strImage = "";
    if (fUpload.HasFile)
    {   //获取指定路径字符串的扩展名
        String fileExtension = Path.GetExtension(fUpload.FileName).ToLower();
        //设置图片文件过滤
        String[] allowExtension = { ".gif", ".jpg", ".bmp", ".png" };
        for (int i = 0; i < allowExtension.Length; i++){
            if (fileExtension == allowExtension[i]) {
                fileValid = true;
                break;
            }
        }
    }
    if (fileValid == true) {
        try{
            fUpload.SaveAs(Server.MapPath("~\\Images\\ware\\") + fUpload.FileName);
            strImage = "~\\Images\\ware\\" + fUpload.FileName.ToString();
        }
        catch (Exception ee) {
            Response.Write("<script>alert(ee.Message)</script>");
        }
    }
    else{
            Response.Write("<script>alert('请上传.gif，.jpg，.png 的文件')</script>");
    }
    return strImage;
}
```

步骤 18. 添加 frvWare 控件的 ItemInserting 事件，完成将商品信息添加到数据库中。

```
protected void frvWare_ItemInserting(object sender, FormViewInsertEventArgs e)
{
    DropDownList DropDownList2 = (DropDownList)frvWare.FindControl("DropDownList2");
    SqlDataSource1.InsertParameters["splb_TypeID"].DefaultValue = DropDownList2.SelectedValue;
```

```
    FileUpload file1 = (FileUpload)frvWare.FindControl("FileUpload3");
    SqlDataSource1.InsertParameters["sp_WareImage"].DefaultValue = ImageUpload(file1);
}
```

步骤 19. 添加 frvWare 控件的 ItemUpdating 事件，在编辑模式下，单击"更新"按钮时执行。

```
protected void frvWare_ItemUpdating(object sender, FormViewUpdateEventArgs e)
{
    DropDownList DropDownList1 = (DropDownList)frvWare.FindControl("DropDownList1");
    SqlDataSource1.UpdateParameters["splb_TypeID"].DefaultValue = DropDownList1.SelectedValue;
    FileUpload file1 = (FileUpload)frvWare.FindControl("FileUpload1");
    SqlDataSource1.UpdateParameters["sp_WareImage"].DefaultValue = ImageUpload(file1);
}
```

步骤 20. 添加 frvWare 控件的 ItemDeleting 事件，在单击"删除"按钮时执行。如果该商品有购买记录，则不能被删除，所以首先要判断该商品是否有购买记录。

```
protected void frvWare_ItemDeleting(object sender, FormViewDeleteEventArgs e)
{
    SqlDataSource3.SelectParameters[0].DefaultValue = frvWare.DataKey.Value.ToString();
    DataView dv =(DataView)SqlDataSource3.Select(DataSourceSelectArguments.Empty)
    if (dv.Count!= 0)        {
        Page.RegisterStartupScript("", "<script>alert('该商品不能删除! ')</script>");
        e.Cancel = true;
    }
}
```

步骤 21. 保存页面，在浏览器中显示，效果如图 4-31 所示。

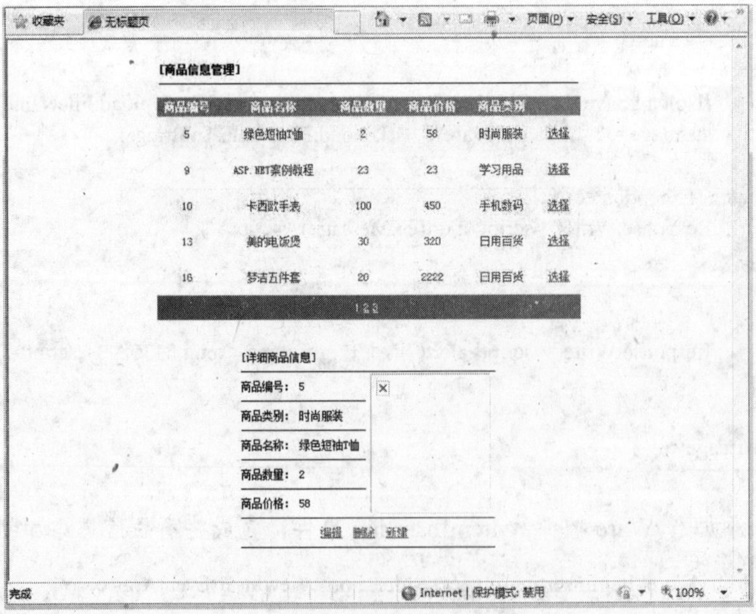

图 4-31　商品管理页面效果

步骤 22. 选择页面下方的"新建"按钮，实现新商品信息的添加，显示效果如图 4-32 所示。

图 4-32　商品信息添加效果

步骤 23. 单击"插入"按钮，将商品列表翻到最后一页，选中刚刚添加的商品，可以看到该商品的详细信息，效果如图 4-33 所示。

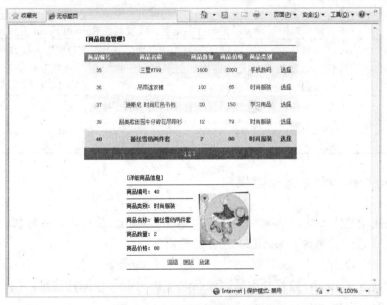

图 4-33　商品详细信息显示效果

步骤 24. 单击"编辑"按钮，可以对刚刚添加的商品信息进行修改。单击"删除"按钮，可以删除指定的商品信息。

任务 3 购物车的实现

任务场景

在任何一个购物网站中，购物车的功能都是非常重要的。当买家看到自己中意的商品时，就可以放到自己的购物车中，同时，买家也可以查看购物车中已经选购到的商品。

本任务通过使用 DataList 数据绑定控件，结合会话状态管理，实现购物车的功能。

知识引入

4.10 DataList 控件

ASP.NET 3.5 提供的 DataList 控件使用模板显示内容，它允许每一行显示多条记录。可以使用 HTML 表对应模板项的呈现方式进行布局，布局选项内容如表 4-17 所示，从而控制各个单元格的顺序、方向和列数。

表 4-17 DataList 控件布局选项

布 局 选 项	说 明
流布局	在流布局中，列表项在一行中呈现。通过属性 RepeatLayout 进行设置
表布局	在表布局中，列表项在 HTML 表中呈现。由于在表布局中可以设置表单元格属性，这就为开发人员提供了更多可用于指定列表项外观的选项。通过属性 RepeatLayout 进行设置
垂直布局和水平布局	指定控件包含多列时是按垂直排列还是水平排列。通过属性 RepeaterDirection 进行设置
列数	用于指定每行排几列。通过属性 RepeateColumns 进行设置

4.10.1 DataList 控件中显示数据

使用 DataList 控件时，在窗体的设计界面添加 DataList 控件，在后台代码文件中绑定其数据源。下面通过实例说明 DataList 控件的使用方法。

例 4-4：使用 DataList 显示数据。

本例中使用了 DataList 控件分列显示商品表（T_Ware）中图片信息，如图 4-34 所示。DataList 的 HTML 代码如下：

```
<asp:DataList ID="DataList1" runat="server" DataKeyField="sp_WareID"
            RepeatColumns="3" RepeatDirection="Horizontal" Width="60%">
 <ItemTemplate>
  <table style="width:100%;">
   <tr><td align="center" style="height:150px">
          <asp:Image ID="Image1" runat="server"
```

```
                              ImageUrl='<%# Eval("sp_WareImage") %>' />
        </td>
    </tr>
    <tr><td align="center">
            <asp:Label ID="sp_WareNameLabel" runat="server"
                                Text='<%# Eval("sp_WareName") %>' />
        </td>
    </tr>
    <tr><td align="center">
            <asp:Label ID="Label1" runat="server" Text="当前价格：" />
            <asp:Label ID="sp_PriceLabel" runat="server"
                                Text='<%# Eval("sp_Price") %>' />
        </td>
    </tr>
    <tr><td align="center">
            <asp:HyperLink ID="HyperLink1" runat="server" NavigateUrl='#'>
            详细</asp:HyperLink> 
            <asp:LinkButton ID="LinkButton1" runat="server">购买</asp:LinkButton>
        </td>
    </tr>
  </table>
 </ItemTemplate>
</asp:DataList>
```

图 4-34　DataList 显示商品信息界面效果

要实现页面数据的绑定，需要为 DataList 控件指定数据源。其绑定方法与 GridView 控件的数据绑定基本一致，采用 SqlDataSource 控件来实现，并返回 T_Ware 表中所有记录。其 HTML 代码如下所示：

```
<asp:SqlDataSource ID="SqlDataSource1" runat="server"
  ConnectionString="<%$ ConnectionStrings: SMDBConnStr %>"
  SelectCommand="SELECT * FROM [T_Ware]"></asp:SqlDataSource>
```

设置 DataList 控件的数据源为 SqlDataSource1 就能实现如图 4-34 所示的效果。

4.10.2　DataList 控件分页实现

当 DataList 中显示的记录较多时，页面上就需要分页显示。ASP.NET 3.5 提供的 DataList 控件并不带有分页功能。.NET 提供的 GridView 和 FormView 控件提供的分页功能均是基于 PagedDataSource 类实现的，使用该类同样也可以实现 DataList 控件的分页显示。PagedDataSource 类与分页相关的主要属性如下：

- AllowPaging：获取或设置是否启用分页的值；
- CurrentPageIndex：获取或设置当前页的索引；
- DataSourceCount：获取数据源中的项数；
- PageSize：获取或设置要在单页上显示的项数。

例 4-5：DataList 控件实现数据分页显示，如图 4-35 所示。

图 4-35　DataList 数据分页效果

首先，在图 4-34 所示页面中 DataList 控件的下方，添加两个 label 标签和两个 HyperLink 标签，用于显示当前页数和总页数，以及实现翻页的链接。

构建一个数据源，连接数据库后填充到数据集。创建 PageDataSource 类对象创建分页数据源对象实例 pds，使之等于数据集中的表，并设置允许分页。这里使用例 4-4 中所创建的 SqlDataSource 控件创建数据源。

```
protected void DataListBind()
{
    //创建 PagedDataSource 对象实例
    PagedDataSource pds = new PagedDataSource();
    //通过 SqlDataSource 控件的 Select 方法返回的数据集作为 PagedDataSource 对象实例的数据源
    pds.DataSource = SqlDataSource1.Select(DataSourceSelectArguments.Empty);
    //设置 PagedDataSource 对象实例的分页属性
    pds.AllowPaging = true;
    pds.PageSize = 6;
```

```
    pds.CurrentPageIndex = CurrentPage() - 1;
    //PagedDataSource 对象实例作为 DataList 的数据源
    DataList1.DataSource = pds;
    DataList1.DataBind();
    //显示当前页数和总页数的标签
    Label3.Text = "第" + (pds.CurrentPageIndex + 1).ToString() + "页";
    Label4.Text = "/共" + pds.PageCount.ToString() + "页";
    //如果不是第一页,对"上一页"的 HyperLink 控件进行设置
    if (!pds.IsFirstPage) {
    HyperLink3.NavigateUrl = "WareShow.aspx?Page=" + (CurrentPage() - 1).ToString();
    }
    //如果不是最后一页,对"下一页"的 HyperLink 控件进行设置
    if (!pds.IsLastPage) {
    HyperLink4.NavigateUrl = "WareShow.aspx?Page=" + (CurrentPage() + 1).ToString();
    }
}

// 方法 CurrentPage 实现以查询字符串的方式返回当前页号
public int CurrentPage(){
    if (Request.QueryString["Page"] != null) {
        return Convert.ToInt32(Request.QueryString["Page"]);
    }else{
        return 1;
    }
}    }
```

任务实施

步骤 1. 还原数据库备份,备份文件位于"配套光盘\Chapter4Demo\ShoppingCartDemo\APP_Data\SM.BAK"路径中。

步骤 2. 新建一个 ASP.NET 网站,命名为"ShoppingCartDemo"。

步骤 3. 添加保存图片的文件夹,在网站根目录下添加"images"文件夹,在"images"下添加子文件夹"ware",并将"配套光盘\Chapter4Demo\ShoppingCartDemo\images\ware\"位置下的图片文件复制到此文件夹下,如图 4-36 所示。

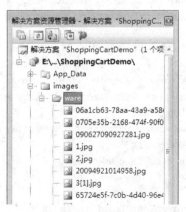

图 4-36　添加图片文件夹

步骤 4．新建名为"WareShow.aspx"的 Web 窗体，并添加 DataList 控件，编辑 DataList 的 ItemTemplate 模板。添加一个 image 控件用来显示商品图片，添加一个 Label 控件用于显示商品价格，添加"详细"和"购买"两个 LinkButton。

在 WareShow.aspx.cs 类文件中编写代码，为 DataList 控件添加数据源，并实现该控件的分页显示。参照例 4-4 和例 4-5 完成此步骤。

步骤 5．新建名为 Login.aspx 的 Web 窗体，并添加 Lable 控件、TextBox 控件和 Button 控件，按表 4-18 所示设置好各控件相应的属性。

表 4-18　界面控件属性设置

控件 ID	控件类型	属性名	属性值
lblTitle	Label	Text	会员登录
lblUserName	Label	Text	用户名：
lblUserPwd	Label	Text	密码：
txtUserName	TextBox		
txtUserPwd	TextBox	TextMode	Password
btnConfirm	Button	Text	确认
btnCancel	reset	Value	取消

步骤 6．给 Login.aspx 页中的 btnConfirm 按钮添加事件，当用户登录成功后，先判断用户是否已经拥有一个购物车，如果没有就创建一个。最后将购物车 ID 和用户 ID 写到 Session 里。代码如下：

```
protected void btnConfirm_Click(object sender, EventArgs e) {
    //如果用户名和密码没有输入，给用户一个提示
    if (txtUserName.Text == "" || txtUserPwd.Text == "") {
        Page.RegisterStartupScript("", "<script>alert('请输入用户名和密码');</script>");
    }
    else {
        //从数据库检索当前输入的用户名和密码是否存在
            string connstr = ConfigurationManager.ConnectionStrings
                    ["SMDBConnStr"].ConnectionString;
        SqlConnection conn = new SqlConnection(connstr);
        conn.Open();
        string sqlstr = "select * from t_vip where hy_Username=@hy_Username
                                and hy_Passwod=@hy_Passwod";
        SqlCommand cmd = new SqlCommand(sqlstr, conn);
        SqlParameter para1 = new SqlParameter("@hy_Username", txtUserName.Text);
        cmd.Parameters.Add(para1);
        SqlParameter para2 = new SqlParameter("@hy_Passwod", txtUserPwd.Text);
        cmd.Parameters.Add(para2);
        SqlDataReader sdr = cmd.ExecuteReader();

        if (sdr.Read()) {
        int hyVipID = Convert.ToInt16(sdr["hy_VipID"]);
        int ScarID;
```

```
        sdr.Close();

        //判断当前用户是否已经有购物车，如果没有就创建一个
        sqlstr = "select * from T_ShoppingCar where hy_VipID=@hy_VipID";
        cmd = new SqlCommand(sqlstr, conn);
        para1 = new SqlParameter("@hy_VipID", hyVipID);
        cmd.Parameters.Add(para1);
        sdr = cmd.ExecuteReader();

        if (sdr.Read()) {
            ScarID = Convert.ToInt16(sdr["Scar_ID"]);
            sdr.Close();
        } else {
        sdr.Close();

        sqlstr = "insert into T_ShoppingCar values(@hy_VipID,@Scar_Time)";
        cmd = new SqlCommand(sqlstr, conn);
        para1 = new SqlParameter("@hy_VipID", hyVipID);
        para2 = new SqlParameter("@Scar_Time", DateTime.Now.ToString());

        cmd.Parameters.Add(para1);
        cmd.Parameters.Add(para2);
        cmd.ExecuteNonQuery();

        //获取购物车记录的 ID
        sqlstr = "select top 1 Scar_ID from T_ShoppingCar order by Scar_Time
            desc";
        cmd = new SqlCommand(sqlstr, conn);
        ScarID = Convert.ToInt16(cmd.ExecuteScalar());
        }

        //将购物车 ID 和用户 ID 保存到 Session 中
        Session["VipID"] = hyVipID;
        Session["ScarID"] = ScarID;
        Response.Redirect("WareShow.aspx");
    }
    else {
        Page.RegisterStartupScript("", "<script>alert('用户名和密码输入错误');
                                                </script>");
    }
    }
}
}
```

步骤 7. 为 WareList.aspx 页的 DataList 控件添加 ItemCommand 事件，判断是否单击了
"购买"按钮，如果购买了就加入到商品信息表中。

```
protected void DataList1_ItemCommand(object source, DataListCommandEventArgs e)
{
//如果该用户已经登录并且单击了"购买"按钮
if (Session["VipID"] != null && e.CommandName == "addshop") {
```

```
int spWareID = Convert.ToInt16(DataList1.DataKeys[e.Item.ItemIndex]);
string connstr =
    ConfigurationManager.ConnectionStrings["SMDBConnStr"].ConnectionString;
SqlConnection conn = new SqlConnection(connstr);
conn.Open();

//将该商品 ID 和购物车 ID 插入到商品信息表（T_ShoppingInfo）中
string sqlstr1 = "insert into T_ShoppingInfo(SCarID,sp_WareID)
    values(@SCarID,@sp_WareID)";
SqlCommand cmd1 = new SqlCommand(sqlstr1, conn);
SqlParameter para3 = new SqlParameter("@SCarID", SqlDbType.Int);
para3.Value = Convert.ToInt16(Session["ScarID"]);
SqlParameter para4 = new SqlParameter("@sp_WareID", SqlDbType.Int);
para4.Value = spWareID;
cmd1.Parameters.Add(para3);
cmd1.Parameters.Add(para4);
cmd1.ExecuteNonQuery();

Response.Redirect("WareShoppingCart.aspx?SCarID=" +
    Convert.ToInt16(Session["ScarID"]));
}
else {
    Page.RegisterStartupScript("", "<script>alert('请先登录！
        ');location.href='Login.aspx';</script>");
}}
```

步骤 8. 新建名为"WareShoppingCart.aspx"的 Web 窗体，显示当前用户的购物车，界面设计如图 4-37 所示。

图 4-37 购物车 Content 内容页

步骤 9. 为购物车页面 WareShoppingCart.aspx 的 SqlDataSource 控件配置数据源，实现查询选择的商品，将查询结果绑定到 GridView 控件中显示选择的商品信息。SqlDataSource 控件的 HTML 代码如下：

```
<asp:SqlDataSource ID="SqlDataSource1" runat="server"
ConnectionString="<%$ ConnectionStrings:SMDBConnStr %>"
SelectCommand="SELECT T_ShoppingInfo.Shop_Num, T_Ware.sp_WareName,
T_Ware.sp_Price, T_Ware.sp_DiscountPrice FROM T_ShoppingCar INNER JOIN
T_ShoppingInfo ON T_ShoppingCar.Scar_ID = T_ShoppingInfo.SCarID INNER JOIN
```

```
T_Ware ON T_ShoppingInfo.sp_WareID = T_Ware.sp_WareID WHERE
(T_ShoppingCar.Scar_ID = @Scar_ID)"
DeleteCommand="DELETE FROM T_ShoppingInfo WHERE (Shop_ID = @Shop_ID)">
<SelectParameters>
    <asp:QueryStringParameter Name="Scar_ID" QueryStringField="ScarID" />
</SelectParameters>
<DeleteParameters>
    <asp:Parameter Name="Shop_ID" />
</DeleteParameters>
</asp:SqlDataSource>
```

步骤 10. 保存网站。在浏览器中浏览 Login.aspx 登录页面，输入用户名 "zhangsan"，密码为 "123"，然后登录，效果如图 4-38 所示。

步骤 11. 单击 "登录" 按钮后进入到 WareShow.aspx 商品展示页面，如图 4-39 所示。

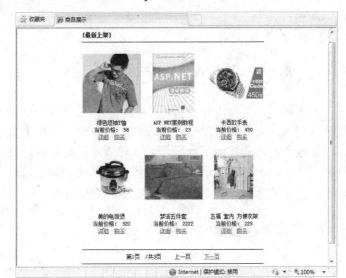

图 4-38　登录页面效果　　　　　　　　图 4-39　商品展示页面效果

步骤 12. 选择其中的一件商品，单击商品图片下方的 "购买" 链接，进入到 WareShoppingCart.aspx 购物车页面，如图 4-40 所示。

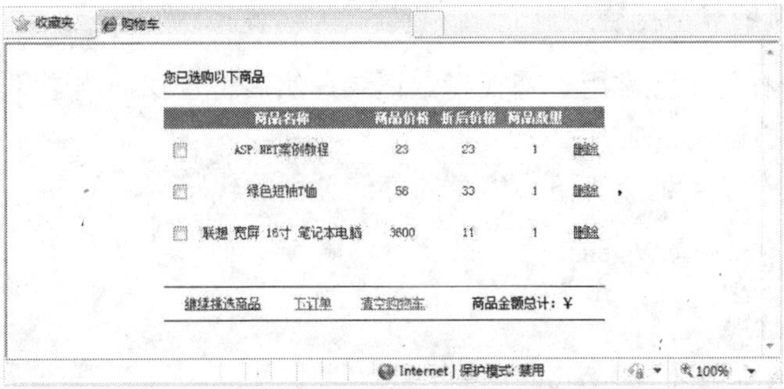

图 4-40　购物车页面效果

任务 4　留言板的功能实现

任务场景

　　像百度、谷歌和新浪等网站，为了提高和潜在用户之间的沟通，随时随地把握商机，一般都会提供一项完全免费的留言板服务。像 QQ 空间、博客，为了促进网站内部用户的交流，留言板也是必不可少的一个功能模块。

　　本任务中通过 ADO.NET 调用存储过程，能有效地实现留言信息的存储和访问功能，并结合 Repeater 控件显示留言信息。

知识引入

4.11　通过 ADO.NET 调用存储过程

　　前面讲述的数据访问方式都是 Web 应用程序直接访问数据库。这种在 Web 窗体中直接访问和操作数据库中数据的方式是一种低效的资源使用方式，并且有可能产生安全风险。

　　通过存储过程访问数据库，可以有效地提高数据访问效率和数据的安全性。可以在执行复杂任务时减少窗体的编码量，降低对网络带宽的需求；通过只允许可信赖的本地存储过程直接访问数据库，可以保护数据库的安全。

4.11.1　存储过程概述

　　存储过程是数据库开发人员为了使用某一特定的功能而编写的数据库过程。Web 应用程序可以调用这些存储过程来访问和操作数据库中的数据。

　　存储过程由 Transact-SQL 语句序列生成，它们与 Web 应用程序中的过程相似，通过过程名来调用，并且可提供输入和输出参数。存储过程按返回的结果通常可分成 3 类。

1. 返回记录集的存储过程

　　返回记录集的存储过程常用于查找指定记录，然后将查找、排序和过滤后的结果返回到 DataSet 对象或 lisi-bound 控件。

　　下面是一段定义了查询所有商品信息的存储过程的代码。

```
create proc [dbo].[Proc_GetWareInfo]
as
select * from dbo.T_Ware
```

2. 返回值的存储过程

　　返回值的存储过程也称为标量存储过程，常用于执行返回单一值的数据库命令或函数。

下面的代码定义了判断某种商品类型是否存在的存储过程。

```
create proc [dbo].[Proc_ExistsWareType]
@TypeName varchar(100),@flag int output
as
if exists(select * from dbo.T_WareType where splb_TypeName=@TypeName)
    return 1
```

上述存储过程中，提供了两个参数，其中@TypeName 是输入参数，表示商品类型；@flag 是输出参数，当结果返回 1 时表示存在指定的商品类型。

3. 行为存储过程

行为存储过程用于实现数据的更新、编辑和修改的功能，但不返回记录的值。

下面的代码定义了用户更新商品的存储过程。

```
CREATE Proc [dbo].[Proc_UpdateWare]
@WareID int,@TypeID int,@AllSum int,
@SellSum int,@Price float,@Infomation text,
@DiscountPrice float,@WareName varchar(100),@ImageUrl varchar(100)
as
update dbo.T_Ware
    set splb_TypeID=@TypeID, sp_AllSum=@AllSum,
sp_SellSum=@SellSum, sp_Price=@Price,
sp_Information=@Infomation,
sp_DiscountPrice=@DiscountPrice,
sp_WareName=@WareName,sp_WareImage=@ImageUrl
where sp_WareID=@WareID
```

4.11.2　调用存储过程

调用存储过程之前，必须确定该存储过程的名字和可用的参数。调用存储过程时，传递处理请求所需的输入参数，并处理响应中的输出参数。执行存储过程时所用的调用方法随存储过程的类型的变化而变化。

1. 调用返回记录集的存储过程

调用返回记录集的存储过程时，需要把这组记录保存在 DataSet 对象中，或者使用 DataReader 对象直接保存在 list-bound 控件中。如果使用 DataSet 对象，则需要使用 DataAdapter 对象和 Fill 方法；如果使用 DataReader 对象，需要使用 Command 对象和 ExecuteReader 方法，然后将返回记录绑定到 list-bound 控件。

2. 调用返回值的存储过程

调用返回值的存储过程时，需使用 Command 对象的 ExecuteScalar 方法，并把结果保存在一个相应数据类型的变量中。

3. 调用执行功能的存储过程

调用执行功能的存储过程用来执行一些数据库操作，而不会返回记录集和值，常使用 Command 对象的 ExecuteNonQuery 方法。

从上面 3 种调用存储过程的方式看，不管是哪种类型的存储过程，都需要创建一个 Command 对象，并将其保存在 DataAdapter 对象的 SelectCommand 属性中，然后设置 CommantText 和 CommandType 的属性。

下面是通过 DataAdapter 对象调用返回记录集的存储过程 "Proc_GetWareInfo" 的代码。

```
string connstr = ConfigurationManager.ConnectionStrings["SMDBConnStr"].ConnectionString;
SqlConnection sqlConn = new SqlConnection(connstr);
sqlConn.Open();
SqlDataAdapter da = new SqlDataAdapter();
da.SelectCommand=new SqlCommand();
da.SelectCommand.Connection=sqlConn;
da.SelectCommand.CommandText="Proc_GetWareInfo";
da.SelectCommand.CommandType=CommandType.StoreProcedure;
DataSet ds=new DataSet();
da.Fill(ds,"WareInfo");
```

用选定的存储过程返回结果填充 DataTable 对象后，就可以将 DataTable 对象绑定到 list-bound 控件中显示数据了。

在 SqlDataAdapter 对象中，也可以直接设置连接和命令文本，代码如下所示：

```
SqlDataAdapter da = new SqlDataAdapter("Proc_GetWareInfo",sqlConn);
da.SelectCommand.CommandType=CommandType.StoreProcedure;
```

4.11.3 使用带参数的存储过程

在 SQL Server 数据库中使用参数时，可向 Command 对象的 Parameters 集合中添加参数。表 4-19 介绍了存储过程可以使用的参数类型。

表 4-19 存储过程的参数类型

参 数	用 法
Input	Web 应用程序用来向存储过程传递特定的数据值
Output	存储过程用来向调用它的 Web 应用程序返回特定的值
InputOutput	存储过程用来检索 Web 应用程序发送的信息，并把特定值返回给 Web 应用程序
Return Value	存储过程用来传递一个返回值给调用它的应用程序

在向 Command 对象的 Parameters 集合添加参数时，参数名字一定要和存储过程的参数名字相匹配。

确定存储过程支持的参数后，需要像存储过程指定的那样，用参数的名字和数据类型创建一个新的 SqlParameter 对象，然后设置新参数的 Direction 属性来指明存储过程如何使用这些参数。

例如，用来判断商品类型是否存在的存储过程 Proc_ExistsWareType，有一个输入参数 @TypeName 和一个输出参数@flag。要调用 Proc_ExistsWareType 存储过程，需要分别创建名为 "@TypeName" 和 "@flag" 的参数。

参数 "@TypeName" 为输入参数，它的值由页面中的文本框提供，代码如下所示：

```
SqlParameter inParam;
inParam=new SqlParameter("@TypeName",SqlDbType.Varchar);
inParam.Direction=ParameterDirection.Input;
inParam.Value=Convert.ToInt16(txtTypeName.Text);
```

参数 "@flag" 为输出参数，其参数设置代码如下：

```
SqlParameter outParam;
outParam=new SqlParameter("@flag",SqlDbType.Int);
outParam.Direction=ParameterDirection.Output;
```

创建 SqlParameter 对象后，需使用 Command 对象中 Parameters 集合的 Add 方法将参数添加到集合中。如果存储过程有多个参数，参数添加的顺序可以是任意的，因为它们是通过名字创建的（OLE DB 数据库中使用参数时，参数顺序必须和存储过程中定义的参数顺序相匹配）。由于 Proc_ExistsWareType 存储过程返回的是单个值，所以可以直接使用 Command 对象，调用 ExecuteNonQuery 方法来执行这个存储过程。

```
SqlCommand cmd=new SqlCommand("Proc_ExistsWareType",conn);
cmd.CommandType=CommandType.StoreProcedure;
cmd.Parameters.Add(inParam);
cmd.Parameters.Add(outParam);
cmd.ExecuteNonQuery();
```

由于 ExecuteNonQuery 方法执行后并没有返回数据，读取存储过程的输出参数需要采用 Parameters 集合中的 Values 值，可以通过名字或者索引来引用输出参数的值。代码如下：

```
int flag=cmd.Parameters("@flag").Value;
```

4.12 Repeater 控件

Repeater 是一个容器控件，它可以从页的任何可用数据中创建自定义列表。Repeater 控件不能直接在 Visual Studio 2008 的设计视图中设计，用户必须从头开始通过创建模板为 Repeater 控件设计布局。

当运行页面时，Repeater 将绑定数据源中的数据，并按照模板的要求将数据在界面上呈现出来。正是由于 Repeater 控件没有默认的外观，所以进行界面设计的时候会感到不太直观。但 Repeater 控件非常灵活，可以通过对模板的灵活使用，创建多种不同形式的列表，包括以特定分隔符隔离的列表，或者 XML 格式的列表，同时它还能够非常精确地对界面元素进行定位。另外，Repeater 控件不具有编辑模板，所以一般不使用它来编辑数据。

4.12.1　Repeater 控件模板

Repeater 控件是一个根据模板定义样式循环显示数据的空间，可应用的模板如下：
- HeaderTemplate：呈现在页眉的内容和布局。
- ItemTemplate：显示项的内容和布局，对每一个显示项重复应用。
- AlternatingItemTemplate：交替项的内容和布局。
- SeparatorTemplate：呈现在显示项之间的分隔符。
- FooterTemplate：呈现在页脚的内容和布局。

4.12.2　在 Repeater 控件中显示数据

在 Repeater 控件中显示数据的格式和在 DataList 控件中的显示格式一样，如下所示：

```
<%# DataBinder.Eval(Container.DataItem, "名称") %> <br>
<%# DataBinder.Eval(Container.DataItem, "类别") %> <br>
```

例 4-6：利用 Repeater 控件显示数据。

本例通过使用 Repeater 控件实现商品评价的数据输出，这也是使用 Repeater 控件实现自由输出的典型应用，其页面设计如图 4-41 所示。

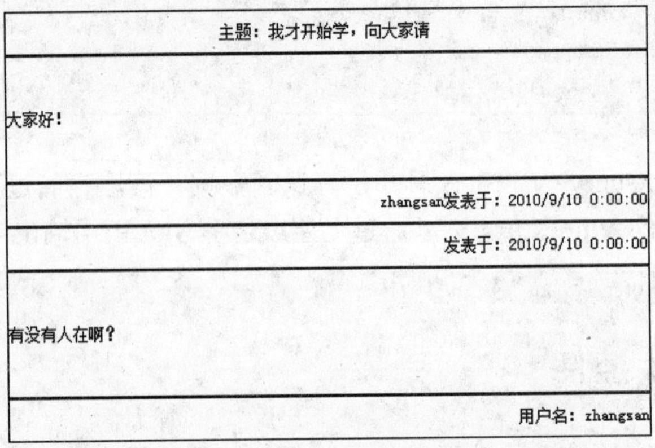

图 4-41　Repeater 控件显示商品评价数据

Repeater 控件显示数据对应的页面代码如下所示：

```
<asp:Repeater ID="repTitle" runat="server" DataSourceID="sqlTitle">
    <ItemTemplate>
        <table   width="60%" cellpadding="0" cellspacing="0">
            <tr><td style="height:30px; border:solid 1px black;">
                主题: <%# DataBinder.Eval(Container.DataItem, "tz_Heading")%>
            </td></tr>
            <tr><td align="left" style="height:90px; border:solid 1px black;">
                <%# DataBinder.Eval(Container.DataItem, "tz_Content")%>
            </td></tr>
```

```
<tr><td align="right" style="height:30px; border:solid 1px black;">
        <%# DataBinder.Eval(Container.DataItem, "hy_Username")%>发
    表于：<%# DataBinder.Eval(Container.DataItem, "tz_Time")%>
    </td></tr>
    </table>
    </ItemTemplate>
</asp:Repeater>
<asp:Repeater ID="repDetail" runat="server" DataSourceID="sqlDetail">
    <ItemTemplate>
    <table width="60%" cellpadding="0" cellspacing="0">
    <tr><td align="right" style="height:30px; border:solid 1px black;">
            发表于：<%# DataBinder.Eval(Container.DataItem, "hh_Time")%>
    </td></tr>
    <tr><td align="left" style="height:90px; border:solid 1px black;">
        <%# DataBinder.Eval(Container.DataItem, "hh_Content")%>
    </td></tr>
    <tr><td align="right" style="height:30px; border:solid 1px black;">
            用户名：<%# DataBinder.Eval(Container.DataItem, "hy_Username")%>
    </td></tr>
    </table>
    </ItemTemplate>
</asp:Repeater>
```

Repeater 控件的代码文件均需要在界面文件中书写，以实现页面布局。建议读者使用 Repeater 显示数据时，先将表格布局设计好，然后添加 Repeater 及 ItemTemplate 标记，最后选择适当的单元格填写绑定方法，输出数据。Repeater 控件的分页实现可以参照 DataList 的分页实现，这里不再赘述。

任务实施

步骤 1. 还原数据库备份，备份文件位于"配套光盘\Chapter4Demo\MessageBoardDemo \APP_Data \SM.BAK"路径中。

步骤 2. 新建一个 ASP.NET 网站，命名为"MessageBoardDemo"。

步骤 3. 新建名为"Login.aspx"的 Web 窗体，并添加 Lable 控件、TextBox 控件和 Button 控件，按表 4-18 设置好各控件相应的属性。

步骤 4. 在 SQLServer2005 中，创建名为"Proc_GetVipInfoByNameandPass"的存储过程，获取指定用户名和密码的记录，代码如下：

```
create proc [dbo].[Proc_GetVipInfoByNameandPass]
@Name varchar(20),
@Pass varchar(20)
as
select * from dbo.T_Vip where hy_Username=@Name and hy_Passwod=@Pass
```

步骤 5. 给 Login.aspx 页面中的 btnConfirm 按钮添加事件，通过调用 Proc_GetVipInfo- ByNameandPass 存储过程判断用户输入的用户名和密码是否正确，当用户登录成功后，将

用户 ID 写到 Session 里，代码如下：

```
protected void btnConfirm_Click(object sender, EventArgs e) {
    if (txtUserName.Text == "" || txtUserPwd.Text == "") {
        Page.RegisterStartupScript("", "<script>alert('请输入用户名和密码');</script>");
}
else {
    string connstr =
        ConfigurationManager.ConnectionStrings["SMDBConnStr"].ConnectionString;
    SqlConnection conn = new SqlConnection(connstr);
    conn.Open();

    SqlCommand cmd = new SqlCommand("Proc_GetVipInfoByNameandPass", conn);
    cmd.CommandType = CommandType.StoredProcedure;
    SqlParameter para1 = new SqlParameter("@Name", txtUserName.Text);
    cmd.Parameters.Add(para1);
    SqlParameter para2 = new SqlParameter("@Pass", txtUserPwd.Text);
    cmd.Parameters.Add(para2);
    SqlDataReader sdr = cmd.ExecuteReader();

    if (sdr.Read()){
        Session["VipID"] = Convert.ToInt16(sdr["hy_VipID"]);
        sdr.Close();
        Response.Redirect("MessageBoard.aspx");
    }
    else {
        Page.RegisterStartupScript("", "<script>alert('用户名和密码输入错误');</script>");
        }
    }
}
```

步骤 6．新建名为"MessageBoard.aspx"的 Web 窗体，并添加 GridView 控件、SqlDataSource 控件、Label 控件、TextBox 控件和 Button 控件，按表 4-20 设置好各控件相应的属性，界面如图 4-42 所示。

表 4-20　界面控件设置

控件 ID	控 件 类 型	属 性 名	属 性 值
grdMessage	GridView	DataSourceID	SqlDataSource1
SqlDataSource1	SqlDataSource		
lblTitle	Label	Text	主题：
txtTitle	TextBox		
lblContent	Label	Text	内容：
txtContent	TextBox		
btnConfirm	Button	Text	发表留言

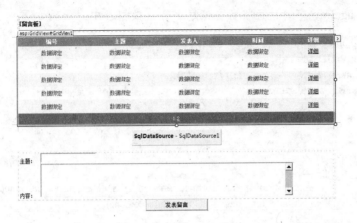

图 4-42　留言板页面的界面设置

图 4-42 所示中，grdMessage 控件中的"详细"列为 HyperLinkField，需要显示为"详细"的超链接，当单击超链接时跳转到 MessageDetail.aspx 页面时，传递当前记录的 ID 值，其 HTML 代码如下：

```
<asp:HyperLinkField DataNavigateUrlFields="tz_NoteID"
DataNavigateUrlFormatString="MessageDetail.aspx?id={0}" HeaderText="详细"
Text="详细" />
```

步骤 7. 配置 SqlDataSouce1 数据源控件，返回所有发表的留言记录，由于要输出每篇留言的发表人，所以需要对 T_bbsNote 表和 T_Vip 表进行内联查询，其 HTML 代码如下：

```
<asp:SqlDataSource ID="SqlDataSource1" runat="server"
    ConnectionString="<%$ ConnectionStrings:SMDBConnStr %>"
SelectCommand="SELECT T_bbsNote.tz_NoteID, T_bbsNote.tz_Heading,
T_Vip.hy_Username, T_bbsNote.tz_Time FROM T_bbsNote INNER JOIN T_Vip ON
T_bbsNote.hy_VipID = T_Vip.hy_VipID">
</asp:SqlDataSource>
```

步骤 8. 在 SQLServer2005 中，创建名为"Proc_InsertMessageInfo"的存储过程，保存所发表的留言信息。代码如下：

```
create proc [dbo].[Proc_InsertMessageInfo]
(@VipID int,
@tz_Heading varchar(20),
@tz_Content varchar(8000),
@tz_Time smallDateTime,
@flag int output)
as
begin
    insert dbo.T_bbsNote(hy_VipID,tz_Heading,tz_Content,tz_Time)
    values(@VipID,@tz_Heading,@tz_Content,@tz_Time)
    return @@rowcount
end
```

步骤 9. 给 MessageBoard.aspx 的页面中的 btnConfirm 按钮添加 Click 事件，通过调用

Proc_InsertMessageInfo 存储过程将留言信息保存到数据表中，代码如下：

```
protected void btnConfirm_Click (object sender, EventArgs e) {
    if (Session["VipID"] != null) {
        if (txtContent.Text == "" || txtTitle.Text == "") {
            Page.RegisterStartupScript("", "<script>alert('请输入留言主题和内容！');
                                                        </script>");
        }
        else {
            try{
                string connstr =
                    ConfigurationManager.ConnectionStrings["SMDBConnStr"].ConnectionString;
                SqlConnection conn = new SqlConnection(connstr);
                conn.Open();

                SqlCommand cmd = new SqlCommand("Proc_InsertMessageInfo", conn);
                cmd.CommandType = CommandType.StoredProcedure;
                SqlParameter para1 = new SqlParameter("@VipID", SqlDbType.Int);
                para1.Value = Session["VipID"].ToString();
                cmd.Parameters.Add(para1);
                SqlParameter para2 = new SqlParameter("@tz_Heading", TextBox1.Text);
                cmd.Parameters.Add(para2);
                SqlParameter para3 = new SqlParameter("@tz_Content", SqlDbType.NVarChar);
                para3.Value = TextBox2.Text;
                cmd.Parameters.Add(para3);
                SqlParameter para4 = new SqlParameter("@tz_Time", SqlDbType.DateTime);
                para4.Value = DateTime.Now.ToShortDateString();
                cmd.Parameters.Add(para4);
                SqlParameter para5 = new SqlParameter("@flag", DbType.Int32);
                para5.Direction = ParameterDirection.Output;
                cmd.Parameters.Add(para5);
                cmd.ExecuteNonQuery();
                Page.RegisterStartupScript("", "<script>alert('发表成功！');</script>");
                conn.Close();
            }
            catch{
            }
        }
    }
    else {
        Response.Redirect("Login.aspx");
    }
}
```

步骤 10. 新建名为 "MessageDetail.aspx" 的 Web 窗体，并添加 Repeater 控件、SqlDataSource 控件、TextBox 控件和 Button 控件，按表 4-21 设置好各控件相应的属性，其界面如图 4-41 所示。

表 4-21　界面控件设置

控件 ID	控件类型	属性名	属性值
repTitle	Repeater	DataSourceID	sqlTitle
sqlTitle	SqlDataSource		
repDetail	Repeater	DataSourceID	sqlDetail
sqlDetail	SqlDataSource		
txtDetail	TextBox		
btnConfirm	Button	Text	发表回复

步骤 11． 配置 sqlTitle 数据源控件，通过传递的 ID 值返回当前发表留言记录，其 HTML 代码如下：

```
<asp:SqlDataSource ID="sqlTitle" runat="server"
ConnectionString="<%$ ConnectionStrings:SMDBConnStr %>"
    SelectCommand="SELECT T_bbsNote.tz_Heading, T_bbsNote.tz_Content,
T_bbsNote.tz_Time, T_Vip.hy_Username FROM T_bbsNote INNER JOIN T_Vip ON
T_bbsNote.hy_VipID = T_Vip.hy_VipID WHERE (T_bbsNote.tz_NoteID = @tz_NoteID)">
<SelectParameters>
    <asp:QueryStringParameter Name="tz_NoteID" QueryStringField="id" />
</SelectParameters>
</asp:SqlDataSource>
```

步骤 12． 配置 sqlDetail 数据源控件，通过传递的 ID 值返回当前所有回复记录，其 HTML 代码如下：

```
<asp:SqlDataSource ID="sqlDetail" runat="server"
ConnectionString="<%$ ConnectionStrings:SMDBConnStr %>"
SelectCommand="SELECT T_bbsAnswer.hh_Content, T_bbsAnswer.hh_Time,
    T_Vip.hy_Username FROM T_bbsAnswer INNER JOIN T_Vip ON
    T_bbsAnswer.hy_VipID = T_Vip.hy_VipID WHERE (T_bbsAnswer.tz_NoteID = @tz_NoteID)"
InsertCommand="upInsertAdjustWareInfo" InsertCommandType="StoredProcedure">
<SelectParameters>
<asp:QueryStringParameter Name="tz_NoteID" QueryStringField="id" />
</SelectParameters>
</asp:SqlDataSource>
```

步骤 13． 在 SQLServer2005 中，创建名为"Proc_ InsertAnswerInfo"的存储过程，保存所发表的回复信息，其代码如下：

```
create proc [dbo].[Proc_InsertAnswerInfo]
(@VipID int,
@tz_NoteID int,
@hh_Content varchar(8000),
@hh_Time smallDateTime,
@flag int output)
as
begin
```

```
insert dbo.T_bbsAnswer(hy_VipID,tz_NoteID,hh_Content,hh_Time)
values(@VipID,@tz_NoteID,@hh_Content,@hh_Time)
return @@rowcount
end
```

步骤 14. 给 MessageDetail.aspx 页面中的 btnConfirm 按钮添加 Click 事件，通过调用 Proc_InsertAnswerInfo 存储过程将回复信息保存到数据表中，代码如下：

```
protected void btnConfirm_Click(object sender, EventArgs e) {
if (Session["VipID"] != null) {
    if (txtDetail.Text == "") {
        Page.RegisterStartupScript("", "<script>alert('请输入回复内容！');</script>");
    }
    else {
        try {string connstr = ConfigurationManager.ConnectionStrings
                                        ["SMDBConnStr"].ConnectionString;
            SqlConnection conn = new SqlConnection(connstr);
            conn.Open();
            SqlCommand cmd = new SqlCommand("Proc_InsertAnswerInfo", conn);
            cmd.CommandType = CommandType.StoredProcedure;
            SqlParameter para1 = new SqlParameter("@VipID", SqlDbType.Int);
            para1.Value = Session["VipID"].ToString();
            cmd.Parameters.Add(para1);
            SqlParameter para2 = new SqlParameter("@tz_NoteID", SqlDbType.Int);
            para2.Value = Request["id"].ToString();
            cmd.Parameters.Add(para2);
            SqlParameter para3 = new SqlParameter("@hh_Content",
                                        SqlDbType.NVarChar);
            para3.Value = txtDetail.Text;
            cmd.Parameters.Add(para3);
            SqlParameter para4 = new SqlParameter("@hh_Time",
                                        SqlDbType.DateTime);
            para4.Value = DateTime.Now.ToShortDateString();
            cmd.Parameters.Add(para4);
            SqlParameter para5 = new SqlParameter("@flag", DbType.Int32);
            para5.Direction = ParameterDirection.Output;
            cmd.Parameters.Add(para5);
            cmd.ExecuteNonQuery();
            conn.Close();
        }
    }}
else {    Response.Redirect("Login.aspx");}}
```

步骤 15. 保存网站。在浏览器中浏览 Login.aspx 登录页面，输入用户名 "zhangsan" 和密码 "123"，单击 "登录" 按钮，进入到留言板界面，效果如图 4-43 所示。

步骤 16. 单击某条留言的 "详细" 超链接，进入到回复界面，就可以在此界面中对某条留言发表回复，效果如图 4-44 所示。

图 4-43　MessageBoard.aspx 登录页面效果

图 4-44　MessageDetail.aspx 回复页面效果

项目 5　Web 应用开发中的图形编程

在 Web 应用中，图形图像的巧妙运用能够提升网站的友好度和易用性。.NET Framework 提供的 GDI+实现类具有强大的绘图功能，开发人员可以运用该类提供的绘图方法，在 Web 应用程序开发过程中，自由地、轻松地进行图形图像布局和编程。

在本项目中，通过完成 2 个任务，实现 Web 应用程序中图像显示和图形编程。

任务 1　网络在线投票的图形绘制

任务 2　图形验证码的实现

任务 1　网络在线投票的图形绘制

任务场景

网络在线投票是网络用户的兴趣、价值取向以及热点关注等信息的关注程度的一种体现。在项目 3 的任务 2 中，通过 Cookie 对象和文件的读写操作，实现了在线投票功能，为了更为直观的显示和查看投票结果，将投票结果图形化是一种较好的手段。

知识引入

5.1　图形编程基础

ASP.NET 3.5 提供了强大的图形图像处理功能，利用 GDI+的强大绘图功能，只需简单创建一个图形对象的实例，就可以轻松地实现图形的绘制、变换等操作。

5.1.1　GDI+简介

1. GDI

GDI（Graphics Device Interface）图形设备接口是 Windows 系统中的一个子系统，它的主要任务是负责系统与绘图程序之间的信息交换，处理所有 Windows 程序的图形输出。

在 Windows 操作系统下，绝大多数具备图形界面的应用程序都离不开 GDI，利用 GDI 所提供的众多函数可以方便地在屏幕、打印机及其他输出设备上输出图形、文本等操作。GDI 的出现使程序员无需关注硬件设备及设备驱动，就可以将应用程序的输出转化为硬件设备上的输出，实现了程序开发者与硬件设备的隔离，大大方便了开发工作。

2. GDI+

随着 Windows 7 和 Vista 操作系统的推出，微软对图形图像编程进行了更新，在 Windows 7 和 Vista 操作系统中，大量使用了半透明、渐变和边缘模糊化等效果。

为了适应更高的用户要求和用户体验，微软对 GDI 进行了升级，因此有了 GDI+。作为图形设备接口的 GDI+ 使得应用程序开发人员在输出屏幕和打印机信息时，无需考虑具体显示设备的细节，只需调用 GDI+ 库输出类的一些方法即可完成图形操作，真正的绘图工作由这些方法交给特定的设备驱动程序来完成。GDI+ 使得图形硬件和应用程序相互隔离，从而使开发人员编写设备无关的应用程序变得非常容易。在对 GDI 优化的基础上，GDI+ 添加了许多新的功能，主要包括：

● **渐变的画刷**（Gradient Brushes）

GDI+ 允许用户创建一个沿路径或直线渐变的画刷，来填充外形（shapes）、路径（paths）和区域（regions），渐变画刷可以画直线、曲线和路径，当使用一个线形画刷填充一个外形（shapes）时，填充的颜色能够沿外形逐渐变化。

● **基数样条函数**（Cardinal Splines）

GDI+ 支持基数样条函数，而 GDI 不支持。基数样条是一组单个曲线按照一定的顺序连接而成的一条较大曲线。样条由一系列点指定，并通过每一个指定的点。由于基数样条能够平滑地穿过组中的每一个点（不出现尖角），因而比用直线连接创建的路径更加精确和平滑。

● **持久路径对象**（Persistent Path Objects）

在 GDI 中，路径属于设备描述表（DC），画完后路径就会被破坏。在 GDI+ 中，绘图工作由 Graphics 对象来完成，可以创建几个与 Graphics 分开的路径对象，使图形持久化。

● **变形和矩阵对象**（Transformations & Matrix Object）

GDI+ 提供了矩阵对象，使得编写图形的旋转、平移和缩放代码变得非常容易。

● **可伸缩区域**（Scalable Regions）

GDI+ 允许在区域范围内进行图形的缩放、旋转和平移等变换操作。

● **多种图像格式支持**

图像在图形界面程序中占有举足轻重的地位，GDI+ 除了支持 BMP 等 GDI 支持的图形格式外，还支持 JPEG、GIF、PNG 和 TIFF 等图像格式，并可以直接在程序中使用这些图片文件，无需考虑它们所用的压缩算法。

5.1.2 GDI+绘图类

在 ASP.NET 3.5 中，开发人员可以直接调用.NET Framework 中的 GDI+ 中的方法来获取和绘制图像。GDI+ 包含了很多的类、结构和枚举，为开发人员提供图形图像的编程开发。这些类、结构和枚举都包含在.NET FrameWork 的类库中，按处理功能的不同包含在不同的命名空间下，如表 5-1 所示。

表 5-1　GDI+的命名空间

命 名 空 间	说　明
System.Drawing	提供对 GDI+基本图形功能的访问
System.Drawing.Drawing2D	提供高级的二维和矢量图形的功能
System.Drawing.Imaging	提供高级 GDI+图像处理功能
System.Drawing.Text	提供高级 GDI+排版功能
System.Drawing.Printing	提供与打印相关的服务

　　System.Drawing 命名空间是 GDI+的核心，其常用类、结构和枚举如表 5-2~表 5-4 所示。

表 5-2　System.Drawing 命名空间常用的类

类	说　明
Bitmap	封装 GDI+位图，此位图由图形图像及其属性的像素数据组成。Bitmap 是用于处理由像素数据定义的图像的对象
Brush	定义用于填充图形形状（如矩形、椭圆和封闭路径）内部的对象
Brushes	所有标准颜色的画笔。无法继承此类
BufferedGraphics	为双缓冲提供图形缓冲区
ColorConverter	将颜色从一种数据类型转换为另一种数据类型。通过 TypeDescriptor 访问此类
ColorTranslator	将颜色翻译成 GDI+ Color 结构并从该结构翻译颜色。无法继承此类
Font	定义特定的文本格式，包括字体、字号和字形属性。无法继承此类
FontConverter	将 Font 对象从一种数据类型转换成另一种数据类型
Graphics	封装一个 GDI+界面绘图的方法和图形显示设备。无法继承此类
Icon	Windows 图标，用于表示对象的小位图图像。尽管图标的大小由系统决定，但仍可将其视为透明的位图
Image	为源自 Bitmap 和 Metafile 的类提供功能的抽象基类
Pen	定义用于绘制直线和曲线的对象。无法继承此类
Pens	所有标准颜色的钢笔。无法继承此类
Region	指示由矩形和路径构成的图形形状的内部。无法继承此类
SolidBrush	定义单色画笔。画笔用于填充图形形状，如矩形、椭圆、扇形、多边形和封闭路径。无法继承此类
StringFormat	封装文本布局信息（如对齐、文字方向和 Tab 停靠位）、显示操作（如省略号插入和国家标准数字替换）和 OpenType 功能。无法继承此类
SystemBrushes	SystemBrushes 类的每个属性都是一个 SolidBrush，它是 Windows 显示元素的颜色
SystemColors	SystemColors 类的属性都是 Color 结构，是 Windows 显示元素的颜色
SystemFonts	指定在 Windows 显示元素中显示文本的字体
SystemIcons	SystemIcons 类的每个属性都是 Windows 系统级图标的 Icon 对象。无法继承此类
SystemPens	SystemPens 类的每个属性都是一个 Pen，它是 Windows 显示元素的颜色，宽度为 1 个像素
TextureBrush	TextureBrush 类的每个属性都是 Brush 对象，这种对象使用图像来填充形状的内部。无法继承此类

表 5-3 System.Drawing 命名空间常用的结构

结 构	说 明
Color	表示 ARGB 颜色
Point	表示在二维平面中定义点的整数 x 和 y 坐标的有序对
PointF	表示在二维平面中定义点的浮点 x 和 y 坐标的有序对
Rectangle	存储一组整数，共 4 个，表示一个矩形的位置和大小。对于更高级的区域函数，请使用 Region 对象
RectangleF	存储一组浮点数，共 4 个，表示一个矩形的位置和大小。对于更高级的区域函数，请使用 Region 对象
Size	存储 1 个有序整数对，通常为矩形的宽度和高度
SizeF	存储 1 个有序浮点数对，通常为矩形的宽度和高度
CharacterRange	指定字符串内字符位置的范围

表 5-4 System.Drawing 命名空间常用的枚举

枚 举	说 明
ContentAlignment	指定绘图表面上内容的对齐方式
CopyPixelOperation	确定复制像素操作中的源颜色如何与目标颜色组合生成最终颜色
FontStyle	指定应用到文本的字体信息
GraphicsUnit	指定给定数据的度量单位
KnownColor	指定已知的系统颜色
RotateFlipType	指定图像的旋转方向和用于翻转图像的轴
StringAlignment	指定文本字符串相对于其布局矩形的对齐方式
StringDigitSubstitute	StringDigitSubstitute 枚举指定如何按照用户的区域设置或语言替换字符串中的数字位
StringFormatFlags	指定文本字符串的显示和布局信息
StringTrimming	指定如何在不完全适合布局形状的字符串中修改字符
StringUnit	指定文本字符串的度量单位

5.1.3 Graphics 类

Graphics 类是 GDI+图形编程中的核心类。它封装了 GDI+界面的绘图方法以及图形显示设备，极大地简化了开发人员的图形编程工作。

通过 Graphics 类的属性可以获取 Graphics 对象的分辨率，并能够为 Graphics 对象进行裁剪区域的选择和判断，而页面中图形的绘制则都是通过 Graphics 类的实例方法实现。Graphics 类的主要属性和方法如表 5-5 和表 5-6 所示。

表 5-5 Graphics 类的常用属性

属 性 名	说 明
DpiX	获取此 Graphics 的水平分辨率
DpiY	获取此 Graphics 的垂直分辨率

属 性 名	说　明
IsClipEmpty	获取一个值，该值指示此 Graphics 的剪辑区域是否为空
IsVisibleClipEmpty	获取一个值，该值指示此 Graphics 的可见剪辑区域是否为空
TextContrast	获取或设置呈现文本的灰度校正值
VisibleClipBounds	获取此 Graphics 的可见剪辑区域的边框

表 5-6　Graphics 类的常用方法

方 法 名	说　明
Clear	清除整个绘图画面并以指定背景色填充
Dispose	释放 Graphics 使用的所有资源
DrawArc	绘制一段弧线，它表示由一对坐标、宽度和高度指定的椭圆部分
DrawBezier	绘制由 4 个 Point 结构定义的贝塞尔样条
DrawBeziers	用 Point 结构数组绘制一系列贝塞尔样条
DrawClosedCurve	绘制由 Point 结构的数组定义的闭合基数样条
DrawCurve	绘制经过一组指定的 Point 结构的基数样条
DrawEllipse	绘制一个由边框（该边框由一对坐标、高度和宽度指定）定义的椭圆
DrawIcon	在指定坐标处绘制由指定的 Icon 表示的图像
DrawImage	在指定位置并且按原始大小绘制指定的 Image
DrawLine	绘制一条连接由坐标对指定的两个点的线条
DrawLines	绘制一系列连接一组 Point 结构的线段
DrawPath	绘制 GraphicsPath
DrawPie	绘制一个扇形，该扇形由一个坐标对、宽度、高度以及两条射线所指定的椭圆定义
DrawPolygon	绘制由一组 Point 结构定义的多边形
DrawRectangle	绘制由坐标对、宽度和高度指定的矩形
DrawRectangles	绘制一系列由 Rectangle 结构指定的矩形
DrawString	在指定位置并且用指定的 Brush 和 Font 对象绘制指定的文本字符串
FillClosedCurve	填充由 Point 结构数组定义的闭合基数样条曲线的内部
FillEllipse	填充边框所定义的椭圆的内部，该边框由一对坐标、一个宽度和一个高度指定
FillPath	填充 GraphicsPath 的内部
FillPie	填充由一对坐标、一个宽度、一个高度以及两条射线指定的椭圆所定义的扇形区的内部
FillPolygon	填充 Point 结构指定的点数组所定义的多边形的内部
FillRectangle	填充由一对坐标、一个宽度和一个高度指定的矩形的内部
FillRectangles	填充由 Rectangle 结构指定的一系列矩形的内部
FillRegion	填充 Region 的内部
Flush	强制执行所有挂起的图形操作并立即返回
FromImage	从指定的 Image 创建新的 Graphics
IsVisible	指示由一对坐标指定的点是否包含在 Graphics 的可见剪辑区域内
MeasureString	测量由指定的 Font 绘制的指定字符串

方 法 名	说 明
RotateTransform	将指定旋转应用于此 Graphics 的变换矩阵
Save	保存此 Graphics 的当前状态，并用 GraphicsState 标识保存的状态
SetClip	将此 Graphics 的剪辑区域设置为指定 Graphics 的 Clip 属性
TransformPoints	使用此 Graphics 的当前世界变换和页变换，将点数组从一个坐标空间转换到另一个坐标空间
TranslateClip	将此 Graphics 的剪辑区域按指定的量沿水平方向和垂直方向平移

表 5-6 列出了 Graphics 类的属性和方法，限于篇幅，这里不做具体描述，读者可以使用联机帮助，搜索相关内容进一步学习。

5.2 绘制图形

在 ASP.NET 中使用 GDI+绘图，通常按如下步骤进行操作：

（1）创建 Bitmap 对象作为图形内存空间，所有的绘图将在该位图上操作；

（2）为 Bitmap 对象创建一个 Graphics 上下文对象；

（3）创建 Pen 或 Brush，并使用 Graphics 对象的方法来完成绘图，可以绘制图形、填充图像或从一个已经存在的文件中复制图像；

（4）绘图结束后，调用 Save 方法将图像数据发送至浏览器；

（5）释放 GDI+图形对象所占的资源。

简而言之，类 Bitmap 相当于绘制图形时需要的纸；类 Graphics 相当于绘画的人；类 Pen 和类 Brush 相当于绘画工具，如铅笔、笔刷等；类 Color 则相当于绘画所需的颜料。绘图结束后，将图形发送到客户端，再释放图形所占用的内存资源。

5.2.1 绘制基本图形

通过使用 Graphics 类，可以方便地实现线条、矩形、椭圆和多边形等基本图形的绘制。

1. 绘制直线

按照 GDI+绘图的基本步骤，在页面中绘制一条直线的代码如下：

```
protected void Page_Load(object sender, EventArgs e)
{
        Bitmap MyImage = new Bitmap(400, 200);                //创建 Bitmap 对象
        Graphics gr = Graphics.FromImage(MyImage);            //创建绘图对象
        Pen pen = new Pen(Color.Red, 2);                      //创建画笔对象
        gr.Clear(Color.WhiteSmoke);                           //格式化画布
        gr.DrawLine(pen, 0, 50, 400, 50);                     //绘制直线
        MyImage.Save(Response.OutputStream, System.Drawing.Imaging.ImageFormat.Gif);
        pen.Dispose();                                        //释放画笔对象
        gr.Dispose();                                         //释放绘图对象
```

```
        MyImage.Dispose();                                    //释放图形对象
}
```

上述代码使用了 DrawLine 方法绘制直线，该方法需要传递 5 个参数，分别为画笔、起点的坐标和终点坐标。代码中创建了一个大小为 400×200 的画布，并使用红笔绘制了一条从点（0，50）到点（400，50）的直线，绘制效果如图 5-1 所示。

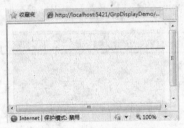

图 5-1　绘制直线

2.　绘制矩形和椭圆

绘制矩形的方法同绘制直线的方法基本相同，只是绘制矩形使用的是 DrawRentangle 方法。该方法也包括了 5 个参数，分别表示画笔、左上角坐标值、矩形的高度和宽度。代码如下：

```
gr.DrawRectangle(pen, 30, 30, 150, 100);                    //绘制矩形
```

上述代码绘制了一个矩形，矩形左上角的坐标为（30,30），宽度为 150，高度为 100。当需要绘制正方形时，只需要将高度和宽度设置相等即可，代码如下：

```
gr.DrawRectangle(pen, 30, 30, 100, 100);                    //绘制正方形
```

当需要为上述矩形绘制内切椭圆时，需要使用 DrawEllipse 方法，代码如下：

```
gr.DrawEllipse(pen, 30, 30, 150, 100);                      //绘制椭圆
```

该代码绘制了一个起点为（30,30），宽度为 150，高度为 100 的椭圆，如果要绘制圆形，只需将高度和宽度设置相等即可，代码如下：

```
gr.DrawRectangle(pen, 30, 30, 100, 100);                    //绘制圆
```

3.　绘制多边形

绘制多边形的方法是 DrawPolygon，该方法需要提供画笔和顶点集两个参数。

绘制多边形需要先指定多边形各个顶点的坐标，Point 对象表示一个二维坐标系中的一个点，代码如下：

```
Point pt=new Point(20,20);                                  //创建顶点
```

这就在平面上定义了坐标为（20,20）的顶点。由于多个顶点构成一个多边形，可以定义顶点数组来同时创建多边形的所有顶点，下列代码创建了一个含有 6 个顶点的顶点数组。

```
Point[] pts = new Point[] {                                 //创建顶点集合
        new Point(100,100),    new Point(130,120),
```

```
    new Point(100,140),    new Point(70,140),
    new Point(40,120),    new Point(70,100)        };
```

定义好顶点后，调用 DrawPolygon 方法就能实现多边形的绘制，代码如下：

```
gr.DrawPolygon(pen, pts);                           //绘制多边形
```

4.　绘制文字

当需要在图像中呈现文字时，就需使用 DrawString 方法。该方法需要传递 5 个参数，包括需要绘制的字符串、文本格式对象、笔刷及文字绘制的起点坐标。代码如下：

```
Font font = new Font("黑体", 20);                    //创建文字格式
Brush brush = new SolidBrush(Color.Blue);           //创建笔刷
gr.DrawString("ASP.NET 程序设计", font, brush, 20, 20);  //绘制文字
```

上述代码输出的字符串为"ASP.NET 程序设计"，黑体，字号 20，蓝色，并在坐标（20,20）处开始绘制字符串。

如果要将绘制的文字在画布上实现水平居中呈现，则需调用 Graphics 对象的 MeasureString 方法来测量用指定字体绘制的文字。

设画布的宽度为 300，则实现"ASP.NET 程序设计"字符串水平面居中呈现的代码如下：

```
Font font = new Font("黑体", 20);                    //创建文字格式
Brush brush = new SolidBrush(Color.Blue);           //创建笔刷
int width=300;
string str="ASP.NET 程序设计";
//绘制文字实现水平居中呈现
gr. DrawString(str, font, brush,(width/2-g.MeasureString(str,font).Width/2, 20);
```

5.　填充形状

在 Graphics 类的方法中，以 Fill 开头的方法实现了对形状的填充，下面的代码实现了对矩形、椭圆及多边形的填充。

```
protected void Page_Load(object sender, EventArgs e)
{
    Bitmap MyImage = new Bitmap(400, 200);              //创建 Bitmap 对象
    Graphics gr = Graphics.FromImage(MyImage);          //创建绘图对象
    Pen pen = new Pen(Color.Red, 2);                    //创建画笔对象
    gr.Clear(Color.WhiteSmoke);                         //格式化画布
    Font font = new Font("黑体", 20);                    //创建文字格式
    Brush brush = new SolidBrush(Color.Blue);           //创建笔刷
    gr.DrawString("ASP.NET 程序设计", font, brush, 100, 20);  //绘制文字
    gr.DrawLine(pen, 0, 50, 400, 50);                   //绘制直线
    gr.FillRectangle(brush, 70, 70, 150, 100);          //填充矩形
    brush = new SolidBrush(Color.YellowGreen);
    gr.FillEllipse(brush, 70, 70, 150, 100);            //填充椭圆
    brush = new SolidBrush(Color.Pink);
    Point[] pts = new Point[]{
        new Point(300,100),
```

```
          new Point(330,120),
          new Point(300,140),
          new Point(270,140),
          new Point(240,120),
          new Point(270,100)
    };
    gr.FillPolygon(brush, pts);              //填充多边形
    MyImage.Save(Response.OutputStream, System.Drawing.Imaging.ImageFormat.Gif);
    pen.Dispose();                           //释放画笔对象
    gr.Dispose();                            //释放绘图对象
    MyImage.Dispose();                       //释放图形对象
}
```

其绘制效果如图 5-2 所示。

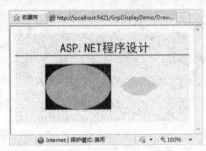

图 5-2　填充图形效果图

5.2.2　显示图片

在 Web 页面中显示图片常用的方法是 IMG 标签和 Web 服务器控件 Image。

1.　IMG 标签

IMG 标签是图像标签，属于 HTML 控件，主要用于在页面中显示图像。使用 IMG 标签能够轻松地为网页添加图像，其常用属性如表 5-7 所示。

表 5-7　IMG 标签常用属性

属　性	描　述
alt	规定图像的替代文本
src	规定显示图像的 URL
height	设定图像的高度
width	设定图像的宽度

例如，标签代码<img src="img1.jpg" />，表示将一个名为 img1.jpg 的图片放到页面中。

2.　Image 控件

Image 控件同 IMG 标签一样，其主要作用是在 Web 页面中显示图片信息，其主要属性为 ImageUrl，用于设置需要显示的图片的 URL 地址。其 HTML 代码如下：

```
<asp:Image ID="Image1" runat="server" ImageUrl="img1.jpg" />
```

上述代码也将 img1.jpg 图片显示在页面中，与 IMG 标签的不同之处在于 Image 服务器控件可以在服务器端代码中操作显示在 Web 页面上的图像。

5.2.3　绘制图片

尽管 ASP.NET 提供的 Image 控件可以快速地载入图形，但却并不支持 Click 事件。而 GDI+除了可以绘制图形和文字外，还可以绘制或编辑已有图片，为图片添加水印或裁剪图片等操作。

下面的代码实现了在网站 Images 文件夹下的图片 img0.jpg 的绘制。

```
using System;
using System.Drawing;
using System.Drawing.Imaging;
protected void Page_Load(object sender, EventArgs e)
{
    Bitmap image = new Bitmap(300, 300);
    //根据 Bitmap 对象创建一个相关的 Graphics 对象，用于绘制图片
    Graphics g = Graphics.FromImage(image);
    //绘制一个填充矩形
    g.FillRectangle(Brushes.WhiteSmoke, 1, 1, 300, 300);
    Font font = new Font("宋体", 12, FontStyle.Regular);
    g.DrawString("显示现有图片", font, Brushes.Blue, 10, 5);
    //从指定文件中构造 Image 对象
    Image img =Image.FromFile(Server.MapPath("images\\img1.jpg"));
    //调用 Graphics 对象的 DrawImage 方法在指定的画布位置绘制指定大小的图像
    g.DrawImage(img, 10, 30, 280, 260);
    //将图像以 Gif 格式保存到指定的输入二进制流中
    image.Save(Response.OutputStream, ImageFormat.Gif);
    g.Dispose();
    image.Dispose();
}
```

上述代码中，先用 Image.FromFile 方法从指定的图片文件中构造一个 Image 对象，再通过 Graphics 对象的 DrawImage 方法将 Image 对象绘制到画布上，DrawImage 方法指定要绘制的 Image 对象、起始坐标、宽度和高度 5 个参数。绘制后效果如图 5-3 所示。

图 5-3　绘制图片效果图

任务实施

步骤 1. 新建一个 ASP.NET 网站，命名为"GrpDisplayDemo"。添加 Web 窗体，命名为"HistogramOnlineInquiry.aspx"。

步骤 2. 为 HistogramOnlineInquiry.aspx 的 Page_Load 事件添加如下代码：

```csharp
protected void Page_Load(object sender, EventArgs e)
{
    int maxInt = 0, maxHeight = 0, rectWidth = 0, sper = 0;
    Bitmap image = new Bitmap(400, 300);
    Graphics g = Graphics.FromImage(image);
    g.Clear(Color.White);
    Font font14 = new Font("黑体", 14);
    Font font9 = new Font("宋体", 9);
    Brush blackBrush = Brushes.Black;
    int left = 10, top = 10, width = 400 - 20, height = 300 - 30, bottom = 300 - 20;
    g.DrawRectangle(Pens.Black, left, top, width, height);
    string strTitle = "你通过哪些途径学习 ASP.NET 技术";
    g.DrawString(strTitle, font14, Brushes.Black, left + (width / 2 -
                          g.MeasureString(strTitle, font14).Width / 2), top + 10);
    //绘制柱状图的数据来源，常从数据库或文件中获得
    int[] a = new int[] { 65, 26, 37, 15 };
    string[] str = new string[] { "学校学习", "网上看视频", "自己摸索", "其他" };
    //求最高票数
    for (int i = 0; i < 4; i++)
        if (maxInt < a[i])
            maxInt = a[i];
    maxHeight = 200;          //设置柱状图的最大高度为 200
    rectWidth = width / 4 / 2;  //设置每个柱形的宽度为 width/4/2
    sper = width / 4;          //设置相邻两个柱形图间隔为 width/4
    string s, strCatalogue;
    for (int i = 0; i < 4; i++)
    {
        Brush ColorBrush = Brushes.BlueViolet;
        s = a[i].ToString();
        strCatalogue = str[i].ToString();
        g.FillRectangle(ColorBrush, left + 10 + i * sper,
            bottom - (a[i] * maxHeight / maxInt), rectWidth, a[i] * maxHeight / maxInt);
        g.DrawString(s, font9, blackBrush,
            left + 10 + i * sper + rectWidth / 2 - g.MeasureString(s, font9).Width / 2,
            bottom - (a[i] * maxHeight / maxInt) - g.MeasureString(s, font9).Height);
        g.DrawString(strCatalogue, font9, blackBrush,
            left + 10 + i * sper + rectWidth / 2 -
            g.MeasureString(strCatalogue, font9).Width / 2, bottom + 2);
    }
    image.Save(Response.OutputStream, System.Drawing.Imaging.ImageFormat.Gif);
    g.Dispose();
```

```
        image.Dispose();
}
```

步骤 3. 保存，在浏览器中查看该页，效果如图 5-4 所示。

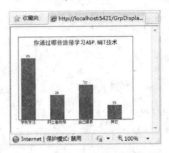

图 5-4　网络在线投票柱状图

知识拓展

1. 图片特效处理

ASP.NET 通过 GDI+创建图像，并且能像 Photoshop 软件一样对图片进行特效处理。这里以图 5-5 所示的图片为例进行底片和浮雕效果的特效处理。该文件保存在网站的 Images 目录下。

（1）底片效果

通过 Photoshop 等图像处理软件可以很方便地将图片制作成底片效果，但是在传统的图片处理领域，只能通过软件进行图片效果的更改。

图 5-5　img1.jpg 原图

底片效果在 ASP.NET 中是如何实现的呢？在图片显示中，每一张图片都是由若干个像素点组成的，像素点越多，图片的显示就越清晰。要实现底片效果，只需获取图片中每个像素点的值，取反保存即可。

Bitmap 类的 GetPixel 方法可以获取图片中像素点的值，该方法在运用时需要传递像素点的坐标值。方法 SetPixel 则可以设置图片中像素点的值。下面的代码实现了对 Images 目录下的图片 img1.jpg 的底片效果。

```
protected void Page_Load(object sender, EventArgs e)
{
    Bitmap image = new Bitmap(Server.MapPath("images//img1.jpg"));
    for(int i=0;i<image.Width;i++)
        for (int j = 0; j < image.Height; j++)
        {
            Color pix = image.GetPixel(i, j);          //获取图像像素值
            int r = 255 - pix.R;                        //颜色取反保存
            int g = 255 - pix.G;
            int b = 255 - pix.B;
            image.SetPixel(i,j,Color.FromArgb(r,g,b));  //设置像素值
```

```
        }
        image.Save(Response.OutputStream,ImageFormat.Jpeg);
        image.Dispose();
}
```

上述代码通过循环遍历图片中的像素值，并对像素值取反来实现底片效果，处理后的效果图如图 5-6 所示。

（2）浮雕效果

对于图片效果的更改和渲染都是通过修改像素的值来实现的。浮雕效果的实现方法跟底片效果的实现方法基本相似，常用的算法是将图像上每个像素点与其对象线的像素点形成差值，相似颜色淡化，不同颜色之间保持突出，从而形成纵深感，实现浮雕的效果。在实际开发中，通常的做法是将像素点的像素值和周边的像素值相减后再加上 128 即可。

图 5-6 处理后的底片效果

行像素值计算时，对颜色值超过 255 的值按 255 处理，定义颜色值的检测方法 Check 如下：

```
protected int check(int x)
{    if (x > 255)
        return 255;
    return x;
}
```

实现浮雕效果的代码如下：

```
protected void Page_Load(object sender, EventArgs e)
{
    Bitmap image = new Bitmap(Server.MapPath("images//img1.jpg"));
    for (int i = 0; i < image.Width-1; i++)
        for (int j = 0; j < image.Height-1; j++)
        {
            Color pix1 = image.GetPixel(i, j);
            Color pix2 = image.GetPixel(i + 1, j + 1);
            //浮雕效果的计算
            int r = Math.Abs(pix1.R - pix2.R + 128);
            int g = Math.Abs(pix1.G - pix2.G + 128);
            int b = Math.Abs(pix1.B - pix2.B + 128);
            //防止颜色溢出处理
            r = check(r);
            g = check(g);
            b = check(b);
            image.SetPixel(i, j, Color.FromArgb(r, g, b));
        }
    image.Save(Response.OutputStream, ImageFormat.Jpeg);
    image.Dispose();
}
```

上述代码实现的浮雕效果如图 5-7 所示。

图 5-7　浮雕效果图

任务 2　图形验证码的实现

任务场景

在实际的 Web 应用开发中，开发人员为了防止非法用户恶意批量注册或者恶意程序暴力破解密码等操作，在用户身份验证时都会采用验证码技术。验证码技术可以有效防止某些特定注册用户采用恶意程序和暴力破解方式对网站进行不断的登录尝试。

本任务通过 GDI+类提供的图形图像编程方法，实现字母和数字混合的图形验证码的绘制与验证。

知识引入

5.3　Random 类

随机数在计算机应用程序设计，尤其是在实践环境模拟和测试等领域得到了非常广泛的应用。在 ASP.NET Web 应用开发中，.NET Framework3.5 中提供的 Random 类可以方便地产生并获取随机数。

Random 类是一个伪随机数生成器，能够产生满足一定的随机性统计要求的数字序列。既然是伪随机数生成器，产生的数字就不是绝对的随机数，而是通过一定的算法产生的伪随机数。

初始化一个随机数发生器有两种方法：

第一种方法是不指定随机种子，系统自动选取当前时间作为随机种子，代码如下：

```
Random rand= new Random();
```

第二种方法是指定一个 int 型参数作为随机种子，代码如下：

```
int    iSeed=10;
Random rand = new Random(10);
```

Random 类的常用方法如表 5-8 所示。

表 5-8　Random 类的常用方法

方 法 名 称	功 能 描 述
Next()	返回非负随机数
Next(Int32)	返回一个小于所指定最大值的非负随机数
Next(Int32, Int32)	返回一个指定范围内的随机数
NextBytes	用随机数填充指定字节数组的元素
NextDouble	返回一个介于 0.0 和 1.0 之间的随机数
Sample	返回一个介于 0.0 和 1.0 之间的随机数

要随机产生一个 0 到 100 之间的整数，其代码如下：

```
Random rand = new Random();
int num= rand.Next(0, 100);
```

例 5-1： 随机产生 0 到 100 之间互不相同的 10 个整数，并输出在页面上。

```
protected void Page_Load(object sender, EventArgs e)
{
int maxValue =100;
int minValue =0;
int count =10;
//定义随机变量
Random rand = new Random();
//设置随机数变化范围
    int length = maxValue - minValue + 1;
    byte[] keys = new byte[length];
//用随机数填充 keys 数组的元素
    rand.NextBytes(keys);
//产生 0~100 范围内的 101 个数
    int[] items = new int[length];
    for (int i = 0; i < length; i++)
        items[i] = i + minValue;
    Array.Sort(keys, items);
    int[] result = new int[count];
Array.Copy(items, result, count);
for (int i = 0; i < result.Length; i++)
        Response.Write("   " + result[i].ToString());
}
```

上述代码实现中使用了类 Array 的静态方法 Sort 和 Copy，其中 Array.Sort(keys,items) 方法按 keys 数组中值的大小实现对 keys 和 items 数组进行排序；Array.Copy(items,result,count) 方法则表示将 items 数组中指定的 count 个元素复制到 result 数组中。

5.4　动态网页作为图像源

Image 控件的 ImageUrl 除了可以设置要显示的图片位置外，还可以指向动态网页产生的图形图像。也就是说，某一动态网页产生的图形图像，可以在其他网页中像图像文件一样的使用。

例 5-2： 将本章任务 1 中 HistogramOnlineInquiry.aspx 页面绘制的"网络在线投票"图，作为图像源放置在 GraphicList.aspx 页中显示。

首先，在任务 1 中名为"GrpDisplayDemo"应用程序中添加名为"GraphicList.aspx"的 Web 窗体，并在该窗体中添加 Image 服务器控件，设置其 ImageUrl 的属性值为"~/HistogramOnlineInquiry.aspx"，对应的页面中<form>标签的代码如下：

```
<form id="form1" runat="server">
    <div style="text-align:center">
        <p style="color:Blue;font-size:20px">动态页作为图像源</p>
        <asp:Image ID="Image1" runat="server" ImageUrl="~/HistogramOnlineInquiry.aspx" />
    </div>
</form>
```

保存并运行 GraphicList.aspx 页，显示效果如图 5-8 所示。

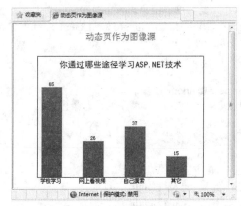

图 5-8　动态页作为图像源效果图

任务实施

步骤 1. 新建一个 ASP.NET 网站，命名为"ImageCheckDemo"。新建名为"CheckCode.aspx"的 Web 窗体。

步骤 2. 在 CheckCode.aspx.as 中添加自定义方法 GenerateCode，其功能是随机产生 4 位的字母或数字。

```
private string GenerateCode()
{
    int num;
    char code;
    string checkCode = String.Empty;
    Random random = new Random();
    for (int i = 0; i < 4; i++)
    {   //随机产生 4 个随机字母或数字
        num = random.Next();
```

```
        if (i % 2 != 0)
            code = (char)('0' + (char)(num % 10));//2，4 位上产生数字
        else
            code = (char)('A' + (char)(num % 26));//1，3 位上产生字母
        checkCode += code;
    }
    //将产生的字符串写到 cookies 中
    Response.Cookies.Add(new HttpCookie("CheckCode",checkCode));
    return checkCode;
}
```

步骤 3. 在 CheckCode.aspx.as 中添加自定义方法 DrawCheckImage，实现对步骤 2 产生的字符串进行图片绘制。

```
private void DrawCheckImage(string checkCode)
{
    if (checkCode == null || checkCode.Trim() == String.Empty)
        return;
    //定义校验码图像的大小，其长度随校验码长度的变化而变化
    Bitmap image = new Bitmap((int)Math.Ceiling(checkCode.Length * 12.5), 22);
    Graphics g = Graphics.FromImage(image);
    try
    {
        Random random = new Random();
        g.Clear(Color.White);                   //清空图片背景色
        for (int i = 0; i < 4; i++)
        {   //随机画图片的背景噪音线
            int x1 = random.Next(image.Width);
            int x2 = random.Next(image.Width);
            int y1 = random.Next(image.Height);
            int y2 = random.Next(image.Height);
            g.DrawLine(new Pen(Color.Black), x1, x2, y1, y2);
        }
        Font font = new Font("Arial", 12, FontStyle.Bold | FontStyle.Italic);
        //定义画笔，采用线性渐变画刷
        System.Drawing.Drawing2D.LinearGradientBrush brush =
            new System.Drawing.Drawing2D.LinearGradientBrush
                (new Rectangle(0, 0, image.Width, image.Height),
                            Color.Blue, Color.DarkRed, 1.2f, true);
        //画校验码字符串
        g.DrawString(checkCode, font, brush, 2, 2);
        for (int i = 0; i < 100; i++)
        {   //画图片的前景噪音点
            int x = random.Next(image.Width);
            int y = random.Next(image.Height);
            image.SetPixel(x, y, Color.FromArgb(random.Next()));
        }
        //画图片的边框线
        g.DrawRectangle(new Pen(Color.Silver), 0, 0, image.Width - 1,
                                                    image.Height - 1);
```

```
            System.IO.MemoryStream ms = new System.IO.MemoryStream();
            image.Save(ms, System.Drawing.Imaging.ImageFormat.Gif);
            Response.ClearContent();
            Response.ContentType = "image/Gif";
            Response.BinaryWrite(ms.ToArray());
        }
        catch (Exception ee)        { }
        finally
        {       g.Dispose();
            image.Dispose();
        }
}
```

步骤 4. 在 CheckCode.aspx.as 中的 **Page_Load** 事件中添加如下代码，实现当页面加载时进行校验码的绘制。

```
protected void Page_Load(object sender, EventArgs e)
{
    DrawCheckImage(GenerateCode());
}
```

步骤 5. 新建名为 **UserLogin.aspx** 的 Web 窗体。添加如图 5-9 所示的页面元素。

图 5-9　登录窗口 UI 设计

步骤 6. 设置 UserLogin.aspx 中的控件属性如表 5-9 所示。

表 5-9　界面主要控件设置

控件 ID	控 件 类 型	属 性 名	属 性 值
txtUserName	TextBox		
txtUserPwd	TextBox	TextMode	Password
txtCheckCode	TextBox		
btnConfirm	Button	Text	确认
btnCancel	Button	Text	取消
Image1	Image	ImageUrl	~/CheckCode.aspx

步骤 7. 为 UserLogin.aspx 中的 Button 控件 btnConfirm 添加单击事件，实现对用户名、密码和校验码的验证。

```
protected void btnConfirm_Click(object sender, EventArgs e)
{
    HttpCookie cookie = Request.Cookies["CheckCode"];
    if (txtUsername.Text == "admin" && txtUserPwd.Text == "admin")
    {
```

```
        if (cookie.Value == txtCheckCode.Text)
            Response.Write("<script>alert('登录成功！')</script>");
        else
            Response.Write("<script>alert('验证码错误！')</script>");
    }
    else {
        Response.Write("<script>alert('用户名或密码错误!')</script>");
    }
}
```

步骤 8. 为 UserLogin.aspx 中的 Button 控件 btnCancel 添加单击事件，当单击"取消"按钮时，清空所有文本框中的数据。

```
protected void btnCancel_Click(object sender, EventArgs e)
{
    txtUsername.Text = "";
    txtUserPwd.Text = "";
    txtCheckCode.Text = "";
}
```

步骤 9. 在浏览器中查看运行效果，如图 5-10 所示。

图 5-10　带验证码的会员登录界面

项目 6　Web 系统权限管理的实现

对于 Web 应用系统而言，不同的用户对系统具有不同的访问权限。ASP.NET 3.5 包含的身份验证和授权管理服务，可以方便快捷地处理登录、身份验证、授权和管理需要访问 Web 页面或应用程序的用户问题。

在本项目中，通过完成 2 个任务，来实现 Web 系统的权限管理。

任务 1　使用 ASPNETDB 数据库实现权限管理

任务 2　使用自定义数据库实现权限管理

任务 1　使用 ASPNETDB 数据库实现权限管理

任务场景

用户在浏览带有权限管理的网站时，如果用户的请求是未经过验证的，服务器会将用户的请求重定向到一个登录页面，只有正确通过身份验证的用户才能进行后续请求；不同的用户在访问网站时需要为它们分配不同的权限来访问页面。

ASP.NET 3.5 提供了 Membership API，它包含用于管理用户和角色的 API 和基于这些 API 的服务器控件。使用这些控件，几乎不用编写代码就可以完成网站中用户和权限的管理。

知识引入

6.1　认识 Membership API

Membership 提供了一套完整的用户管理功能，使用这套 API 可以完成如下的用户权限管理任务：

- 可以通过编程或者在 web.config 文件中以配置的方式创建、删除用户；
- 验证用户，重置用户密码，也可以自动发送重置密码邮件；
- 可以自动生成密码，并能将自动生成的密码以邮件形式发送到指定的地址；
- 可以查找底层数据源中已经创建的用户或用户列表，为用户赋予角色；
- 完全一致的编程模型，不用管理底层数据存储的细节。如果需要更改用户的存储方式，不用更改前端代码。
- 默认使用 SQL Server 2005 Express 存储用户和角色信息。

6.2　使用 Membership API

在使用 Membership API 之前，需要对 Web 应用程序的身份验证方式以及用户、角色信息的存储方式进行配置。除了手工配置 web.config 文件之外，Visual Studio 2008 提供了网站管理工具。该工具支持可视化方式配置应用程序，并且能够可视化地添加和删除用户。

用户可以选择 Visual Studio 2008 导航菜单栏中的"网站"→"ASP.NET 配置"菜单命令，如图 6-1 所示。选择 ASP.NET 网站管理工具后，Visual Studio 2008 启动网站管理工具并创建一个虚拟服务器用于管理工具的执行，如图 6-2 所示。

 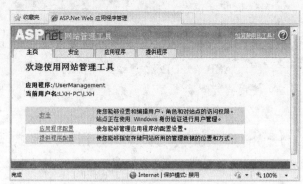

图 6-1　选择 ASP.NET 配置选项　　　　图 6-2　启动网站管理工具

要使用 ASP.NET 的 Membership API 和 ASP.NET 的登录系列控件进行权限设置，需要完成如下内容的设置。

- 在 web.config 文件中配置 Form 表单身份验证，拒绝匿名用户访问。
- 设置成员数据存储。
- 使用登录系列控件创建登录页面，或者完全自定义登录页面，调用 Membership 类验证和管理用户信息，授权用户。

6.2.1　配置表单身份验证

Membership API 是基于表单的身份验证，因此首先要在 web.config 配置文件中配置表单身份验证，禁止匿名用户对网站的访问。

在 ASP.NET 网站管理工具中，可以通过选择"安全"选项卡，在"用户"分类下选择"选择身份验证类型"选项设置 Forms 验证模式，打开如图 6-3 所示的页面。选中"通过Internet"单选按钮，单击"完成"按钮即可打开 Forms 身份验证。

在使用 ASP.NET 网站管理工具进行网站管理时，Visual Studio 2008 会自动修改web.config 配置文件，完成相应的配置。上述操作会给 web.config 文件添加<authentication>节点，并设置其 mode 属性值为 Forms。代码如下所示：

```
<authentication mode="Forms" />
```

<authentication>节点用于配置应用程序的身份验证信息。其 mode 属性用于指定默认的

身份验证模式，可选值有 Windows、Forms、Passport 或 None，默认值为 Windows。

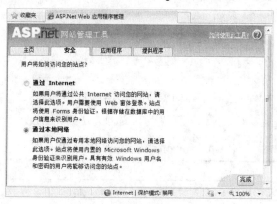

图 6-3　启用 Forms 身份验证

- Windows：默认的身份验证模式。在这种情况下，应用程序将身份验证委托给 IIS 处理。
- Forms：基于窗体的身份验证。
- Passport：Microsoft Passport Network 身份验证。
- None：不指定任何身份验证。

如果要为文件夹授权，则选择"安全"选项卡下面的"创建访问规则"，在访问规则窗口中添加或者删除访问规则；在左侧的文件夹窗口中选择要查询访问规则的权限，在权限管理表格中添加或删除文件夹权限。如图 6-4 所示，对网站的根文件夹禁用所有匿名用户的访问。

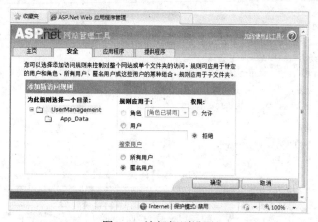

图 6-4　访问规则设置

单击"完成"按钮，Visual Studio 2008 会自动修改 web.config 文件，代码如下所示：

```
<authorization>
    <deny users="?" />
</authorization>
```

<authorization>节点用于设置用户和角色对特定文件夹的访问权限。若要启用对特定文

件夹的访问，可在<authorization>节点中增加 allow 或 deny 元素来指定一个用户或角色。<authorization>节点的基本格式如下：

```
<authorization>
    <allow|deny users|roles [verbs]/>
</authorization>
```

allow 与 deny 元素必选其一，分别表示授予访问权限和撤销访问权限。users 与 roles 必选其一，也可同时包含二者。verbs 属性为可选项，其属性说明如表 6-1 所示。

表 6-1　authorization 中元素属性说明

属　　性	说　　明
users	标识此元素的用户。问号（?）指定匿名用户，星号（*）指定所有经过身份验证的用户
roles	为被允许或被拒绝访问资源的当前请求标识一个角色
verbs	定义操作所要应用到的 HTTP 谓词，如 GET、HEAD 和 POST。默认值为"*"，它指定了所有谓词

如果用户使用匿名身份进入站点就会被重定向到登录页面，并输入相应的登录信息。当用户登录之后，就被重定向到用户最初所请求的页面。完成上述功能需要对 web.config 配置文件中的<authentication>节点进行修改，代码如下所示：

```
<authentication mode="Forms">
    <forms loginUrl="Login.aspx"
            protection="All"
            timeout="30"
            name=".ASPXAUTH"
            path="/"
            requireSSL="false"
            slidingExpiration="true"
            defaultUrl="default.aspx"
            cookieless="UseDeviceProfile"
            enableCrossAppRedirects="false" />
</authentication>
```

表 6-2 给出了各配置项及其说明。

表 6-2　Forms 验证配置项说明

配　置　项	配　置　说　明
loginUrl	指向应用程序的自定义登录项。应该将登录页放在需要安全套接字（SSL）的文件夹中。这有助于确保凭据从浏览器传送到 Web 服务器时的完整性
protection	设置为 All，以指定 Forms 身份验证票的保密性和完整性。配置该项后，将使用 machineKey 元素上指定的算法对身份验证票进行加密，并且使用同样是 machineKey 元素上指定的哈希算法进行签名
timeout	用于指定 Forms 身份验证会话的有限生存期。默认值为 30 分钟。如果颁发持久的 Forms 身份验证 Cookie，timeout 属性还用于设置持久 Cookie 的生存期

配　置　项	配　置　说　明
name	和 path 一起设置为应用程序的配置文件中定义的值
requireSSL	设置为 false，意味着身份验证 Cookie 可通过未经 SSL 加密的信道进行传输。如果担心会话被窃取，应考虑将 requireSSL 设置为 true
slidingExpiration	设置为 true 以执行变化的会话生存期。这意味着只要用户在站点上处于活动状态，会话超时就会定期重置
defaultUrl	设置为应用程序的 default.aspx 页
cookieless	设置为 UseDeviceProfile，以指定应用程序对所有支持 Cookie 的浏览器都使用 Cookie。如果不支持 Cookie 的浏览器访问该站点，窗体身份验证在 URL 上打包身份验证票
enableCrossAppRedirects	设置为 false，以指明 Forms 身份验证不支持自动处理在应用程序之间传递的查询字符串上的票证以及作为某个窗体 POST 一部分的传递的票证

6.2.2　创建 Membership 数据存储

当使用 Membership API 时，必须设定一个供成员提供者使用的数据存储，用户信息将存储在该数据存储中。默认情况下，ASP.NET 使用 SqlMembershipProvider 作为成员提供者，并使用 SQL Server 2005 Express 作为数据库存储。

默认情况下，ASP.NET 网站管理工具自动使用 AspNetSqlProvider 配置，该配置指定默认的提供者为 SqlMembershipProvider，并指定默认的数据库为 SQL Server 2005 Express 中的 ASPNETDB.MDF。当使用网站管理工具配置后，刷新一下解决方案资源管理器，会看到在 App_Data 文件夹下多了一个 ASPNETDB.MDF 文件。

6.2.3　用户管理

配置好数据存储之后，可以使用 ASP.NET 网站管理工具创建和管理用户。

打开 ASP.NET 网站管理工具，切换到"安全"选项卡，在用户栏中选择"创建用户"，将重定向到注册新用户页面，如图 6-5 所示。

在图 6-5 中，输入新用户信息，单击"创建用户"按钮。返回到"安全"选项卡，选择"管理用户"，在该页面中可以编辑和删除用户。创建的用户信息均保存在 aspnet_Users 和 aspnet_Membership 表中，其中表 aspnet_Users 保存了用户 ID 信息，表 aspnet_Membership 保存了密码信息，如图 6-6 所示。

6.2.4　角色管理

在 ASP.NET 应用程序开发中，需要对不同的用户进行用户角色的管理。例如该用户可能是一个学生，也可能是一个管理员。使用 ASP.NET 网站管理工具能够快速地创建用户角色，以便管理不同角色的用户。打开 ASP.NET 网站管理工具，切换到"安全"选项卡，在角色栏中选择"启用角色"选项即可启动角色。启动角色后，单击"创建或管理角色"按钮，进行角色管理，如图 6-7 所示。

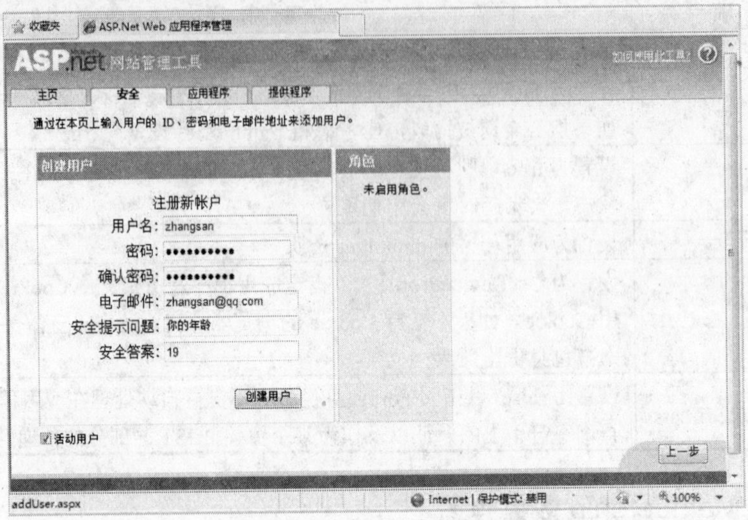

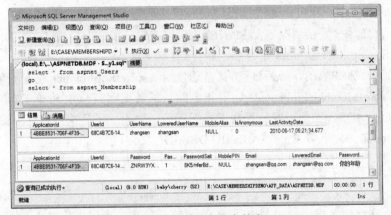

图 6-5　注册新账户页面

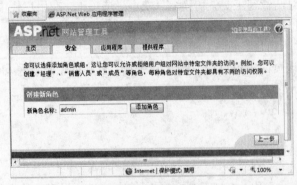

图 6-6　保存用户信息的表

图 6-7　创建新角色

单击"添加角色"按钮就能够在 ASP.NET 应用程序中创建相应的角色。创建的角色可以在用户注册和用户登录时进行选择和管理，如图 6-8 所示。在图 6-8 中单击"管理"超链接,跳转到如图 6-9 所示页面,单击"全部"超链接,将会把 6.2.3 节中添加的用户"zhangsan"设置为属于该角色。

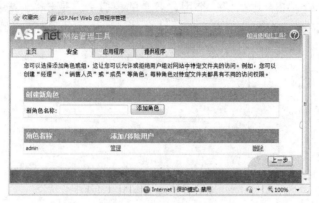

图 6-8　创建角色

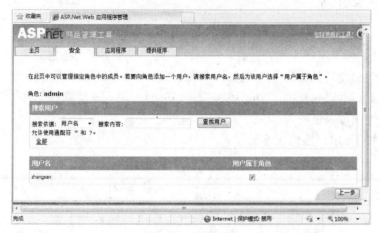

图 6-9　管理角色

6.2.5　使用登录系列控件

ASP.NET 3.5 提供了一套登录系列控件来创建用户界面窗体,这些控件依赖于 Forms 身份验证和 Membership API 基础设置,使用这些控件,可以统一开发人员创建登录窗体的过程并大大提高开发效率。这些控件包括:

- Login:用户登录控件。
- CreateUserWizard:创建新用户控件。
- LoginStatus:登录状态控件,显示当前用户登录状态的控件。
- LoginName:登录姓名控件,显示当前登录用户名的控件。
- ChangePassword:显示改变密码的控件。
- PasswordRecovery:允许用户找回密码的控件。
- LoginView:登录视图控件,根据用户授权的状态和角色,显示不同的内容给不同的用户。

1. 用户登录控件

用户登录控件（Login）提供了一个用户登录的窗口，它是一个组合控件。该控件的作用是进行用户验证，确定新到的用户是否已经登录。该控件的界面如图 6-10 所示。

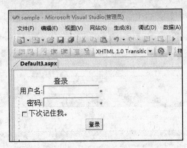

图 6-10　用户登录控件的界面

该控件的代码如下：

```
<asp:Login ID="Login1" runat="server"></asp:Login>
```

Login 控件实质上是一个用户控件，它不仅生成了显示界面，还定义了相应的行为。为站点进行了安全配置后会自动生成 ASPNETDB 数据库，而且数据表的表名、字段名以及位置都已经固定，因此只要将 Login 控件拖入到页面中，不需要编写任何代码，也不需设置任何其他属性就可以使用。

Login 控件的常用属性如表 6-3 所示。

表 6-3　Login 控件的属性

属　　性	说　　明
CreateUserText	指向创建的新用户界面的文本
CreateUserUrl	指向创建的新用户界面的网页地址
PasswordRecoveryText	指向恢复密码的网页的文本
PasswordRecoveryURL	指向恢复密码的网页的地址
HelpPageText	指向帮助网页的文本
HelpPageUrl	指向帮助网页的地址
VisibleWhenLoggedIn	用来设置当用户身份验证成功后是否自动隐藏自己。当设置为 true 时，登录成功并且控件隐藏

Login 控件的常用方法如表 6-4 所示。

表 6-4　Login 控件的常用方法

方　　法	说　　明
BeforeLogin	发生在登录表验证之前。用来检查输入数据的语法和格式是否正确
AfterLogin	发生在认证成功之后。在登录成功以后做进一步处理
Authenticate	发生在根据事件而提供一个固定的认证模式的时候。详细说明用户数据是否已经被验证成功
LoginError	发生在用户输入数据错误，认证停止的时候

2. 创建新用户控件

利用 CreateUserWizard（创建新用户）控件可以在登录表中增添新用户，并为新用户登记相应的参数。该控件的界面如图 6-11 所示。

图 6-11　创建新用户控件界面

该控件的代码如下：

```
<asp:CreateUserWizard ID="CreateUserWizard1" runat="server">
    <WizardSteps>
        <asp:CreateUserWizardStep runat="server" />
        <asp:CompleteWizardStep runat="server" />
    </WizardSteps>
</asp:CreateUserWizard>
```

在 ASP.NET 3.5 中，对密码的设置比较严格。默认情况下密码的设置必须符合"强密码"的要求。强密码要满足以下条件：

● 至少 7 个字符。
● 字符中至少包括一个大写或小写的字母。
● 字符中至少包括一个非数字和字母的特殊符号，如"！"、"@"、"#"或"$"等。

3. 登录状态与登录姓名控件

一般的登录模块，当用户成功登录后，会显示用户当前登录的身份，比如"欢迎**用户登录"的提示，同时还会显示"LOGOUT（退出）"的提示。可以使用 LoginName 和 LoginStatus 控件来实现这一功能。

LoginName 控件用来显示注册用户的名字，通过 FormatString 属性可以增加一些格式的描述。如果用户没有被认证，这个控件就不会在页面上产生任何输出。而 LoginStatus 控件则提供了一个方便的超链接，它会根据当前验证的状态，在登录和退出操作之间进行切换。如果用户尚未经过身份验证，则显示指向登录页面的链接；如果用户已经进行了身份验证，则显示使该用户能够退出的链接。利用不同的属性，这两个显示的内容都是可以被修改的。通常可以根据登录和退出的状态在控件上加上照片等个性化的东西。

这两个控件的代码如下：

```
<asp:LoginName ID="LoginName1" runat="server" />
<asp:LoginStatus ID="LoginStatus1" runat="server" />
```

4. 登录视图控件

在早期的版本里，区分不同角色、浏览不同页面需要用代码来实现，这样做既费时又费力。ASP.NET 3.5 提供了一个十分方便的控件 LoginView。LoginView 结合导航控件能够根据当前用户的角色自动显示不同的导航界面，实现基于角色的网站浏览功能。

默认情况下该控件只包括两个模版：匿名（未登录）模版（Anonymous）与已登录模版（LoggedIn），可以对匿名用户和已登录的用户分别显示不同的导航界面。如果在应用项目中设置了多个不同的角色，控件将自动增加不同的模板，以便为不同角色显示不同的导航界面。每个登录后的用户只能按照自己的角色查看自己权限以内可以访问的网页，从而可以直观地保护网页。然而这只是视图上的保护，并不能代替 web.config 文件的作用，因为用户可以直接利用 URL 进入受保护的网页。因此，视图的保护还应该和 web.config 相结合，才能既有效又方便地保护网页。

5. PasswordRecovery 控件和 ChangePassword 控件

有时候，用户会忘记了密码而要重新获得密码，这是比较麻烦的事情。为了实现这一功能，需要编写代码进行用户认证、检查数据库、修改数据库等。ASP.NET 3.5 提供了一个 PasswordRecovery 控件，该控件能够通过电子邮件来帮助恢复忘记的密码。

只要用户在注册时正确地填写了邮箱地址和配置正确，并在该控件里提交了请求，它就会自动把密码发送到你的邮箱中。

PasswordRecovery 控件的界面如图 6-12 所示，ChangePassword 控件的界面如图 6-13 所示。

图 6-12　PasswordRecovery 控件界面

图 6-13　ChangePassword 控件界面

PasswordRecovery 控件提供了 3 种模板。

● UserName：用于初始化控件，用户需要在这里填写登录名。
● Question：当用户寻找遗忘的密码时必须回答的问题。
● ·Answer：用于当用户输入的密码正确，或者已经用 E-mail 发给用户的时候。

在 PasswordRecovery 控件中还有如下一些重要的事件。

● BeforeUserLookup：当用户查找用户资料的时候被激发。可以设定个人测试条件取消这个过程。

- UserLookupError：当用户名不存在时激发。
- BeforeAnswerLookup：在用户输入了答案并且被验证后激发。
- AnswerLookupError：当输入答案错误时被激发。
- BeforeSendMail：在邮件发送之前被激发。

任务实施

步骤 1．新建一个 ASP.NET 网站，命名为"MembershipDemo"。配置身份验证，启用 Forms 身份验证，如图 6-3 所示。

步骤 2．添加两个用户，用户名分别为"cherry"和"lancy"，操作步骤参照 6.2.3 节。

步骤 3．添加角色，名称为"admin"，并将用户"cherry"设置为属于该角色，操作步骤参照 6.2.4 节。

步骤 4．在网站根目录下，右键选择"新建文件夹"命令，新建一个文件夹并将其命名为"AdminPage"，用于放置属于 admin 角色的用户才能访问的页面。

在网站根目录下添加用户登录页面"Login.aspx"和用户登录成功页面"LoginSuccess.aspx"，在"AdminPage"文件夹中添加管理员登录成功页面"AdminLoginSuccess.aspx"，如图 6-14 所示。

步骤 5．添加访问规则，设置只有属于"admin"角色的用户才能访问"AdminPage"文件夹。在"安全"选项卡的"角色"栏中，选择"管理访问规则"选项，打开如图 6-15 所示页面。设置根文件不允许匿名访问，"AdminPage"只允许属于"admin"角色的用户访问。

图 6-14　新建文件夹

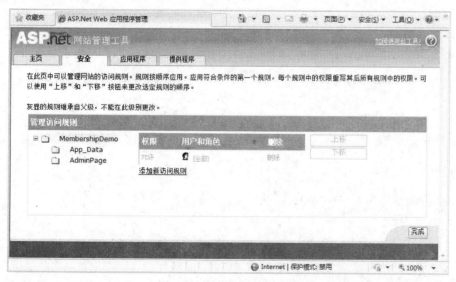

图 6-15　管理访问规则页面

步骤 6．修改 web.config 文件的<authentication>节点，设置如果匿名用户访问网站的某个页面会被重定向到登录页面"Login.aspx"，登录成功之后，才被重定向到最初所请求的页面；如图用户从登录页面"Login.aspx"进入网站，登录成功之后，跳转到登录成功页面"LoginSuccess.aspx"，代码如下所示：

```
<authentication mode="Forms" >
    <forms loginUrl="Login.aspx"
           defaultUrl="LoginSuccess.aspx" />
</authentication>
```

步骤 7. 打开"Login.aspx"页面，进入到设计界面，从工具箱中拖入 Login 控件。打开"LoginSuccess.aspx"页面，进入设计界面，从工具箱中拖入 LoginName 控件和 LoginStatus 控件。打开"AdminLoginSuccess.aspx"页面，进入设计界面，从工具箱中拖入 LoginName 控件和 LoginStatus 控件。页面效果如图 6-16 和图 6-17 所示。

图 6-16　Login.aspx 界面　图 6-17　LoginSuccess.aspx 和 AdminLoginSuccess.aspx 界面

步骤 8. 保存页面的修改，并在浏览器中查看效果。

浏览"Login.aspx"页面，输入正确的登录信息会跳转到"LoginSuccess.aspx"页面。直接浏览"LoginSuccess.aspx"页面，会跳转到"Login.aspx"页面，输入正确的用户名和密码后重定向到"LoginSuccess.aspx"页面，如图 6-18 所示。直接浏览"AdminLoginSuccess.aspx"页面，会跳转到"Login.aspx"页面，输入用户名为"lancy"的登录信息，提示登录不成功，如图 6-19 所示；输入用户名为"cherry"的登录信息，重定向到"AdminLoginSuccess.aspx"页面。

图 6-18　LoginSuccess.aspx 页面　　　　图 6-19　登录不成功

任务2　使用自定义数据库实现权限管理

任务场景

通常情况下，应用程序不希望使用单独的数据库去存储用户验证信息，而是将存储用户相关的数据表与应用程序数据库结合在一起；此外，Visual Studio 2008 提供的登录系列控件可能并不能满足应用程序的设计要求。本任务通过使用 Membership API 实现用户权限管理，用户验证信息保存在应用程序数据库中，并使用普通的 Web 服务器控件实现。

知识引入

6.3 更改 Membership 数据存储

默认情况下，ASP.NET 网站配置工具自动使用 AspNetSqlProvider 配置，该配置指定默认的提供者为 SqlMembershipProvider，并指定默认的数据库为 SQL Server 2005 Express 中的 ASPNETDB.MDF。这部分内容在 7.2.2 节中将会有介绍。

ASPNETDB.MDF 文件中创建了许多的表和存储过程，用于存储和管理用户信息的应用程序。通常情况下，应用程序不使用单独的数据库去存储用户验证信息，而是将存储用户相关的数据表与应用程序数据库进行整合。为了完成这个过程，ASP.NET 提供了 Aspnet_regSql.exe 实用工具来配置数据库。

可以使用两种方式调用 Aspnet_regSql.exe 工具：一种是使用其提供的向导，另一种是直接使用命令行参数来完成。这里介绍使用向导的方式，为 SQL Server 示例数据库 Northwind 配置 Membership 数据存储，步骤如下：

（1）在 Visual Studio 2008 的命令提示窗口中输入 Aspnet_regSql.exe，弹出欢迎使用 ASP.NET SQL Server 安装向导窗口，单击"下一步"按钮，弹出如图 6-20 所示的安装向导窗口。在该窗口中，可以选择配置 SQL Server 或者是移除已经配置过的应用程序服务信息，如果已经配置为 SQL Server，则选择第 2 项移除成员资格、配置和角色管理等信息。

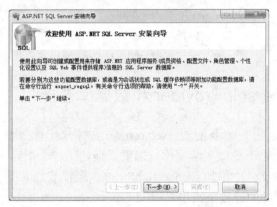

图 6-20 "ASP.NET SQL Server 安装向导"窗口

（2）选择配置 SQL Server 数据库选项后，单击"下一步"按钮将弹出如图 6-21 所示的"选择服务器和数据库"窗口。在该窗口中指定要配置的服务器、登录的用户名、密码以及数据库。单击"下一步"按钮开始创建表和存储过程，最后单击"完成"按钮结束配置数据库的过程。

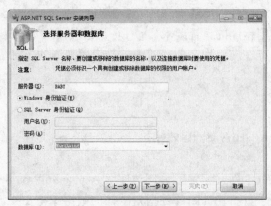

图 6-21　"选择服务器和数据库"窗口

打开 Northwind 数据库，会发现很多以 aspnet 开头的表和存储过程，如图 6-22 所示。

图 6-22　新添加的表和存储过程

6.4　配置 MembershipProvider 和数据库连接

创建好数据存储之后，需要配置 web.config 文件来配置成员资格，该配置只能在 web.config 根文件中。由于更改了数据库，需要重新定义一个指向该数据库的连接，可以通过在 web.config 配置文件中添加<connectionStrings>配置节点来指定。下面的配置代码指向本机 Northwind 数据库的连接字符串。

```
<connectionStrings>
    <add name="NorthwindConnectionString" connectionString="Integrated
Security=SSPI;Persist Security Info=False;Initial Catalog=Northwind;Data Source=."/>
</connectionStrings>
```

配置好了连接字符串后，需要为应用程序配置成员资格提供者。为了完成配置，需要在<system.web>节点中添加<membership>节点。下面是一段为一个成员提供的配置代码，名为 NorthwindMembershipSqlProvider。

```
<membership defaultProvider="NorthwindMembershipSqlProvider"
userIsOnlineTimeWindow="15" hashAlgorithmType="">
        <providers>
                <clear/>
                <add connectionStringName="NorthwindConnectionString"
                        name="NorthwindMembershipSqlProvider"
                        type="System.Web.Security.SqlMembershipProvider"/>
        </providers>
</membership>
```

在<membership>节的<providers>子节中添加了一个名为 NorthwindMembershipSqlProvider 的成员提供者，并指定<membership>的 defaultProvider 为该提供者，这样应用程序将使用此提供者。可以在<providers>中添加多个成员提供者，分别指定不同的参数。配置<membership>常用的参数如表 6-5 所示。

表 6-5　<membership>常用的参数

参　　数	说　　明
name	指定成员提供者的名字
type	指定成员提供者的类型，ASP.NET 提供 SqlMembershipProvider 和 ActiveDirectoryMembershipProvider 两种类型。后者使用活动目录服务器的方式进行验证并提供 Membership 的相应功能，也可以使用第三方提供的类型进行扩展
applicationName	指定 Web 应用程序的名称。如果多个 Web 应用程序使用了同一个 Membership 数据库的话，这个属性就特别有用。这个时候可以给每一个 Web 应用程序分配一个不同的名字，那么就可以将不同 Web 应用程序的数据区分开来
connectionStringName	指定使用的连接字符串的名字
description	针对 MembershipProvider 的描述信息，可选
passwordFormat	设置密码存储在数据库中的方式。其值有 3 个：Clear，使用纯文本存储；Encrypted，使用加密存储；Hashed，命名用哈希表加密存储，默认项
minRequiredPasswordLength	指定密码的最小长度
enablePasswordReset	设置密码是否可以被重置
minRequiredNonalphanumericCharacters	指定密码至少要包含非数字和字母的字符个数
maxInvalidPasswordAttempts	指定用户登录时输入错误密码的次数上限，超过这个数目，账户将被锁定。默认是 5
passwordAttemptWindow	指定因用户连续输入错误密码而被锁定后的重置时间间隔。比如说，将 passwordAttemptWindow 设置为 30 分钟，那么 30 分钟后，被锁定的账号将被解锁
enablePasswordRetrieval	设置密码是否可以被取回。比如在忘记密码的情况下，可以通过邮件的方式取回密码。需要注意的是，如果密码通过 hash 进行加密，则不能被取回，只能重置

续表

参　　数	说　　明
requiresQuestionAndAnswer	是否需要设置安全问题和答案
requiresUniqueEmail	设置用户的邮箱是否要求唯一

当创建不同的提供者后，可以在 ASP.NET 网站管理工具中配置使用哪个提供者，或者直接为 defaultProvider 指定值，如图 6-23 所示。

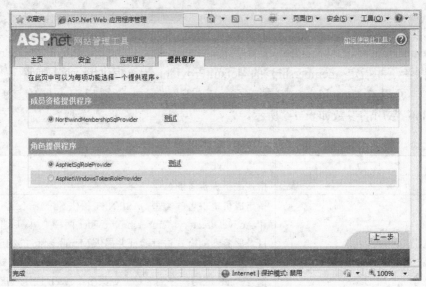

图 6-23　选择成员资格提供程序

6.5　FormsAuthentication 类

在应用程序启用了 Forms 身份验证后，除了通过在<web.config>文件中的<authentication>节配置用户身份验证信息，还可以使用 FormsAuthentication 类提供的方法和属性在应用程序中获取用户身份验证信息。常用的方法如表 6-6 所示。常用的属性如表 6-7 所示。

表 6-6　FormsAuthentication 类的常用方法

方　　法	说　　明
Authenticate	用于验证存储在配置文件（例如 web.config）中的凭证
Decrypt	返回一个有效的加密验证票据实例，该实例从 HTTP Cookie 中提取，是 FormsAuthenticationTicket 类的一个实例
Encrypt	创建一个字符串，其中包含一个有效的加密验证票据实例，该实例可用于 HTTP Cookie
GetAuthCookie	给指定的用户提供一个验证 Cookie
GetRedirectUrl	返回一个 URL，用户通过登录页面授权后，就会重定向到这个 URL 上

续表

方　法	说　　明
HashPasswordForStoringInConfigFile	创建所提供的字符串密码的散列。这个方法带两个参数，一个是密码，另一个是要在字符串上实现的散列类型。散列值可以是 SHA1 和 MD5
Initialize	通过从 web.config 文件中读取配置设置，以及获取应用程序的给定实例中使用的 Cookie 和加密键，来执行 FormsAuthentication 类的初始化
RedirectFromLoginPage	把 HTTP 请求重定向回最初请求的页面。只能在用户获得授权后执行这个操作
RenewTicketIfOld	在 FormsAuthenticationTicket 实例上有条件地更新可变的过期时间
SetAuthCookie	创建一个验证票据，把它关联到输出响应包含的 Cookie 中
SignOut	删除验证票据

表 6-7　FormsAuthentication 类的常用属性

方　法	说　　明
FormsCookieName	给当前应用程序返回 Cookie 的名称
FormsCookiePath	给当前应用程序返回 Cookie 的路径（Cookie 的位置）
RequireSSL	指定 Cookie 是否应只通过 SSL（HTTPS）传输

下面是一段使用 SignOut 方法清除 Forms 身份验证 Cookie，然后使用 RedirectTo_LoginPage 方法将用户重定向到登录页的代码：

```
FormsAuthentication.SignOut();
FormsAuthentication.RedirectToLoginPage();
```

6.6　Membership 类、MembershipUser 类、Roles 类

登录系列控件的底层编程接口 Membership 类，可以使用 Membership 编程管理用户。Membership 提供了很多属性和方法来管理用户，常用的方法如表 6-8 所示。

表 6-8　membership 类的常用方法

方　法	说　　明
CreateUser	创建一个新用户
DeleteUser	通过提供的用户名字，将数据库中的用户删除。也可以指定是否从其他表中将与此用户相关的所有信息全部删除，默认情况下是全部删除的
GetUser	通过提供的用户名字，从数据库中获取用户
GetUserNameByEmail	通过邮箱获取用户的名字，如果数据库中存在多个匹配的用户，则只返回第一个用户名
FindUsersByName	此方法支持模糊查询，返回所有匹配或者部分匹配的用户列表
ValidateUser	对提供的用户名和密码进行验证，检验其是否存在
UpdateUser	更新用户信息

续表

方　法	说　明
GeneratePassword	生成指定长度的随机密码
GetNumberOfUsersOnline	获取登录在线的用户总数
FindUsersByEmail	此方法支持模糊查询，返回所有匹配或者部分匹配的用户列表
GetAllUsers	获取所有用户的集合。此方法的另外一个重载，通过起始序号和集合长度，可以返回所要求的部分用户的集合

下面的代码实例创建了一个新用户，并在创建用户的同时提供了该用户的其他信息。

```
MembershipCreateStatus createStatus;
Membership.CreateUser("zhangsan", "zhangsan@123", "zhangsan@gmail.com",
"你的年龄", "19", true, out createStatus);
```

这里调用 CreateUser 方法传递了 7 个参数来创建一个新用户，其中第 6 个参数是一个布尔值，指定创建的账号是否被激活。如果设置为 false，则账号虽然创建成功，但是不可用，还需要将 MembershipUser 的 IsApproved 属性设置为 true，然后调用 UpdateUser 方法进行激活。新创建的用户默认情况下是被激活的。第 7 个参数返回一个枚举值，用于表示创建用户是否成功。MembershipCreateStatus.Success 代表创建成功，其他的枚举值代表没有创建成功的各种原因。

创建的每一个用户又是一个 MembershipUser 类，MembershipUser 封装了管理单个用户的方法和属性。常用的方法如表 6-9 所示。

表 6-9　MembershipUser 类的常用方法

方　法	说　明
UnlockUser	激活因多次输入错误密码而被锁定的账户
ResetPassword	使用系统生成的新的随机密码对用户密码进行重置。方法的返回值是生成的随机密码。随机密码可以直接显示给用户或者通过邮件的方式发送给用户
GetPassword	用户通过输入安全问题的答案获取密码。需要注意的是，如果密码是 hashed 类型，则此方法不可用
ChangePassword	改变用户密码
ChangePasswordQuestionAndAnswer	改变安全问题和答案

Roles 类的大多数功能都能映射到 web.config 文件的<roleManager>节点中，但有一些额外的功能需要通过编程的方式进行访问。Roles 类提供的方法如表 6-10 所示。

表 6-10　Roles 类的常用方法

方　法	说　明
CreateRole	将新的角色添加到数据源
DeleteRole	删除在其中缓存角色名称的 Cookie
RoleExists	获取一个值，该值指示指定的角色名称是否已存在于角色数据源中

方　法	说　明
GetAllRoles	获取应用程序的所有角色的列表
AddUserToRole	将指定的用户添加到一个角色中
AddUserToRoles	将指定的用户添加到多个角色中
RemoveUserFromRole	从一个角色中移除一个用户
RemoveUserFromRoles	从多个角色中移除一个用户
RemoveUsersFromRole	从一个角色中移除多个用户
RemoveUsersFromRoles	从多个角色中移除多个用户
IsUserInRole	已重载。获取一个指示用户是否属于指定角色的值
GetRolesForUser	已重载。获取一个用户所属角色的列表
GetUsersInRole	获取一个用户所属角色的列表

例如创建名称为 member 的角色，代码如下：

```
Roles.CreateRole(member) ;
```

任务实施

步骤 1. 新建一个 ASP.NET 网站，命名为 CustomMembershipDemo。配置身份验证，启用 Forms 身份验证，如图 6-3 所示。

步骤 2. 更改数据存储，将用户验证信息保存到 SQL Server 示例数据库 Northwind 中，操作步骤参照 6.3 节。

步骤 3. 配置数据库连接和 NorthwindMembershipProvider 成员提供者，操作步骤参照 6.4 节。

步骤 4. 添加两个用户，用户名分别为 "cherry" 和 "lancy"，操作步骤参照 6.2.3 节。

步骤 5. 添加角色，名称为 "admin"，并将用户 "cherry" 设置为属于该角色，操作步骤参照 6.2.4 节。

步骤 6. 在网站根目录下，右键选择 "新建文件夹" 命令，命名为 "AdminPage"，该文件夹放置于属于 admin 角色的用户才能访问的页面。在网站根目录下添加用户登录页面 "Login.aspx" 和用户登录成功页面 "LoginSuccess.aspx"，在 "AdminPage" 文件夹中添加管理员登录成功页面 "AdminLoginSuccess.aspx"，如图 6-14 所示。

步骤 7. 添加访问规则，设置只有属于 "admin" 角色的用户才能访问 "AdminPage" 文件夹。在 "安全" 选项卡的角色一栏中选择 "管理访问规则" 选项，在如图 6-15 所示的页面中设置根文件不允许匿名访问，"AdminPage" 只允许属于 "admin" 角色的用户访问。

步骤 8. 修改 web.config 文件的 <authentication> 节点，设置如果匿名用户访问网站的某个页面会被重定向到登录页面 "Login.aspx"，登录成功之后，才被重定向到最初所请求的页面；如图用户从登录页面 "Login.aspx" 进入网站，登录成功之后，跳转到登录成功页面 "LoginSuccess.aspx"。代码如下：

```
<authentication mode="Forms" >
    <forms loginUrl="Login.aspx"
        defaultUrl="LoginSuccess.aspx" />
</authentication>
```

步骤 9. 打开"Login.aspx"页面，进入到设计界面，从工具箱往页面中拖入 Label 控件、TextBox 控件和 Button 控件，设置其属性如表 6-11 所示。设计界面如图 6-24 所示。

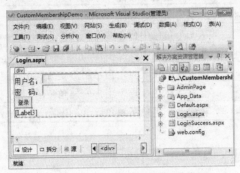

图 6-24 Login.aspx 的设计界面

表 6-11 Login.aspx 页面控件属性设置

控件 ID	属 性 名	属 性 值
Label1	Text	用户名：
Label2	Text	密码：
	Mode	Password
Button1	Text	登录
Label3	Text	空

步骤 10. 双击 Button1 按钮，添加登录按钮事件，验证用户输入的用户名和密码是否正确，代码如下：

```
protected void Button1_Click(object sender, EventArgs e)
{
    if (Membership.ValidateUser(TextBox1.Text, TextBox2.Text))
        FormsAuthentication.RedirectFromLoginPage(TextBox1.Text, false);
    else
        Label3.Text = "无效的用户名或密码！";
}
```

步骤 11. 打开"LoginSuccess.aspx"页面，进入到设计界面，从工具箱往页面中拖入 Label 控件和 LinkButton 控件，设置相关属性，如表 6-12 所示。设计界面如图 6-25 所示。

表 6-12 Login.aspx 页面控件属性设置

控件 ID	属 性 名	属 性 值
LinkButton1	Text	注销

图 6-25 LoginSuccess.aspx 的设计界面

步骤 12. 修改"LoginSuccess.aspx"页面的"Page_Load"事件，实现页面加载时，在 Label 控件上显示当前登录的用户名，代码如下：

```
protected void Page_Load(object sender, EventArgs e)
{
    Label1.Text = HttpContext.Current.User.Identity.Name;
}
```

步骤 13. 给"LoginSuccess.aspx"页面的"LinkButton1"添加单击事件，实现当用户单击"注销"时回到登录页面，并清除验证信息，代码如下：

```
protected void LinkButton1_Click(object sender, EventArgs e)
{
    FormsAuthentication.SignOut();
    Response.Redirect(FormsAuthentication.LoginUrl);
}
```

步骤 14. 打开"AdminLoginSuccess.aspx"页面，进入到设计界面，从工具箱往页面中拖入 Label 控件和 LinkButton 控件，设置相关属性，如表 6-12 所示。设计界面如图 6-25 所示。

步骤 15. 修改"AdminLoginSuccess.aspx"页面的"Page_Load"事件，操作如步骤 12。

步骤 16. 给"AdminLoginSuccess.aspx"页面的"LinkButton1"添加单击事件，操作如步骤 13。

步骤 17. 保存页面的修改并在浏览器中查看效果。

浏览"Login.aspx"页面，输入正确的登录信息会跳转到"LoginSuccess.aspx"页面。直接浏览"LoginSuccess.aspx"页面，会跳转到"Login.aspx"页面，输入正确的用户名和密码后重定向到"LoginSuccess.aspx"页面，如图 6-18 所示。直接浏览"AdminLoginSuccess .aspx"页面，会跳转到"Login.aspx"页面，输入用户名为"lancy"的登录信息，提示登录不成功，如图 6-19 所示；输入用户名为"cherry"的登录信息，重定向到"AdminLoginSuccess .aspx"页面。

项目 7　个性化的网页定制

现在的 Web 站点显示给用户的信息非常丰富，这就需要站点能提供一些选项，让用户选择要查看的站点部分和要隐藏的部分。也就是说，用户可以对页面进行个性化处理，确定内容显示在页面上的顺序。用户还可以在页面上移动数据项，就好像页面是一个设计界面一样。

定制好页面后，用户可以把自己的设置保存下来，这样当再次访问时，站点将会按照之前保存的设置来显示页面。

在本项目中，使用 ASP.NET 3.5 所提供的 WebPart 控件，通过完成 2 个任务，来实现个性化的网页定制，并使用自定义数据库存储数据和 WebPart 通信。

任务 1　个性化的网页定制

任务 2　定制型网页记事本的实现

任务 1　个性化的网页定制

任务场景

Web 站点通常会提供一些选项，让用户自行选择要查看的站点部分和要隐藏的部分。用户可以对页面进行个性化处理，确定内容显示在页面上的顺序，还可以在页面上移动数据项，就好像页面是一个设计界面一样。定制好页面后，用户可以把自己的设置保存下来，当再次访问时网站就会按照之前保存的设置来显示页面。

要实现这个功能，需要开发人员做大量的工作。ASP.NET 3.5 中的 WebPart 控件，提供了一种高度可定制的、灵活和自由的用户界面的方法，可以非常方便地隐藏、显示和排列页面组件，从而实现定制个性化用户界面的目的。

知识引入

7.1　认识 WebPart

为了开发这类具有高度可定制性能的网页，VS.NET 2008 提供了一套 WebPart 控件，这些控件可以实现如下功能：

- 对页内容进行个性化设置。用户可以像操作普通窗口一样在页面上添加新 WebPart 控件，或者删除、隐藏和最小化这些控件。

- 对页面布局进行个性化设置。用户可以将 WebPart 控件拖到页的不同区域，也可以更改控件的外观、属性和行为。
- 导出和导入控件。用户可以导入、导出及设置 Web 部件控件以用于其他页或站点，从而保留这些控件的属性、外观甚至是其中的数据。这样可减少对最终用户的数据输入和配置要求。
- 创建连接。用户可以在各控件之间建立连接，例如，可以为天气预报控件提供地区数据信息，用户不仅可以对连接本身进行个性化设置，而且可以对天气预报控件如何显示数据的外观和细节进行个性化设置。
- 对站点级设置进行管理和个性化设置。授权用户可以配置站点级设置、确定谁可以访问站点或页、设置对控件的基于角色的访问等。

Web 部件由 3 部分组成，分别是个性化设置、Web 部件结构组件以及 Web 部件控件。Web 部件控件由 Part 类中派生，这些控件构成了 WebPart 的用户界面。当开发人员将现有的 ASP.NET 服务器控件、用户控件或自定义服务器控件放入 Web 部件区域控件中时，将自动成为 WebPart 控件。用户界面结构组件用于协调和管理 WebPart 中的控件，包括 WebPartManager 和各种区域控件。WebPartManager 是一个不可见的控件，其功能主要是协调页面上所有的 WebPart 控件，是开发 WebPart 网站的一个核心控件。个性化设置的作用主要是保存用户对页面上 WebPart 控件的布局、外观和行为的修改。这 3 部分的关系如图 7-1 所示。

图 7-1 WebPart 层次结构

为了创建一个基本的 WebPart 页面，通常需要完成如下步骤：

- 创建 ASP.NET Web 页面，并进行页面的布局。
- 添加一个 WebPartManager 控件到页面上，由于所有其他的 WebPart 控件都要依赖该控件，因此需要将该控件作为页面上的第一个控件。

● 添加 WebPartZone 控件，根据页面的需要，可以在页面上放置一个或多个 WebPartZone 控件来显示多个区域。

● 添加 WebPart 控件，可以使用简单的用户控件、Web 服务器控件或自定义控件，可以在 VS.NET 2008 的设计视图中将这些控件添加到 WebPartZone 区域中。

● 如果需要在运行时添加或删除 WebPartZone，或者是编辑 WebPartZone 属性，可以添加其他内置的区域控件，如 CatalogZone。

7.2 WebPart 系列控件

7.2.1 WebPartManager 控件

WebPartManager 控件是一个 ASP.NET 服务器控件，它负责管理区域的状态和每个用户放在区域中的内容。这个控件没有可视化部分，但可以在页面的每个区域中添加和删除数据项。WebPartManager 控件还可以管理区域中包含的不同元素之间的通信。例如，可以把一个名称/值对从同一个区域的一个控件传送到另一控件，或者在完全不同的区域之间传送。一个 WebPartManager 控件不能管理整个应用程序，它只能管理一个页面。

可以从 VS.NET 2008 的工具箱中把 WebPartManager 控件直接拖入到设计界面中，但需注意，该控件没有可视化部分，仅显示一个灰框。

WebPartManager 控件的 HTML 代码如下：

```
<asp:WebPartManager ID="WebPartManager1" runat="server"></asp:WebPartManager>
```

WebPartManager 控件有一个 DisplayMode 属性，可以通过该属性以编程的方式来更改页的显示模式。其显示模式有 5 种，其说明如表 7-1 所示。

表 7-1 显示模式

显 示 模 式	说　　明
BrowseDisplayMode	以用户查看网页的普通模式显示 WebPart 控件和用户界面元素，默认的显示模式
DesignDisplayMode	显示区域用户界面，并允许用户拖动 WebPart 控件以更改页面布局
EditDisplayMode	显示特殊的编辑用户界面元素，并允许用户编辑页上的空间。允许拖动控件，就像在设计模式中那样
CatalogDisplayMode	显示特殊的目录用户界面元素，并允许用户添加和删除控件。允许拖动控件，就像在设计模式中那样
ConnectDisplayMode	显示特殊的连接用户界面元素，并允许用户连接 WebPart 控件

通过代码设置模式非常简单，假设在页面中已经放置了一个 WebPartManager 控件，其 ID 为 WebPartManager1，如果需要将页面设置为普通模式，其代码如下：

```
WebPartManager1.DisplayMode = WebPartManager.BrowseDisplayMode;
```

7.2.2 WebPart 区域控件

WebPart 区域控件是一个包含网页的服务器控件，并且为所包含的控件提供一致的用户界面、布局和呈现的预定义区域。在浏览器中，区域控件呈现为 HTML 表。WebPart 区域控件的一个重要作用就是启用所包含控件的全部 WebPart 功能。区域对于 WebPart 功能来说是必要的。如果没有区域，即便是从 WebPart 类派生的控件也只有很少的 WebPart 功能。

1. WebPartZone 控件

WebPartZone 控件定义了一个项区域或 WebPart，该区域可以根据编程代码或用户配置进行移动、最小化、最大化、删除和添加等操作。使用 VS.NET 2008 把 WebPartZone 控件拖入到设计界面上时，WebPartZone 控件会在区域的顶端进行绘制，并显示包含在区域中的所有项。

在一个 WebPartZone 中可以放置如下内容：

- HTML 服务器控件。
- Web 服务器控件。
- 用户控件。
- 定制控件。

WebPartZone 控件的 HTML 代码如下：

```
<asp:WebPartZone ID="WebPartZone1" runat="server"></asp:WebPartZone>
```

默认情况下，放置到 WebPartZone 中的每一个内容都会有一个标题，标题一般是控件的名称，名称旁边的向下箭头，提供最小化或关闭 WebPart 功能。下面的代码即在 WebPartZone 中放置一个日历控件：

```
<asp:WebPartZone ID="WebPartZone1" runat="server">
    <ZoneTemplate>
        <asp:Calendar ID="Calendar1" runat="server"></asp:Calendar>
    </ZoneTemplate>
</asp:WebPartZone>
```

其效果如图 7-2 所示。

开发人员可以设置 WebPartZone 的 WebPartVerbRenderMode 属性来改变这种默认的显示方式，该属性有 Menu 和 TitleBar 两个值。

- Menu：在标题栏中提供快捷菜单，这是默认方式。
- TitleBar：在标题栏中直接呈现操作方式的链接。

如果将 WebPartVerbRenderMode 属性设置为 TitleBar，则页面的显示效果如图 7-3 所示。

2. EditorZone 控件

EditorZone 控件包含 EditorPart 控件。使用此区域控件，用户可以对页面上的 WebPart 控件进行编辑和个性化设置。其 HTML 代码如下：

```
<asp:EditorZone ID="EditorZone1" runat="server"></asp:EditorZone>
```

图 7-2 WebPartZone 效果图　　图 7-3　WebPartVerbRenderMode 设为 TitleBar 的效果

3. CatalogZone 控件

CatalogZone 控件包含 CatalogPart 控件。使用此区域控件创建 WebPart 控件目录时，用户可以从该目录中选择要添加到页上的控件。其 HTML 代码如下：

```
<asp:CatalogZone ID="CatalogZone1" runat="server"></asp:CatalogZone>
```

4. ConnectionsZone 控件

ConnectionsZone 控件包含 WebPartConnection 控件，并提供用于管理连接的用户界面。其 HTML 代码如下：

```
<asp:ConnectionsZone ID="ConnectionsZone1" runat="server"></asp:ConnectionsZone>
```

7.2.3 WebPart 功能控件

使用 WebPart 不仅能将 WebPart 控件呈现给用户，还可以在运行时允许用户对 WebPart 控件进行编辑和设置。为了实现这些功能，VS.NET 2008 还提供了以下几种功能控件。

1. DeclarativeCatalogPart 控件

是 CatalogPart 控件的一种，可以在一个目录下提供多个控件，由用户自行选择是否要将这些控件添加到页面上。其 HTML 代码如下：

```
<asp:DeclarativeCatalogPart ID="DeclarativeCatalogPart1" runat="server">
</asp:DeclarativeCatalogPart>
```

2. PageCatalogPart 控件

是 CatalogPart 控件的一种，专门用来保存用户关闭掉的 WebPartZone 控件。用户可以在这个控件中选择以前关闭的 WebPartZone 控件并将其重新添加到页面上。其 HTML 代码如下：

```
<asp:PageCatalogPart ID="PageCatalogPart1" runat="server" />
```

3. ImportCatalogPart 控件

是 CatalogPart 控件的一种，提供一个用户界面，以供用户向目录上传某个控件的定义文件。其 HTML 代码如下：

```
<asp:ImportCatalogPart ID="ImportCatalogPart1" runat="server" />
```

7.3　WebPart 的个性化设置

WebPart 提供了功能强大的个性化机制，使用户可以轻松地保存自己的偏好设置。

7.3.1　基本个性化设置

WebPartManager 控件有一个 Personallization 属性，该属性提供了与个性化设置相关的设置项。默认情况下，该属性的 Enable 设置为 True。ASP.NET 使用默认的 WebPart 个性化提供者来存储 WebPart 设置信息。VS.NET 2008 通过一个名为 ASPNETDB.MDF 数据库文件来存储个性化信息，如图 7-4 所示。

图 7-4　ASPNETDB.MDF 保存 WebPart 个性化设置

7.3.2　个性化设置类型

WebPart 的个性化设置分为下面两种：

● **用户个性化**：页面上的个性化设置只应用于当前用户。

● **共享个性化**：页面上的个性化应用于所有用户。

这两种个性化设置类型分别对应于 ASPNETDB.MDF 数据库中的两个表：aspnet_PersonllizationAllUsers 用于存储共享个性化数据，aspnet_PersonllizationPerUser 用于存储用户个性化数据。

WebPart 的个性化设置从另一方面体现在控件的可见性上，即确定控件是对单个用户还是对所有用户可见。页面上的 WebPart 控件可以是共享控件，也可以是用户控件。共享控件对该页面上的所有用户均可见，用户控件只对单个用户可见。如果在网页的标记中通过声明添加了某控件，则该控件始终是共享控件；如果通过程序代码或者用户从控件目录中选择的方法添加了某控件，则可见性由页面当前的个性化设置确定。即如果页面处于共享状态下，则动态添加的控件是共享控件；如果该页面处于用户状态下，则该控件是用户控件。

为了区分不同用户的个性化设置，这里还要用到 ASP.NET 3.5 的 Forms 身份验证，这个内容在第 6 章中已经介绍过，这里不再重复介绍。

任务实施

步骤 1. 新建一个 ASP.NET 网站，命名为"WebPartDemo"。

步骤 2. 在站点根目录下添加一个名为"Login.aspx"的网页文件，采用 DIV+CSS 进行布局，并从工具箱中拖入 3 个 Label 控件、两个文本框和 1 个按钮，其对应 HTML 的<form>标签中代码如下：

```
<form id="form1" runat="server">
  <div id="content" style="text-align:center;margin:0px
auto;font-family:Verdana;font-size:9pt;background-color:#eeeeff;width:620px;height:100px;">
    <br />
    <asp:Label ID="Label1" runat="server" Text="请输入用户名："></asp:Label>
    <asp:TextBox ID="TextBox1" runat="server"></asp:TextBox>
    <br /><br />
    <asp:Label ID="Label2" runat="server" Text=" 请输入密码："></asp:Label>
    <asp:TextBox ID="TextBox2" runat="server"></asp:TextBox>
    <br /><br />
    <asp:Button ID="Button1" runat="server" Text="登　录" OnClick="Button1_Click" />
    <br /><br />
    <asp:Label ID="Label3" runat="server"></asp:Label>
  </div>
</form>
```

其页面效果如图 7-5 所示。

图 7-5　Login.aspx 页面效果

步骤 3. 给 Login.aspx 文件的"Button1"按钮添加事件，实现只有两个用户"Ding"和"Wang"，并且密码都是"888888"才能登录，代码如下：

```
protected void Button1_Click(object sender, EventArgs e)
{
    if ((TextBox1.Text == "Ding" && TextBox2.Text == "888888") ||
        (TextBox1.Text == "Wang" && TextBox2.Text == "888888"))
    {
        FormsAuthentication.RedirectFromLoginPage(TextBox1.Text, false);
    }
    else
    {
        Label3.Text = "用户名或密码错误！";
    }
}
```

步骤 4. 给站点添加 web.config 配置文件，并修改 <authentication> 节点和添加 <authorization> 节点，实现 Forms 身份验证，并拒绝所有匿名用户的访问。代码如下：

```
<authentication mode="Forms" >
    <forms loginUrl="Login.aspx" defaultUrl="Default.aspx"></forms>
</authentication>
<authorization>
    <deny users="?"/>
</authorization>
```

步骤 5. 在站点根目录下创建样式表文件，取名为"StyleSheet.css"，用于定义页面布局，其代码如下：

```
#content {
    margin:0px auto;
    font-family:Verdana;
    font-size:9pt;
    background-color:#eeeeff;
    width:620px;
    height:600px;
}
.layout{
    text-align:center;
    border-style:dotted;
    border-width:1px;
    background-color:#eeeeef;
    width: 250px;
    height:250px;
    float:left;
    margin:20px;
}
.top{
    font-family:Verdana;
    font-size:9pt;
    width:100%;
    height:80px;
    margin:0px;
    float:left;
    background-color:#99ffcc;
}
h2{
    vertical-align:middle;
    text-align:center;
}
```

步骤 6. 打开名为 Default.aspx 的网页文件，使用 DIV+CSS 进行布局，使用多个独立的 div，用来放置 WebPartZone 控件。其对应 HTML 的 <form> 标签中代码如下：

```
<form id="form1" runat="server">
<div id="content">
```

```
    <div class="top">
        <h2>我的个人中心</h2>
    </div>
    <div class="layout"></div>
    <div class="layout"></div>
    <div class="layout"></div>
    <div class="layout"></div>
</div>
</form>
```

其页面显示效果如图 7-6 所示。

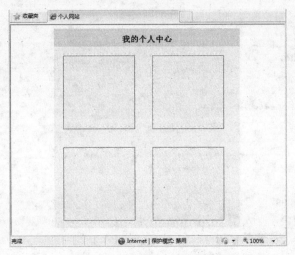

图 7-6　Default.aspx 页面布局

步骤 7. 从工具箱的 WebParts 栏拖动 WebPartManager 控件到页面顶端。

步骤 8. 从工具箱中选中 WebPartZone 控件，拖动到前 3 个 div 控件内，在第 4 个 div 中放置一个 CatalogZone 控件，其代码如下：

```
<body>
    <form id="form1" runat="server">
        <asp:WebPartManager ID="WebPartManager1" runat="server">
        </asp:WebPartManager>
        <div id="content">
            <div class="top">
                <h2>我的个人中心</h2>
            </div>
            <div class="layout">
                <asp:WebPartZone ID="WebPartZone1" runat="server" />
            </div>
            <div class="layout">
                <asp:WebPartZone ID="WebPartZone2" runat="server"/>
            </div>
            <div class="layout">
                <asp:WebPartZone ID="WebPartZone3" runat="server"/>
            </div>
```

```
        <div class="layout">
            <asp:CatalogZone ID="CatalogZone1" runat="server" ></asp:CatalogZone>
        </div>
    </div>
    </form>
</body>
```

步骤 9. 在网站根目录下创建名为 "Link.ascx" 的用户控件, 用于放置用户的链接信息。

步骤 10. 向用户控件 "Link.ascx" 的设计界面中添加 3 个 HyperLink 控件, 并设置其相关属性, 其 HTML 代码如下:

```
<%@ Control Language="C#" AutoEventWireup="true" CodeFile="Link.ascx.cs" Inherits="Link" %>
<table style="text-align: center" width="100%">
    <tr>
        <td>
        <asp:HyperLink ID="HyperLink1" runat="server"
        NavigateUrl="http://www.asp.NET">ASP.NET 网站</asp:HyperLink>
        </td>
        </tr>
    <tr><td>
        <asp:HyperLink ID="HyperLink2" runat="server"
        NavigateUrl="http://www.gotdotnet.com">Gotdotnet 网站</asp:HyperLink>
        </td>
    </tr><tr>
        <td>
        <asp:HyperLink ID="HyperLink3" runat="server"
        NavigateUrl="http://www.contoso.com">Contoso.com 示例网站</asp:HyperLink>
        </td>
    </tr>
</table>
```

步骤 11. 在网站根目录下创建一个用户控件, 名为 "Notebook.ascx", 用于获取在日历控件中选中的日期, 并记录该天发生的事情。

步骤 12. 向用户控件 "Notebook.ascx" 的设计界面中添加两个 Label 控件和两个 TextBox 控件, 并设置其相关属性, 其 HTML 代码如下:

```
<%@ Control Language="C#" AutoEventWireup="true" CodeFile="Notebook.ascx.cs"
Inherits="Notebook" %>
<table width="100%">
    <tr>
        <td><asp:Label ID="Label1" runat="server" Text="选中的日期: "/></td>
        <td><asp:TextBox ID="TextBox1" runat="server" Width="120px" /></td>
    </tr>
    <tr>
        <td><asp:Label ID="Label2" runat="server" Text="发生的事情: "/></td>
        <td>
            <asp:TextBox ID="TextBox2" runat="server" TextMode="MultiLine" />
        </td>
    </tr>
</table>
```

步骤 13. 在"Default.aspx"页面文件的第 1 个 WebPartZone 控件中放置一个日历控件，将用户控件"Notebook.ascx"拖入到第 2 个 WebPartZone 控件中，将用户控件"Link.ascx"拖入到第 3 个 WebPartZone 控件中，并设置其相关属性如表 7-2 所示。

表 7-2　Default.aspx 页面控件属性设置

控件 ID	属 性 名	属 性 值
WebPartZone1	HeaderText	我的日历
	WebPartVerbRenderMode	TitleBar
Calendar1	Title	日历
WebPartZone2	HeaderText	我的记事本
	WebPartVerbRenderMode	TitleBar
Notebook1	Title	记事本
WebPartZone3	HeaderText	我的链接
	WebPartVerbRenderMode	TitleBar
Link1	Title	我的链接

步骤 14. 在 CatalogZone 控件中放置一个 PageCatalogPart 控件，用于显示当前页面上可用的 WebPartZone 控件。

步骤 15. 在 Page_Load 事件中添加如下代码，使 CatalogZone 控件中显示 WebPart 控件。

```
WebPartManager1.DisplayMode = WebPartManager.CatalogDisplayMode;
```

步骤 16. 保存页面的修改并在浏览器中查看效果。浏览"Login.aspx"页面，输入用户名"Ding"和密码"888888"，跳转到"Default.aspx"页面。关闭"我的链接"，效果如图 7-7 所示。

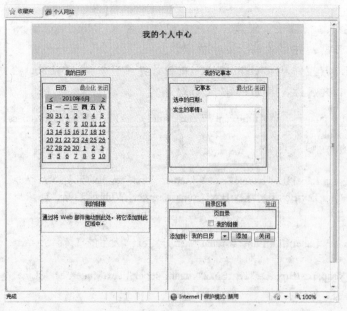

图 7-7　用 Ding 登录的 Default.aspx 页面效果

步骤 17．关闭"Default.aspx"页面，重新在浏览器中浏览"Login.aspx"页面，输入用户名"Wang"和密码"888888"，跳转到"Default.aspx"页面。看到的页面效果是没有关闭"我的链接"时的效果，其效果如图 7-8 所示。

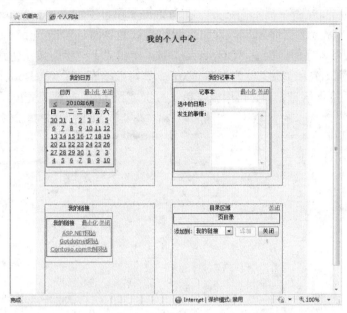

图 7-8　用 Wang 登录的 Default.aspx 页面效果

任务 2　定制型网页记事本的实现

任务场景

有时候，开发人员会不太满意系统自行创建的数据库，而是希望能够自行指定数据库来保存用户的偏好设置。另外，在处理 WebPart 时，有时候需要以某种方式连接它们，即从一个 WebPart 向另一个 WebPart 传递信息。本任务通过实现一个定制型网页记事本的实例，将用户的偏好设置保存在任意指定的数据库中，并实现 WebPart 之间的通信。

知识引入

7.4　创建自定义的个性化存储数据库

当开发人员不满意系统自行创建的数据库时，ASP.NET 3.5 还提供了自行指定任意数据库的方法。下面的步骤演示了如何创建自定义的个性化存储数据库。

1．首先在 VS.NET 2008 的服务器资源管理器中新建一个名为"NoteBook"的数据库，在 VS.NET 2008 的服务器资源管理器中鼠标右击"数据连接"节点，选择"新建新的 SQL Server 数据库"菜单项，将弹出如图 7-9 所示的窗口。在"服务器名"下方的下拉列表框中输入".\sqlexpress"表示本服务器，在"新数据库名称"下方的文本框中输入"NoteBook"，单击"确定"按钮。

2. 选择"开始"→"程序"→"Microsoft Visual Studio 2008"→"Visual Studio Tools"→"Visual Studio 2008 命令提示"命令，在命令提示窗口中输入 aspnet_regSql.exe 命令，按下回车键将弹出配置数据库窗口。首先显示的是欢迎界面，单击"下一步"按钮，在第 2 页中选择"为应用程序服务配置 SQL Server"项，单击"下一步"按钮将弹出如图 7-10 所示的配置数据源窗口，指定服务器为".\sqlexpress"，数据库为"NoteBook"。单击"下一步"按钮弹出确认用户信息窗口，再用鼠标单击两次"下一步"按钮就完成了数据库的配置。

图 7-9 "创建 SQL Server 数据库"窗口

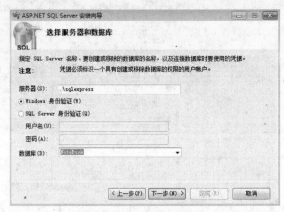
图 7-10 配置数据库窗口

3. 配置好了数据库，接下来在 Web.config 配置文件中添加如下所示的配置自定义数据库的代码：

```xml
<connectionStrings>
    <add name="NotebookConnectionString" connectionString="Integrated Security=SSPI;
Persist Security Info=False;Initial Catalog=NoteBook;Data Source=.\sqlexpress"/>
</connectionStrings>
<system.web>
  <webParts>
        <personalization defaultProvider="NotebookProvider">
            <providers>
                <clear/>
                <add name="NotebookProvider"
type="System.Web.UI.WebControls.WebParts.SqlPersonalizationProvider"
connectionStringName="NotebookConnectionString"/>
            </providers>
        </personalization>
    </webParts>
    ......
</system.web>
```

在该配置文件中，首先为新创建的数据库创建了一个连接字符串，接下来在<webParts>配置节中重新配置 defaultProvider 的连接字符串为刚才创建的连接字符串的名称。

配置完成后，页面上的一些操作行为就会自动保存到指定的数据库中，下次打开时将按照之前的修改显示页面。

7.5 　连接 WebPart

　　在处理 WebPart 时，有时需要以某种方式连接它们，即把信息从页面上的一个 WebPart 传递给另一个 WebPart。

　　例如，把某人在一个文本框中输入的文本值（如邮政编码或名字）传递给页面上的其他 WebPart。另一个例子是用一个 DropDownList 控件指定了系统中所有可用的货币。如果用户从下拉列表中选择新的货币值，就会改变该页面上使用这个货币值的所有其他 WebPart。需要以这种方式构建页面时，就可以使用 WebPart 的连接功能。

　　在连接 WebPart 时，要注意这些 WebPart 彼此交互的特殊规则。首先，如果要连接两个 WebPart，其中一个 WebPart 就必须是提供者。这个提供者 WebPart 是提供其他 WebPart 需要的信息的组件。需要该信息的 WebPart 是用户 WebPart。WebPart 提供者可以为一个或多个用户 WebPart 提供信息，而用户 WebPart 只能连接一个提供者 WebPart，不能把一个用户 WebPart 连接到多个提供者 WebPart 上，如图 7-11 所示。

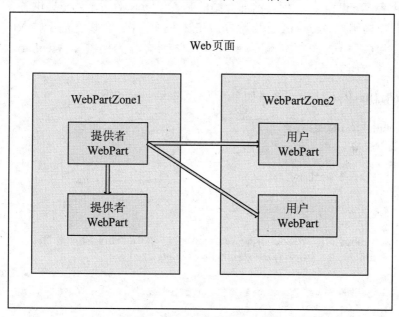

图 7-11 　WebPart 的连接关系图

　　建立连接的机制是一个特殊的回调方法：提供者 WebPart 和用户 WebPart 中各有一个。但是，WebPart 控件集可处理全部的回调和通信详细信息，因此需要开发人员处理的步骤很少。如果开发人员要使用最简单的方法，只需选择提供者 WebPart 中的一个方法用作回调方法并用 ConnectionProvider 属性在源代码中将它标记出来即可。然后在方法中，返回包含传递给用户 WebPart 的数据的接口实例。

　　下面以一个完整示例来介绍 WebPart 连接的建立，即以一个文本框和按钮作为提供者 WebPart，以便让用户输入一个值，并在页面上另一个 WebPartZone 的 Label 控件中显示该值。

7.5.1 创建接口

要建立可由页面上任意用户 WebPart 使用的提供者 WebPart，应先建立一个接口，以提供从一个 WebPart 传递给另一个 WebPart 的数据项。例如，Label 控件需要文本框传递过来的字符串，其接口定义如下：

```
public interface IStringFromTextBox
{
    string TextBoxString{get;set;}
}
```

这里只定义了一个属性 TextBoxString，也是唯一需要的数据。接口还可以更复杂，包含其他属性和方法，使得在连接时灵活性更强。

7.5.2 创建提供者 WebPart

创建提供者 WebPart 的过程和前面介绍的基本相同，不同之处是提供者 WebPart 需要实现这个接口以向用户 WebPart 提供数据。在这个例子中，可以把用于输入的文本框和实现提交的按钮做成一个名为"Input.ascx"的用户控件，作为提供者 WebPart。其用户控件的代码隐藏类文件如下：

```
public partial class Input : System.Web.UI.UserControl, IStringFromTextBox
{
    public string TextBoxString
    {
        get
        {    return TextBox1.Text;    }
        set
        {    TextBox1.Text = value;    }
    }
    [ConnectionProvider("Provider string from textbox", "TextBoxStringProvider")]
    public IStringFromTextBox TextBoxStringProvider()
    {
        return this;
    }
}
```

上述代码需要注意以下几点：

- Input 类不仅继承了 UserControl 类，还实现了 IstringFromTextBox 接口。
- Input 类实现了 IstringFromTextBox 接口中的 TextBoxString 属性，是设置和返回文本框 TextBox1 中的值。如果需要更多的信息，可以在接口中定义这些属性，或返回更复杂的数据类型。
- Input 类定义了一个名为 TextBoxStringProvider 的方法，该方法返回实现该接口类型的实例，WebPartManager 控件使用这个实例来获取接口，从而传递数据给用户

WebPart。

- TextBoxStringProvider 方法带有 ConnectionProvider 属性，表示这是连接信息的提供者。建立连接时，会使用这个属性中给出的参数，第 1 个参数是描述，第 2 个是连接点名。

7.5.3 创建用户 WebPart

用户 WebPart 并不实现接口，但是需要定义一个连接点来接收接口。这里我们创建一个名为"Output.ascx"的用户控件，放置一个 Label 控件作为用户 WebPart，接收用户的输入，代码如下：

```
public partial class Output : System.Web.UI.UserControl
{
    private IStringFromTextBox _myProvider;

    [ConnectionConsumer("get textbox string", "GetString")]
    public void GetString(IStringFromTextBox Provider)
    {
        _myProvider = Provider;
    }
    protected override void OnPreRender(EventArgs e)
    {
        //base.OnPreRender(e);
        if (this._myProvider != null)
        {
            Label1.Text = _myProvider.TextBoxString;
        }
    }
}
```

这段代码需要注意以下几点：

- Output 类中定义了一个 GetString 的方法，将一个 IstringFromTextBox 类型（接口）数据作为参数。WebPartManager 从提供者接收接口，并使用这个方法将接口传递给消费者。
- GetString 方法也带有一个 ConnectionConsumer 属性，表示这是用户方法，其参数也包括描述和连接点名。
- 重写 OnPreRender()方法，在这个方法中首先检查这个接口是否为 null 值，如果是 null，说明当前没有连接。如果已经有连接，则访问接口定义的属性，从提供者获取数据，显示在 Label 控件上。

7.5.4 连接 ASP.NET 页面上的 WebPart

在处理 WebPart 的连接过程时，若只把提供者 WebPart 和用户 WebPart 放在页面上，它们之间并不能建立起连接，还必须把 WebPart 关联起来。

WebPart 连接可以是静态或动态连接。静态连接由设计页面的人定义，而动态连接由用户在运行时创建。静态连接在 WebPartManager 的 StaticConnections 元素中建立，代码如下：

```
<asp:WebPartManager ID="WebPartManager1" runat="server">
    <StaticConnections>
        <asp:WebPartConnection ID="WebPartConnection1"
            ConsumerConnectionPointID="GetString"
            ConsumerID="Output1"
            ProviderConnectionPointID="TextBoxStringProvider"
            ProviderID="Input1">
        </asp:WebPartConnection>
    </StaticConnections>
</asp:WebPartManager>
```

表 7-3 介绍了 WebPartConnection 的 4 个属性。

表 7-3　WebPartConnection 的属性介绍

名　　称	说　　明
ConsumerConnectionPointID	用户 WebPart 上的连接点名，这是 ConnectionConsumer 属性中定义的名
ConsumerID	用户 WebPart 的 ID
ProviderConnectionPointID	提供者 WebPart 上的连接点名，这是 ConnectionProvider 属性中定义的名
ProviderID	作为提供者的 WebPart 的 ID

运行该页面，效果如图 7-12 所示。

图 7-12　WebPart 连接效果图

任务实施

步骤 1. 新建一个 ASP.NET 网站，并将其命名为 "WebNotebookDemo"。

步骤 2. 新建一个数据库，并将其命名为 "NoteBook"，使用 aspnet_regSql.exe 命令配置数据库，并修改网站的 Web.config 配置文件，步骤参照 7.4 节。

步骤 3. 向数据库添加一个表，命名为 "Notebook"，用于保存每个用户的记事信息。生成该表的 SQL 语句如下：

```
CREATE TABLE [dbo].[Notebook](
    [NotebookId] [int] IDENTITY(1,1) NOT NULL,
    [UserName] [nvarchar](50) COLLATE Chinese_PRC_CI_AS NULL,
    [NotebookContent] [nchar](500) COLLATE Chinese_PRC_CI_AS NULL,
    [NotebookDate] [smalldatetime] NULL,
```

```
        CONSTRAINT [PK_Notebook] PRIMARY KEY CLUSTERED
(
        [NotebookId] ASC
)WITH (IGNORE_DUP_KEY = OFF) ON [PRIMARY]
) ON [PRIMARY].
```

步骤 4. 在站点根目录下添加一个名为 "Login.aspx" 的网页文件，采用 DIV+CSS 进行布局，并从工具箱中拖入 3 个 Label 控件、2 个文本框和 1 个按钮，其 HTML 代码参照任务 1 步骤 2。

步骤 5. 给 "Login.aspx" 文件的 "Button1" 按钮添加事件，实现只有两个用户 "Ding" 和 "Wang"，并且密码都是 "888888" 才能登录，代码操作参照任务 1 步骤 3。

步骤 6. 修改 Web.config 配置文件的<authentication>节点和添加<authorization>节点，实现 Forms 身份验证，并拒绝所有匿名用户的访问，代码参照任务 1 步骤 4。

步骤 7. 在站点根目录下创建样式表文件，取名为 "StyleSheet.css"，用于定义页面布局，其代码参照任务 1 步骤 5。

步骤 8. 打开名为 "Default.aspx" 的网页文件，使用 DIV+CSS 进行布局，使用多个独立的 div，用来放置 WebPartZone 控件，其 HTML 代码参照任务 1 步骤 6。

步骤 9. 从工具箱的 WebParts 栏拖一个 WebPartManager 控件到页面顶端。

步骤 10. 从工具箱中选中 WebPartZone 控件，将其拖动到前 3 个 div 控件内，在第 4 个 div 中放置一个 CatalogZone 控件，其代码参照任务 1 步骤 8。

步骤 11. 在站点根目录下，右键选择 "添加新项" 命令，在模板中选择 "类"，取名为 "IDateFromCalender.cs"，为选中的日期创建一个接口，其代码如下：

```
public interface IDateFromCalender
{
        string CalenderDate{get;}
}
```

步骤 12. 在网站根目录下创建一个用户控件，名为 "Calender.ascx"，并向其设计界面中拖入一个 Calender 控件，用于显示和选择日期。

步骤 13. 在用户控件 Calender.ascx 中实现 IDateFromCalender 接口，并定义 CalenderfromProvider 方法返回当前 IDateFromCalender 类型的实例,设置该方法具有 ConnectionProvider 属性，其代码如下：

```
public partial class Calender : System.Web.UI.UserControl,IDateFromCalender
{
        [ConnectionProvider("Provider date from Calender ", "CalenderfromProvider")]
        public IDateFromCalender CalenderfromProvider()
        {
                return this;
        }
        #region IDateFromCalender
        public string CalenderDate
        {
                get { return Calendar1.SelectedDate.ToShortDateString(); }
```

```
    }
    #endregion
}
```

步骤 14. 在网站根目录下创建一个用户控件，命名为"EditNotebook.ascx"，用于获取在日历控件中选中的日期，并记录该天发生的事情。

步骤 15. 向用户控件"EditNotebook.ascx"的设计界面中添加 2 个 Label 控件、2 个 TextBox 控件和 2 个按钮，并使用 table 进行布局和设置相关属性，其 HTML 代码如下：

```
<%@ Control Language="C#" AutoEventWireup="true" CodeFile="EditNotebook.ascx.cs"
Inherits="Notebook" %>
<table width="100%">
<tr>
    <td><asp:Label ID="Label1" runat="server" Text="选中的日期：" /></td>
    <td><asp:TextBox ID="TextBox1" runat="server" Width="120px" /></td>
</tr>
<tr>
    <td><asp:Label ID="Label2" runat="server" Text="发生的事情：" /></td>
    <td>
        <asp:TextBox ID="TextBox2" runat="server" TextMode="MultiLine"   />
    </td>
</tr>
<tr>
    <td valign="top" colspan="2">
        <asp:Button ID="Button1" runat="server" Text="提    交" OnClick="Button1_Click" />
        <input id="Reset1" type="reset" value="重    置" />
    </td>
</tr>
</table>
```

步骤 16. 在用户控件 EditNotebook.ascx 中使用接口，定义一个方法 GetDate 来获取接口，并重写 OnPreRender 方法，其代码如下：

```
public partial class Notebook : System.Web.UI.UserControl
{
    private IDateFromCalender _myProvider;
    [ConnectionConsumer("Get date", "GetDate")]
    public void GetDate(IDateFromCalender Provider)
    {
        _myProvider = Provider;
    }
    protected override void OnPreRender(EventArgs e)
    {
        if (this._myProvider != null)
            TextBox1.Text = _myProvider.CalenderDate;
    }
}
```

步骤 17. 向用户控件"EditNotebook.ascx"的设计界面中添加一个 SqlDataSource 控

件，实现向 Notebook 表里写记录，其 HTML 代码如下：

```
<asp:SqlDataSource ID="SqlDataSource1" runat="server"
    ConnectionString="<%$ ConnectionStrings:NoteBookConnectionString %>"
    InsertCommand="INSERT INTO Notebook VALUES (@UserId,
@NotebookContent,@NotebookDate)" SelectCommand="select * from Notebook">
    <InsertParameters>
        <asp:Parameter Name="UserId" />
        <asp:Parameter Name="NotebookContent" />
        <asp:Parameter Name="NotebookDate" />
    </InsertParameters>
</asp:SqlDataSource>
```

步骤 18. 给用户控件 "EditNotebook.ascx" 的 "提交" 按钮添加事件过程，完成插入操作，代码如下：

```
protected void Button1_Click(object sender, EventArgs e)
{
    SqlDataSource1.InsertParameters["UserId"].DefaultValue = HttpContext.Current.User.Identity.Name;
    SqlDataSource1.InsertParameters["NotebookContent"].DefaultValue = TextBox2.Text;
    SqlDataSource1.InsertParameters["NotebookDate"].DefaultValue = TextBox1.Text;
    SqlDataSource1.Insert();
}
```

步骤 19. 在网站根目录下创建一个用户控件，命名为 "ShowNotebook.ascx"，用于显示该用户的历史记事。

步骤 20. 向用户控件 "ShowNotebook.ascx" 的设计界面中添加一个 GridView 控件和一个 SqlDataSource 控件，并设置其相关属性，其 HTML 代码如下：

```
<%@ Control Language="C#" AutoEventWireup="true" CodeFile="ShowNotebook.ascx.cs"
Inherits="ShowNotebook" %>
<asp:GridView ID="GridView1" runat="server" AutoGenerateColumns="False" Width="200px">
    <Columns>
        <asp:BoundField DataField="NotebookDate" HeaderText="日期"
SortExpression="NotebookDate" DataFormatString="{0:yyyy-MM-dd}" HtmlEncode="False" />
        <asp:BoundField DataField="NotebookContent" HeaderText="内容"
SortExpression="NotebookContent" />
    </Columns>
</asp:GridView>
<asp:SqlDataSource ID="SqlDataSource1" runat="server"
    ConnectionString="<%$ ConnectionStrings:NoteBookConnectionString %>"
    SelectCommand="SELECT [NotebookDate], [NotebookContent] FROM [Notebook]
    WHERE ([UserName] = @UserName) ORDER BY [NotebookDate]">
    <SelectParameters>
        <asp:Parameter Name="UserName" Type="String" />
        </SelectParameters>
</asp:SqlDataSource>
```

步骤 21. 给用户控件 "ShowNotebook.ascx" 的 Page_Load 事件添加代码，实现在 GridView 中显示当前用户的记事信息，代码如下：

```
protected void Page_Load(object sender, EventArgs e)
{
    SqlDataSource1.SelectParameters["UserName"].DefaultValue =
HttpContext.Current.User.Identity.Name;
    GridView1.DataSourceID = "SqlDataSource1";
}
```

步骤 22．打开 Default.aspx 页面，将用户控件"Calender.ascx"拖入到 Default.aspx 页面的第 1 个 WebPartZone 控件中，将用户控件"EditNotebook.ascx"拖入到第 2 个 WebPartZone 控件中，在第 3 个 WebPartZone 控件中放入用户控件"ShowNotebook.ascx"，并设置其相关属性如表 7-4 所示。

表 7-4　Default.aspx 页面控件属性设置

控件 ID	属 性 名	属 性 值
WebPartZone1	HeaderText	我的日历
	WebPartVerbRenderMode	TitleBar
Calendar1	Title	我的日历
WebPartZone2	HeaderText	编写记事
	WebPartVerbRenderMode	TitleBar
EditNotebook1	Title	编写记事
WebPartZone3	HeaderText	历史记事
	WebPartVerbRenderMode	TitleBar
ShowNotebook1	Title	历史记事

步骤 23．在 CatalogZone 控件中放置一个 PageCatalogPart 控件，用于显示当前页面上可用的 WebPartZone 控件。

步骤 24．打开 WebPartManager 控件的属性对话框，连接 WebPart，单击 StaticConnections 属性项后面的按钮，出现如图 7-13 所示的对话框。

图 7-13　"WebPartConnection 集合编辑器"对话框

步骤 25．单击"添加"按钮，并设置 WebPartConnection 的 5 个属性，其属性值如表 7-5 所示，设置如图 7-14 所示。

表 7-5　WebPartConnection 属性设置

属 性 名 称	属 性 值
ConsumerConnectionPointID	GetDate
ConsumerID	EditNotebook1
ID	WebPartConnection1
ProviderConnectionPointID	CalenderfromProvider
ProviderID	Calender1

图 7-14　WebPartConnection 属性设置

步骤 26. 在 Default.aspx 页面的 Page_Load 事件中添加如下代码，使 CatalogZone 控件中显示 WebPart 控件。

```
WebPartManager1.DisplayMode = WebPartManager.CatalogDisplayMode;
```

步骤 27. 浏览 Login.aspx 页面，使用用户名"Ding"和密码"888888"登录，在日历控件中选择一个日期，日期将显示在右边"编辑记事"的日期文本框中。输入记事内容，单击"添加"按钮，"历史记事"中将显示新添加的这条记录。添加多条记录后，效果如图 7-15 所示。

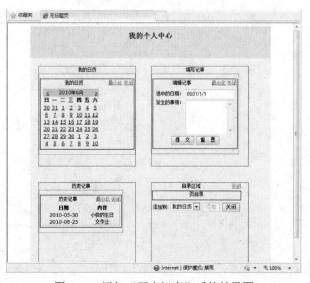

图 7-15　添加"历史记事"后的效果图

步骤 28. 关闭 Default.aspx 页面，重新浏览 Login.aspx 页面，并使用用户名 "Wang" 和密码 "888888" 登录，在 Ding 用户登录后所添加的记录中没有显示；效果如图 7-16 所示。

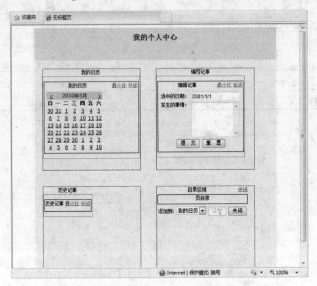

图 7-16 使用 "Wang" 登录的效果

项目 8　高速缓存、跟踪检测和站点部署

创建 Web 站点时除了要考虑界面的美观和内容的丰富之外，还需要考虑用户访问站点时页面的读取效率。提高站点访问效率的方法有很多，其中最重要的一个就是利用缓存机制的方法。

如果站点在发布到服务器之后，还需要对站点进行测试和修改 BUG，应该怎么做呢？

完成的 ASP.NET 网站应该怎样进行打包，并生成安装程序交付给客户呢？

在本项目中，使用 ASP.NET 3.5 提供的高速缓存、跟踪检测和站点部署来实现以上功能。

任务 1　高速缓存

任务 2　跟踪检测

任务 3　站点部署

任务 1　高 速 缓 存

任务场景

ASP.NET 页面中执行最慢的操作是数据库访问，打开一个数据库连接并读取数据是比较耗时的。改进数据访问代码性能的最好方法是不访问它，利用 ASP.NET 3.5 的缓存机制可以将内存中的数据库记录缓存起来，直接从缓存中读取数据则快了很多。

在本任务中，将创建一个电影浏览页面。当单击电影标题时，将显示选中电影的详细信息，并使用缓存机制来提高访问效率。

知识引入

8.1　缓存概述

通常情况下，应用程序可以将那些频繁访问的数据以及那些需要大量处理时间来创建的数据存储在内存中，从而提高性能。例如，如果应用程序使用复杂的逻辑来处理大量数据，然后将数据作为用户频繁访问的报表返回，可以避免用户每次请求数据时重新创建报表的麻烦，从而提高效率。反之，如果应用程序包含一个处理复杂数据但不需要经常更新的页，则在每次请求时服务器都重新创建该页，将会使工作效率很低。

在这种情况下，为了提高应用程序的性能，ASP.NET 使用两种基本的缓存机制来提高

缓存功能。第一种机制是应用程序缓存，它允许缓存所生成的数据，如 DataSet 或自定义报表业务对象；第二种机制是页输出缓存，它保存页处理输出，并在用户再次请求该页时调用所保存的输出，而不是再次处理该页。

1. 应用程序缓存

应用程序缓存提供了一种编程方式，通过键/值对将任意数据存储在内存中。使用应用程序缓存与使用应用程序状态类似，但是与应用程序状态不同的是，应用程序缓存中的数据是易失的，即数据并不是在整个应用程序生命周期中都存储在内存中。使用应用程序缓存的优点是由 ASP.NET 管理缓存，它会在项过期、无效或内存不足时自动删除缓存中的项，还可以通过对应用程序缓存的配置，实现在删除项时通知应用程序。

使用应用程序缓存的模式是，确定在访问某一项时该项是否存在于缓存中，如果存在则使用。如果该项不存在，则可以重新创建该项，然后将其放回缓存中。这一模式可确保缓存中始终有最新的数据。

2. 页输出缓存

页输出缓存是在内存中存储处理后的 ASP.NET 页的内容。这一机制允许 ASP.NET 直接向客户端发送页响应，而不必再次经过页处理生命周期。页输出缓存对于那些不经常更改但需要大量处理才能创建的页特别有用。可以分别为每个页配置页缓存，也可以在 Web.config 文件中创建缓存配置文件。利用缓存配置文件，只定义一次缓存设置就可以在多个页中使用这些设置。

页输出缓存提供了两种页缓存模型：整页缓存和部分页缓存。整页缓存允许将页的全部内容保存在内存中，并用于完成客户端请求。部分页缓存允许缓存页的部分内容，其他部分则为动态内容。

部分页缓存可采用两种工作方式：控件缓存和缓存后替换。控件缓存也称为分段缓存，这种方式允许将信息包含在一个用户控件内，然后将该用户控件标记为可缓存的，以此来缓存页输出的部分内容。这一方式可缓存页中的特定内容，但不缓存整个页，因此每次都需重新创建整个页。例如，要创建一个显示股票信息的页，其中有些部分为静态内容（如每周总结），这时可以将静态部分放在用户控件中，并允许缓存这些内容。

缓存后替换与控件缓存正好相反。这种方式缓存整个页，但页中的各段都是动态的。例如，要创建一个在规定时间内为静态的页，则可以将整个页设置为进行缓存。如果向页添加一个显示用户名的 Label 控件，则对于每次页刷新和每个用户而言，Label 的内容都将保持不变，始终显示缓存该页之前请求该页的用户的姓名。但是，使用缓存后替换机制，可以将页配置为进行缓存，但将页的个别部分标记为不可缓存。在此情况下，可以向不可缓存部分添加 Label 控件，这样将为每个用户和每次页请求动态创建了这些控件。

8.2 应用程序缓存

应用程序缓存是由 System.Web.Caching.Cache 类实现的，缓存实例（Cache 对象）是每个应用程序专用的，并且每个应用程序只有一个，通过 Page 类或 UserControl 类的 Cache

属性公开。缓存生存期依赖于应用程序的生存期，当重新启动应用程序后，将重新创建 Cache 对象，也就是说缓存数据将被清空。

可以使用 Cache 对象访问应用程序缓存中的项，使用 Cache 对象的 Insert 方法向应用程序缓存添加项，以设置依赖项、过期策略和删除通知。如果使用 Insert 方法向缓存添加项，并且已经存在与现有项同名的项，则缓存中的现有项将被替换。因此，可以使用 Insert 方法修改缓存项的内容。

还可以使用 Add 方法向缓存添加项。使用此方法，可以设置与 Insert 方法相同的所有选项；然后，Add 方法将返回添加到缓存中的对象。另外，如果使用 Add 方法，并且缓存中已经存在与现有项同名的项，则该方法不会替换该项，也不会引发异常。

1. 如何将项添加到缓存中

（1）添加缓存项

① 通过键和值直接设置项

将项以键/值对的形式存放在 Cache 中，同样可以通过键来检索这些项。下述代码中，将商品分类信息缓存起来。

```
Cache["WareCategories"] = dsCategories;
```

② 通过 Insert 方法将项添加到缓存中

可以通过 Cache 类的 Insert 方法传递键和值来添加项，代码如下：

```
Cache.Insert("WareCategories ", dsCategories);
```

（2）设置缓存依赖项

在 ASP.NET 中，可以为缓存项添加的依赖项如表 8-1 所示。

表 8-1　缓存项的依赖项

依　赖　项	说　　明
键依赖项	允许缓存项依赖于应用程序缓存中另一缓存项的键。如果删除了原始项，则具有键依赖关系的项也会被删除
文件依赖项	缓存项可以依赖于外部文件。如果该文件被修改或删除，则缓存项也会被删除
SQL 依赖项	缓存项依赖于 SQL Server 数据库中表的更改
聚合依赖项	通过使用 AggregateCacheDependency 类，缓存项可以依赖于多个元素。如果任何依赖项发生更改，该项都会从缓存中删除
自定义依赖项	可以用自己的代码创建依赖关系以配置缓存中的项

在向缓存中添加项时，可以为 Cache 对象的 Insert 或 Add 方法传递 CacheDependncy 对象（或 SqlCacheDependncy 对象）的一个实例，以添加表 8-1 中的缓存依赖项。如果具有关联依赖项的项发生更改，缓存项便会失效并从缓存中删除。

① 添加缓存项的键依赖项

如果一个缓存项依赖于一个依赖项，当依赖项更改时则缓存项也被删除。例如，向缓存中添加一个缓存项 CacheItem2，该项依赖于缓存中的另一个项 CacheItem1。代码如下：

```
Cache.Insert("CacheItem2", "CacheValue2",
    new System.Web.Caching.CacheDependency(null, new string[] { "CacheItem1" }));
```

在上面代码中通过向 CacheItem2 添加依赖项 CacheItem1，因此，只要 CacheItem1 发生变化，则 CacheItem2 立即从缓存中删除。其实，可以向 CacheDependency 构造函数的第二个参数（字符串数组）传递多个缓存键，一次添加多个缓存依赖项，也就是说只要其中任意一个缓存项发生变化则 CacheItem2 将被删除。

② 添加缓存项的文件依赖项

缓存依赖项还可以依赖于文件，当文件被修改或删除时，缓存项将被删除。例如，如果编写一个处理 XML 文件中的财务数据的应用，则可以从该文件将数据插入缓存中并在此 XML 文件上保留一个依赖项。当该文件更新时，从缓存中删除该项，而应用程序将重新读取 XML 文件，然后将刷新后的数据放入缓存中。代码如下：

```
Cache.Insert("CacheItem2", "CacheValue2",
    new System.Web.Caching.CacheDependency(Server.MapPath("XMLFile.xml")));
```

③ 添加缓存项的 SQL 依赖项

在实际应用中，往往需要将数据库中某个表的记录进行缓存。但是，由于数据库中的记录是随时变化的，如被某个用户修改了记录或添加、删除了记录等。在这种情况下，就可以为缓存项添加 SQL 依赖项，当数据库记录发生变化时自动删除缓存项。

在 ASP.NET 中，通过使用 SqlCacheDependency 对象来创建依赖于数据库中的记录。

首先，在 Web.config 文件的 caching 节点定义缓存使用的数据库名称。代码如下：

```
<connectionStrings>
    <add name="ConnectionString1" connectionString="Integrated Security=SSPI;
        Persist Security Info=False;Initial Catalog=tempdb;Data Source=."
    providerName="System.Data.SqlClient"/>
</connectionStrings>
<system.web>
    <caching>
        <sqlCacheDependency>
            <databases>
                <add name="mydb" connectionStringName="ConnectionString1"/>
            </databases>
        </sqlCacheDependency>
    </caching>
</system.web>
```

这时就可以创建依赖于该连接对应数据库的某个表的缓存项了。代码如下：

```
Cache.Insert("CacheItem2","CacheItem2",new
    System.Web.Caching.SqlCacheDependency("mydb","mytable"));
```

当数据表 mytable 的记录发生变化时，SQL Server 会自动通知 ASP.NET，从而删除缓存项。上述配置文件中 ConnectionString1 为数据库连接名称。

（3）设置缓存过期策略

Cache 类提供了强大的功能，允许自定义如何缓存项以及将它们缓存多长时间。例如，当系统内存不足时，缓存会自动删除很少使用的或优先级较低的项以释放内存。该技术也称为清理，这是缓存确保过期数据不占用宝贵的服务器资源的方式之一。

对于存储在缓存中的易失项，通常设置一种过期策略，只要这些项的数据保持为最新的，就将它们保留在缓存中。

当使用 Add 或 Insert 方法将项添加到缓存时，都可以建立项的过期策略。可以通过使用 DateTime 值指定项的确切过期时间（绝对过期时间），定义项的生存期；也可以使用 TimeSpan 值指定一个弹性过期时间（可调性过期时间）。可调性过期时间允许用户根据项的上次访问时间来指定该项过期之前的运行时间。一旦项过期，ASP.NET 便将它从缓存中删除，试图检索它的值将返回 null，除非该项被重新添加到缓存中。

在下面的例子中，添加一个绝对过期的缓存项，然后指定具体的过期时间为 30 分钟。从创建项开始计时，当时间满 30 分钟后，该缓存项将被删除。

```
Cache.Insert("CacheItem2", "CacheItem2", null, DateTime.Now.AddMinutes(30),
    System.Web.Caching.Cache.NoSlidingExpiration);
```

同样，可以将缓存项的过期策略设置为可调性过期。代码如下：

```
Cache.Insert("CacheItem2", "CacheItem2", null,
    System.Web.Caching.Cache.NoAbsoluteExpiration, new TimeSpan(0,30,0));
```

（4）设置缓存的优先级

在 ASP.NET 中，当对已过期的缓存项执行清理时，将根据在创建缓存项时指定的优先级来进行清理。也就是说，在服务器释放系统内存时，级别越低的缓存项越容易被清理。通常在使用 Add 或 Insert 方法添加项时指定一个 CacheItemPriority 枚举值，该枚举具有的成员如表 8-2 所示。

表 8-2   CacheItemPriority 枚举值

成 员 名 称	说　　　明
AboveNormal	在服务器释放系统内存时，具有该优先级级别的缓存项被删除的可能性比分配了 Normal 优先级的项要小
BelowNormal	在服务器释放系统内存时，具有该优先级级别的缓存项比分配了 Normal 优先级的项更有可能被删除
Default	缓存项优先级的默认值为 Normal
High	在服务器释放系统内存时，具有该优先级级别的缓存项最不可能被删除
Low	在服务器释放系统内存时，具有该优先级级别的缓存项最有可能被删除
Normal	在服务器释放系统内存时，具有该优先级级别的缓存项很有可能被删除，且被删除的可能性仅次于具有 Low 或 BelowNormal 优先级的那些项
NotRemovable	在服务器释放系统内存时，具有该优先级级别的缓存项将不会被自动删除。但是，具有该优先级级别的项会根据项的绝对到期时间或可调整到期时间与其他项一起被删除

当使用 Add 或 Insert 方法创建缓存项时，可以通过传递参数 CacheItemPriority 指定其优先级，代码如下：

```
Cache.Insert("CacheItem2", "CacheItem2", null,
    System.Web.Caching.Cache.NoAbsoluteExpiration,
    System.Web.Caching.CacheItemPriority.High, null);
```

2. 读取缓存项

由于缓存项在 Cache 中都是以键/值对形式存储的，可以通过键来检索被缓存的项，代码如下所示：

```
if (Cache["Categories"] != null)
{
    DataSet dsCategories = (DataSet)Cache["Categories"];
}
```

在读取缓存项时，一般首先判断该缓存项是否存在，然后再进行访问。

3. 从缓存中删除项

ASP.NET 缓存中的数据是易失的，即不能永远保存。当缓存已满、项已过期或依赖项发生更改时，缓存中的数据会自动删除。

除了允许从缓存中自动删除项之外，还可以显式删除项。下面，通过调用 Cache 类的 Remove()方法来删除缓存项。代码如下：

```
Cache.Remove("Categories");
```

8.3 页输出缓存

1. 页输出缓存概述

输出缓存使用户可以缓存 ASP.NET 页所发生的部分响应或所有响应。利用输出缓存，能有效提高 Web 应用程序的性能。对站点中访问最频繁的页进行缓存可以大幅提高 Web 服务器的吞吐量。

2. 使用页输出缓存

（1）设置页的可缓存性

当 Web 服务器项请求浏览器发送响应时，服务器会在响应的 HTTP 头中包含一个 CacheControl 字段，该字段定义可以缓存该页的设备。根据应用程序的需要，可以分别定义哪些设备应该或不应缓存各个 ASP.NET 页。

在 ASP.NET 中，可以通过在页面文件中使用@OutputCache 指令，以声明的方式设置页的可缓存性，还可以通过编程方式设置页面的可缓存性。

在以声明性方式设置页输出缓存的方式中，通过在页面文件或用户控件文件中添加 @OutputCache 指令来完成，并设置 Duration、Location 和 VaryByParam 或 VaryByControl 属性来完成。前面两个属性必选，后面两个属性必选其一。

@OutputCache 指令的属性说明如表 8-3 所示。

表 8-3　@OutputCache 指令的属性说明

属　　性	说　　明
Duration	页或用户控件进行缓存的时间（以秒计）
Location	OutputCacheLocation 枚举值之一。默认值为 Any
CacheProfile	与该页关联的缓存设置的名称。可选属性，默认值为空字符串
VaryByParam	分号分隔的字符串列表，用于使输出缓存发生变化
VaryByControl	一个分号分隔的字符串列表，用于更改用户控件的输出缓存。这些字符串代表用户控件中声明的服务器控件的 ID 属性值
VaryByHeader	分号分隔的 HTTP 标头列表，用于使输出缓存发生变化。将该属性设为多标头时，对于每个指定标头组合，输出缓存都包含一个不同版本的请求文档
VaryByCustom	表示自定义输出缓存要求的任意文本

属性 Location 的值类型为 OutputCacheLocation 枚举类型，它包括的值如表 8-4 所示。

表 8-4　OutputCacheLocation 枚举类型值

属　　性	说　　明
Any	输出缓存位于产生请求的客户端浏览器、参与请求的代理服务器或处理请求的服务器上
Client	输出缓存位于产生请求的浏览器客户端上
None	对于请求的页，禁用输出缓存
Server	输出缓存位于处理请求的 Web 服务器上
ServerAndClient	输出缓存只能存储在源服务器或发生请求的客户端中。代理服务器不能缓存响应

假设设置页面可被缓存 60 秒，并且只能在服务器上被缓存，可添加如下脚本代码：

```
<%@ OutputCache Location="Server" Duration="60" VaryByParam="None" %>
```

如果未显示设置 Location 属性，则默认为 Any，也就是说可以将页输出缓存在与响应有关的所有具有缓存功能的网络设备上。

还可以在 Web.config 文件中定义缓存配置文件，在配置文件中包括 Location、Duration 和 varyByParam 设置，代码如下所示：

```
<system.web>
  <caching>
    <outputCacheSettings>
      <outputCacheProfiles>
        <add name="myCache" location="Server" Duration="60"
            varyByParam="none"/>
      </outputCacheProfiles>
    </outputCacheSettings>
  </caching>
</system.web>
```

然后，在页面或用户控件文件中包含@OutputCache 指令，并将 CacheProfile 属性设置为 Web.config 文件中定义的缓存配置文件的名称，代码如下：

```
<%@ OutputCache CacheProfiles="myCache" %>
```

（2）缓存一个页面的多个版本

ASP.NET 允许在输出缓存中缓存同一页的多个版本。输出缓存可能会因下列因素而异。

● 初始请求中的查询字符串，使用 VaryByParam 属性。

● 回发时传递的控制值，使用 VaryByControl 属性。

● 随请求传递的 HTTP 标头，使用 VaryByHeader 属性。

● 发出请求的浏览器的主版本号，使用 VaryByCustom 属性。

● 该页中的自定义字符串，使用 VaryByCustom 属性。在这种情况下，可以在 Global.asax 文件中创建自定义代码以指定该页的缓存行为。

通常使用 VaryByParam 属性来设置网页的多个版本。例如，在商品明细信息页，通过查询字符串传递参数来显示具体某一商品，就可以为该网页创建多个版本，代码如下：

```
<%@ OutputCache duration="60" VaryByParam="WareID" %>
```

将 VaryByParam 属性设为 WareID，当请求该网页传递的参数不同（商品 ID）时，就创建一个新版本并存入缓存，在未过期之前，所有对该商品查看的访问都将从缓存中获取。

（3）部分页缓存

部分页缓存通常通过用户控件来包含缓存的内容，然后将用户控件标记为可缓存来缓存部分页输出。该选项允许缓存页中的特定内容，而每次都重新创建整个页。例如，如果创建的页显示大量动态内容（如股票信息），同时也有些部分是静态的，则可以在用户控件中创建这些静态部分并将用户控件配置为缓存。

在标识了要缓存的页的部分，并创建了用以包含这些部分中的用户控件后，还需确定用户控件的缓存策略。在.ascx 文件中使用@OutputCache 指令来设置，代码如下所示：

```
<%@ OutputCache duration="60" VaryByParam="None" %>
```

例 8-1：部分缓存示例。

创建一个用户控件 WebUserControl.ascx，放入一个 Label 控件用于显示当前时间，并设置该用户控件将缓存 120 秒。WebUserControl.ascx 文件代码如下：

```
<%@ Control Language="C#" AutoEventWireup="true"
    CodeFile="WebUserControl.ascx.cs" Inherits="WebUserControl" %>
<%@ OutputCache Duration="120" VaryByParam="none" %>
被缓存的用户控件：<asp:Label ID="Label1" runat="server" Text="Label"></asp:Label>
```

WebUserControl.ascx.cs 文件代码如下：

```
protected void Page_Load(object sender, EventArgs e)
{
    Label1.Text = DateTime.Now.ToLongTimeString();
}
```

然后添加页面 Default.aspx，添加一个 Label 控件，在 Page_Load 事件方法中输出服务器当前时间，然后添加该用户控件。浏览页面效果如图 8-1 所示。

从图 8-1 可以看到，两个 Label 显示的时间一致。当刷新页面后，页面中的 Label 控件的值立即发生变化，而且一直递增，而用户控件中的 Label 显示的时间仍然没有变化，如图 8-2 所示。

这是因为刷新请求获取的用户控件位于缓存中，所以它的数据没有变化。再次刷新页面，将会看到两个 Label 同时发生变化，如图 8-3 所示。

页面中的时间：10:02:42 被缓存的用户控件：10:02:42	页面中的时间：10:03:20 被缓存的用户控件：10:02:42	页面中的时间：10:04:44 被缓存的用户控件：10:04:44
图 8-1　页面效果图	图 8-2　页面效果图	图 8-3　页面效果图

这是由于用户控件被缓存后的时间超过了 120 秒，用户控件缓存过期，当再次请求它时，将重新创建并再次被缓存。

当缓存控件被添加到页面后，页面中还可以设置缓存设置，这时必须考虑两者的输出缓存时间。如果页的输出缓存持续时间长于用户控件的输出缓存持续时间，则页的输出缓存持续时间优先。例如，如果页的输出缓存设置为 100 秒，而用户控件的输出缓存设置为 50 秒，则包括用户控件在内的整个页将在输出缓存中存储 100 秒，而与用户控件较短的时间设置无关。

在例 8-1 中，在 Default.aspx 页面中添加缓存设置，将设置缓存时间为 200 秒，代码如下：

```
<%@ OutputCache duration="200" VaryByParam="None" %>
```

在浏览页面时，即使时间超过了 120 秒，用户控件的 Label 值也没有变化，而是直到 200 秒后才和页面一起发生变化。

不过，如果页的输出缓存持续时间比用户控件的输出缓存持续时间短，则即使已为某个请求重新生成该页的其余部分，也将一直缓存用户控件直到其持续时间到期为止。例如，如果页面的输出缓存设置为 50 秒，而用户控件的输出缓存设置为 100 秒，则页的其余部分每到期两次，用户控件才到期一次。

任务实施

步骤 1. 新建一个 ASP.NET 网站，命名为 "CacheDemo"。

步骤 2. 在 SQL Server2005 中新建名为 "Movies" 的数据库，并在其中添加名为 "Movies" 的表，用于保存电影信息。定义表的 SQL 语句如下所示：

```
CREATE TABLE [dbo].[Movies]
(     [MoviesId] [int] NOT NULL PRIMARY KEY,
      [MoviesTitle] [nvarchar](50) COLLATE Chinese_PRC_CI_AS NULL,
      [MoviesDirector] [nvarchar](50) COLLATE Chinese_PRC_CI_AS NULL,
      [MoviesReleased] [datetime] NULL
)
```

步骤 3. 打开 Default.aspx 页，添加 GridView 控件用于显示电影标题列表，如图 8-4 所示。

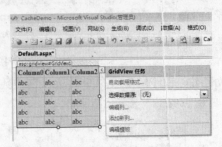

图 8-4　添加 GridView 控件

步骤 4. 为 GridView 控件设置数据源，单击"选择数据源"右边的下拉列表，选择"新建数据源"，出现如图 8-5 所示的对话框。选择"数据库"后，单击"确定"按钮。

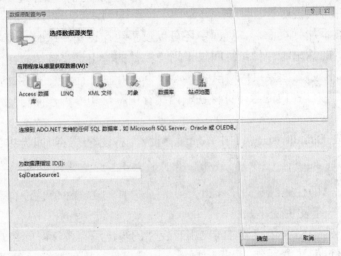

图 8-5　数据源配置向导

步骤 5. 在出现的"配置数据源"窗口中选择"新建连接"，并对出现的"添加连接"进行设置：设置服务器名为"."，选择"使用 Windows 身份验证"，选择数据库名为"Movies"。如图 8-6 所示，单击"确定"按钮，创建数据连接。

步骤 6. 数据连接创建完成后，单击"下一步"按钮，打开图 8-7 所示对话框。选择数据表和列，在如图 8-7 所示的对话框中选择名称为"Movies"表，并选中"MoviesId"和"MoviesTitle"两个复选框，单击"下一步"按钮直到完成数据源的配置。

步骤 7. 单击 GridView 右上角的 ▷ 图标，选择"编辑列"，在出现的字段对话框中删除所有的选定字段。从"可用字段"中添加"HyperLinkField"字段，并设置该字段的 HeaderText 属性为"电影标题"，DataTextField 属性为"MoviesTitle"，DataNavigateUrlFields 属性为"MoviesId"，DataNavigateUrlFormatString 属性为"Default.aspx?id={0}"，如图 8-8 所示。

步骤 8. 在网站中添加显示电影详细信息的用户控件 MovieDetail.ascx，并添加 DetailsView 控件，用于显示电影详细信息。已经添加的连接字符串，不需要再次创建，直至出现如图 8-9 所示的对话框。

图 8-6　"添加连接"对话框

图 8-7　"配置数据源"对话框

图 8-8　"字段"对话框

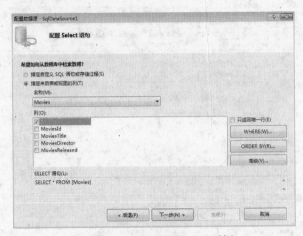

图 8-9   "配置数据源"对话框

在图 8-9 所示对话框中，在"名称"下拉列表框中选择"Movies"，并选中"*"复选框，即表示全部字段；单击"WHERE"按钮，设置获取需要显示的电影 ID，如图 8-10 所示。设置完成之后，单击"添加"和"确定"按钮。

图 8-10   添加 WHERE 子句

步骤 9. 将用户控件 MovieDetail.ascx 拖入到 Default.aspx 页面，如图 8-11 所示。

步骤 10. 浏览 Default.aspx 页面，选中一个电影标题的现实效果，如图 8-12 所示。

图 8-11   Default.aspx 页面的设计界面

图 8-12   Default.aspx 页面的显示效果

步骤 11. 对 MovieDetail.ascx 用户控件进行缓存，以提高访问效率。打开 MovieDetail.ascx 文件的源编辑界面，在@Control 指令下添加如下代码：

```
<%@ Control Language="C#" AutoEventWireup="true" CodeFile="MovieDetail.ascx.cs"
Inherits="MovieDetail" %>
<%@ OutputCache Duration="60" VaryByParam="id" %>
```

步骤 12. 为了更好地判断是否进行了缓存，在 MovieDetail.ascx 用户控件的 DetailsView 控件的下方添加一个 Label 用于显示系统时间，界面如图 8-13 所示。

在 Default.aspx 页面的 GridView 的下方添加一个 Label 用于显示系统时间和一根水平线以示区别，界面如图 8-14 所示。在 MovieDetail.ascx 用户控件和 Default.aspx 页面的 Page_Load 事件中添加如下代码：

```
protected void Page_Load(object sender, EventArgs e)
{
    Label1.Text = DateTime.Now.ToString();
}
```

图 8-13　MovieDetail.ascx 用户控件的设计界面　　图 8-14　Default.aspx 页面的设计界面

步骤 13. 浏览 Default.aspx 页面，选中一个电影标题显示效果，如图 8-15 所示。选择另一个电影标题的显示效果，如图 8-16 所示。再次选中前一次选择的电影标题的显示效果，如图 8-17 所示。

图 8-15　Default.aspx 页面的显示效果　　图 8-16　Default.aspx 页面的显示效果

图 8-17 Default.aspx 页面的显示效果

任务 2 跟 踪 检 测

任务场景

在 Web 应用程序开发过程中，开发人员可以使用内部的调试器发现并解决问题，但是在产品发布环境下，考虑到安全以及版权，使用调试器对于管理员来说是一个巨大的任务。为了收集统计，ASP.NET 使用 Trace 对象跟踪 HTTP 头信息以及会话状态信息。

在本任务中，通过跟踪项目 9 任务 1 中的电影浏览页面，将用户控件中的时间显示在 Trace 中。

知识引入

8.4 跟踪概述

利用跟踪技术，可以查看有关对 ASP.NET 页请求的诊断信息，允许开发人员在代码中直接编写调试语句，而不必将应用程序部署到成品服务器时从应用程序中删除这些语句，仅仅通过设置编译开关就可以完成。

ASP.NET 跟踪机制将消息写入显示在 ASP.NET 网页和跟踪查看器 Trace.axd 中。可以直接查看追加到页面末尾的跟踪信息，也可以使用单独的跟踪查看器查看。若要通过跟踪查看器查看，一般在浏览器中定位到 Web 应用的根目录（如 http://localhost/网站名称），在后面加上 Trace.axd 即可。例如对项目 4 中 SuperMarketWeSite 应用程序进行跟踪，其界面如图 8-18 所示。

单击"查看详细信息"超链接，可浏览每个页面的跟踪输出消息，如图 8-19 所示。

跟踪输出一般分为几个部分，如表 8-5 所示。

在实际应用中，开发人员会查看跟踪的详细信息，该信息一般显示方式如图 8-20 所示。

图 8-20 显示了页面生命周期中的事件和用户自定义的输出消息，从中可以查看各事件方法运行的时间以及相关变量的输出，从而帮助我们对应用程序执行情况的分析。

图 8-18　"应用程序跟踪"界面

图 8-19　查看跟踪输出消息

表 8-5　跟踪信息输出说明

输出信息类别	说　明
请求详细信息	显示关于当前请求和响应的常规信息
跟踪信息	显示页级事件流。如果创建了自定义跟踪消息，这些消息也将显示在"跟踪信息"部分
控件树	显示关于在页中创建的 ASP.NET 服务器控件的信息
会话状态	显示关于存储在会话状态中的值的信息
应用程序状态	显示关于存储在应用程序状态中的值的信息
Cookie 集合	显示关于针对每个请求和响应在浏览器和服务器之间传递的 Cookie 的信息。该部分既显示持久性 Cookie，也显示会话 Cookie
标头集合	显示关于请求和响应消息的标头名称/值对（提供关于消息体或所请求的资源的信息）的信息。标头信息用来控制请求消息的处理方式和响应消息的创建方式
窗体集合	显示名称/值对，对显示在回发期间的请求中提交的窗体元素值（控件值）
Querystring 集合	显示在 URL 中传递的值
服务器变量	显示服务器相关的环境变量的集合和请求标头信息。HttpRequest 对象的 ServerVariables 属性返回服务器变量的 NameValueCollection

跟踪信息

类别	消息	From First(s)	From Last(s)
aspx.page	Begin PreInit		
aspx.page	End PreInit	0.139401016270595	0.139401
aspx.page	Begin Init	0.13954370476826	0.000143
aspx.page	End Init	0.140636452291742	0.001093
aspx.page	Begin InitComplete	0.140668788174306	0.000032
aspx.page	End InitComplete	0.140687265821485	0.000018
aspx.page	Begin PreLoad	0.140703177128779	0.000016
aspx.page	End PreLoad	0.14071960170405	0.000016
aspx.page	Begin Load	0.14073602627932	0.000016
aspx.page	End Load	0.140835600266899	0.000100

图 8-20　跟踪信息的显示方式

8.5　页面级跟踪

可以控制是否启用单个页面的跟踪。如果启用了页面级跟踪，在请求该页时，ASP.NET 会为该页附加一系列的表，表中包含关于该页请求的执行详细信息。默认情况下，ASP.NET 网页是禁用跟踪的。

在页面文件的@Page 指令中设置 Trace 属性为 true，即可启用页面级跟踪。代码如下：

```
<%@ Page Trace="true" %>
```

还可以设置 TraceMode 属性，以指定跟踪消息出现的顺序。该属性包括 SortByTime 和 SorttByCategory，前者将按跟踪消息的处理顺序对跟踪消息进行排序，后者则按在页或服务器控件代码的 System.Web.TraceContext.Warn 和 System.Web.TraceContext.Write 方法调用中指定的类别对消息进行排序。默认值为 SortByTime。

在实际开发中，经常需要对某些关键变量进行跟踪，或者是执行到一段代码后给出提示消息等。消息的输出，可通过 Page 类的 Trace 属性来完成。Trace 属性返回当前 Web 请求的 TraceContext 对象，该对象捕获并提供有关 Web 请求的详细信息，通过调用它的方法（Write 和 Warn）可将消息追加到特定的跟踪类别。Write 和 Warn 都可以输出跟踪信息，只是后者输出的文本显示为红色。

下面的代码启用 default.aspx 页的页面级跟踪，并在页面的默认事件 Page_Load 中自定义输出消息。

```
protected void Page_Load(object sender, EventArgs e)
{
    Trace.Warn("ASPNET_TRACE","Page_Load");
}
```

代码中，将消息“Page_Load”输出到 ASPNET_TRACE 类别。浏览页面查看跟踪信息，如图 8-21 所示。

跟踪信息

类别	消息	From First(s)	From Last(s)
aspx.page	Begin PreInit		
aspx.page	End PreInit	6.67248370374172E-05	0.000067
aspx.page	Begin Init	9.18749679207514E-05	0.000025
aspx.page	End Init	0.000238669609403069	0.000147
aspx.page	Begin InitComplete	0.000259200328491505	0.000021
aspx.page	End InitComplete	0.000276651439716676	0.000017
aspx.page	Begin PreLoad	0.000292562747010214	0.000016
aspx.page	End PreLoad	0.000308474054303752	0.000016
aspx.page	Begin Load	0.000324898629574501	0.000016
ASPNET_TRACE	Page_Load...	0.000594877585587435	0.000270
aspx.page	End Load	0.000621567520402402	0.000027

图 8-21　查看跟踪信息

8.6　应用程序级跟踪

通过对应用程序的 Web.config 文件进行配置，也可以在所有页（除显示设置跟踪的页）中控制是否显示跟踪信息。

页面级的跟踪设置将覆盖应用程序级的设置。即使应用程序级启用了跟踪，如果在页面中通过显式设置禁用了跟踪，则该页面上也不会显示跟踪信息，或者说如果在应用程序级禁用了启用跟踪，而页面上启用跟踪，也可以查看该页的跟踪信息。

在 Web.config 文件中，通过对<trace>节点进行设置，即可启用或禁用应用程序级跟踪。<trace>节点的相关配置属性如表 8-6 所示。

表 8-6　<trace>节点的相关配置属性

属　　性	说　　明
Enabled	若要对应用程序启用跟踪，则为 true；否则为 false。默认为 false
pageOutput	若要在页中和跟踪查看器（Trace.axd）中显示跟踪，则为 true；否则为 false。默认为 false
RequestLimit	要在服务器上存储的跟踪请求书，默认值为 10
traceMode	跟踪信息的显示顺序
localOnly	若要使跟踪查看器（Trace.axd）只在主机 Web 服务器上可用，则为 true,否则为 false。默认为 true
mostRecent	若要在跟踪输出中显示最新的跟踪信息，则为 true，否则为 false，表示一旦超出 requestLimit 值，则不存储新的请求。默认值为 false

假设要为应用程序配置跟踪，且要求最多可收集 40 个请求的跟踪信息，并允许使用服务器以外的计算机上的浏览器显示跟踪查看器，可配置如下代码：

```
<configuration>
    <system.web>
        <trace enabled="true" requestLimit="40" localOnly="false"/>
    </system.web>
</configuration>
```

通过代码配置，在浏览应用程序中的任何页面时都会看到跟踪消息。但若页面的@Page指令中禁用了跟踪，将不会看到任何跟踪信息。

任务实施

步骤 1．打开名为"CacheDemo"的 ASP.NET 网站。

步骤 2．在 Default.aspx 页面中启用跟踪，修改 Default.aspx 文件的@Page 指令，修改代码如下：

```
<%@ Page Language="C#" AutoEventWireup="true" CodeFile="Default.aspx.cs" Inherits="_Default"
Trace="true" %>
```

步骤 3．在 MovieDetail.ascx 的 Page_Load 事件中添加如下代码，设置跟踪系统时间。

```
protected void Page_Load(object sender, EventArgs e)
{
    Label1.Text = DateTime.Now.ToString();
    Trace.Warn(Label1.Text);
}
```

步骤 4. 浏览 Default.aspx 页面，效果如图 8-22 所示。

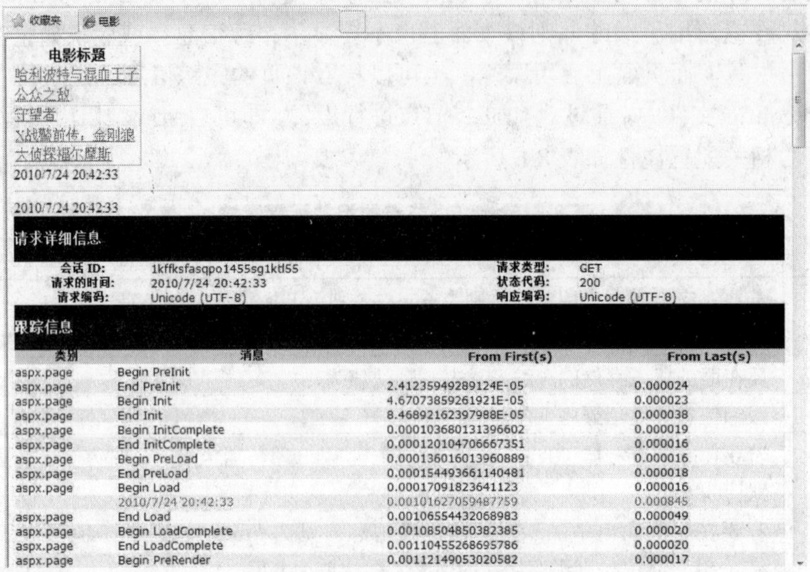

图 8-22   Default.aspx 页面效果

任务 3   站 点 部 署

任务场景

构建应用程序的一个重要方面还应考虑如何打包，以方便部署应用程序。大多数 Web 应用程序都仅在内部发布，此时使用简单的复制功能就足够了。但如果允许其他人购买或使用 Web 应用程序，就需要通过打包使部署过程尽可能简单。

本任务将实现对项目 8 任务 1 的部署。

知识引入

8.7   部署站点概述

部署 ASP.NET Web 站点的方式很多，包括站点复制、站点发布和创建安装程序包。

8.7.1　复制站点

复制站点是通过使用站点复制工具将 Web 站点的源文件复制到目标站点来完成站点的部署。站点复制工具集成在 Visual Studio 2008 的 IDE 中。

1．站点复制工具简介

站点复制工具可以在当前站点与另一个站点之间复制文件。在 Visual Studio 中创建任何类型的站点，包括本地站点、IIS 站点、远程（FrontPage）站点和 FTP 站点。该工具支持同步功能，同步检查两个站点上的文件并确保所有文件都是最新的。

使用站点复制工具可将文件从本地计算机移植到测试服务器或成品服务器上。站点复制工具在无法从远程站点打开文件以进行编辑的情况下，可以将文件复制到本地计算机上，在编辑这些文件后再将它重新复制到远程站点；还可以在完成开发后使用该工具将文件从测试服务器复制到成品服务器上。

使用站点复制工具的优点：

- 只需将文件从站点复制到目标计算机即可完成部署。
- 可以使用 Visual Web Developer 所支持的任何连接协议部署到目标计算机。如果需要，可以直接在服务器上更改网页或修复网页中的错误。
- 如果使用的是其文件存储在中央服务器中的项目，则可以使用同步功能确保文件的本地和远程版本保持同步。

使用站点复制工具的缺点：

- 站点是按原样复制的。因此，如果文件包含编译错误，则只有用户运行引发该错误的网页时才会发现该错误。
- 由于没有经过编译，所以当用户请求网页时将执行动态编译，并缓存编译后的资源。因此，对站点的第一次访问速度较慢。
- 由于发布的是源代码，因此其代码是公开的，可能导致代码泄漏。

2．使用站点复制工具

（1）连接到目标站点

假设已经开发完成了一个 Web 站点，现在需要使用站点复制工具来部署该站点。首先，从 Vistual Studio 2008 的 IDE 中，单击"网站"菜单项，然后选择"复制网站"命令即可打开站点复制工具，如图 8-23 所示。

从图 8-23 中可以看出，该界面非常类似于常见的 FTP 文件上传工具，第一行区域设定连接的目标站点，其下分为左右两部分，左边为源站点，右边为远程站点（也称目标站点）。在源站点和远程站点的文件列表框中，显示了站点的目录结构，并能看到每个文件的状态和修改日期。

要复制站点文件，必须先连接到目标站点。站点复制工具能够让复制操作指定目标，该目标可以是文件系统站点、本地 IIS Web 站点、FTP 站点或远程 Web 站点。

单击"连接"按钮，打开"打开网站"对话框，指定目标站点，如图 8-24 所示。

图 8-23 "复制网站"对话框

图 8-24 "打开网站"对话框

这里选择"文件系统"选项，并指定目标站点存储在"C:\Inetpub\wwwroot\Demo"目录下，单击"打开"按钮，即可连接到目标站点。

一旦连接成功后，该连接在打开该站点时就是活动的。如果不需要连接到远程站点，则可以删除连接。

（2）复制源文件

可以使用站点复制工具复制构成站点的所有源文件，具体包括：

● ASPX 文件。

● 代码隐藏文件。

● 其他 Web 文件（如静态 HTML 文件、图像等）。

复制工具允许逐个复制文件或一次复制所有文件。通常第一次发布时使用一次性复制所有文件，而以后每次在本地修改了个别文件后则使用逐个复制的方法。例如，在源站点的文件列表中，选中所有文件后单击"复制"按钮或直接右击并选择"将站点复制到远程站点"命令，将一次复制所有文件；当选中某个文件后单击"复制"按钮或右击并选择"复制选定的文件"命令即可复制该文件。操作界面如图 8-25 所示。

图 8-25　"复制选定文件"效果图

在进行文件复制的时候，需要注意以下几点：

● 文件的较旧版本不会覆盖较新版本。因此，即使在复制了整个站点以后，两个站点也可能不同。

● 如果所复制的文件包括一个已删除的文件而目标站点中仍有该文件的副本，则将提示是否也要删除目标站点中的该文件。

● 如果所复制的文件在目标站点中已发生更改，将提示是否要改写目标站点中的该文件。

（3）同步文件

在实际开发过程中，有时候需要将开发的站点部署到一个测试服务器。但在测试的过程中，有可能在本地开发中修改了某个文件或者是直接在测试服务器上修改了某些文件，这时候源站点和远程站点中的某些文件就不同步了。这时，可以选择"同步站点"或是选中单个文件后再单击"同步"按钮进行同步。

一般在使用同步站点时，复制工具将检查所有文件的状态并执行以下任务：

● 将新建文件复制到没有该文件的站点中。

● 复制已更改的文件，使得两个站点都具有该文件的最新版本。

● 不复制未更改的文件。

在同步过程中，将检测以下条件并给出提示信息，如表 8-7 所示。

表 8-7　同步过程的提示信息

条　　件	结　　果
已删除了一个站点上的文件	提示是否要删除另一个站点上的相应文件
文件在两个站点上的时间戳不同（在不同时间对两个站点上的该文件进行了添加或编辑）	提示要保留哪一个版本

8.7.2 发布站点

1. 发布站点概述

发布站点将编译站点，并将输出复制到指定位置。主要完成以下任务：

● 将 App_Code 文件夹中的页、源代码等预编译到可执行输出中。

● 将可执行输出写入目标文件夹。

同"站点复制"相比，发布站点具有以下优点：

● 预编译过程能发现任何编译错误，并在配置文件中标识错误。

● 单独页的初始响应速度更快，因为页已被编译过。

● 不会随站点部署任何程序代码，从而保证了程序文件一定的安全性，并可以带标记保护发布站点；若不带标记保护发布站点，就将把.aspx 文件按原样复制到站点中并允许在部署后对其布局进行更新。

2. 预编译站点

（1）预编译概述

发布的第一步是预编译站点。预编译实际执行的编译过程与通常在浏览器中请求页时发生的动态编译的编译过程相同。预编译站点有以下优点：

● 可以加快用户的响应时间，因为页和代码文件在第一次被请求时无需编译。

● 可以在用户看到站点之前识别编译时的 bug。

● 可以创建站点的已编译版本，并将该版本部署到成品服务器，而无需源代码。

ASP.NET 提供了两种预编译站点的类型：预编译现有站点和针对部署的预编译。

① 预编译现有站点

可以通过预编译现有站点来稍稍提高站点的性能。对于经常更改和补充 ASP.NET 网页及代码文件的站点则更是如此。对于内容不固定的站点，动态编译新增页和更改页所需的额外时间会影响用户对站点质量的感受。

在执行就地预编译时，将编译所有 ASP.NET 文件类型（HTML 文件、图形和其他非 ASP.NET 静态文件将保持原状）。在预编译过程中，编译器将为所有可执行输出创建程序集，并将程序集放在"%SystemRoot%\Microsoft.NET\Framework\version\Temporary ASP.NET Files"文件夹中，ASP.NET 将通过此文件夹中的程序集来完成页请求。

如果再次预编译站点，那么将只编译新文件或更改过的文件，由于编译的优化，即使是在细微的更新之后也可以编译站点。

② 针对部署的预编译

预编译站点的另一个用处是生成可以部署到成品服务器的站点的可执行版本。针对部署进行预编译，并将以布局形式创建输出，其中包括程序集、配置信息、有关站点文件夹的信息以及静态文件等。站点编译之后，可以使用类似 FTP 工具将其部署到成品服务器。部署完成之后即可运行。

可以通过针对部署或针对部署和更新进行预编译的两种方式来针对部署进行预编译。

当仅针对部署进行预编译时，所有 ASP.NET 源文件将生成程序集。其中包括页中的程序代码、.cs 和.vb 类文件以及其他代码文件和资源文件。编译器将从输出中删除所有源代码和标记。在生成的布局中，为每个.aspx 文件生成编译后的文件（扩展名为.compiled），该文件包括指向该页相应程序集的指针。如要更改站点（包括页的布局），则必须更改原始文件，重新编译站点并重新部署布局，但可以更改成品服务器上的 Web.config 文件，而无需重新编译站点。

当对部署和更新站点进行预编译时，编译器将所有源代码（.aspx 文件除外）和资源文件生成程序集。编译器将.aspx 文件转换成使用编译后的代码隐藏模型的单个文件，并将它们复制到布局中。使用此方式，可以在编译站点中的 ASP.NET 网页之后，对它们进行有限的更改。例如，可以更改控件的排列、页的颜色、字体和其他外观元素，还可以添加不需要事件处理程序或其他代码的控件。

（2）预编译期间对文件的处理

① 编译的文件

预编译过程是对 ASP.NET Web 应用程序中各种类型文件的执行操作。文件的处理方式各不相同，这取决于应用程序预编译是只用于部署还是用于部署和更新。

表 8-8 描述了不同的文件类型以及应用程序预编译只用于部署时对这些文件类型所执行的操作。

表 8-8　用于部署时对各种文件类型所执行的操作

文 件 类 型	预编译操作	输 出 位 置
.aspx .ascx .master	生成程序集和一个指向该程序集的.compiled 文件。原始文件保留在原位置，作为完成请求的占位符	程序集和.compiled 文件写入 Bin 文件夹中。页被输出至与源文件相同结构的位置，并删除.aspx 文件的内容，而 .ascx、.master 文件不会被复制
.asmx .ashx	生成程序集，原始文件保留在原位置，作为完成请求的占位符	Bin 文件夹
App_Code 文件夹中的文件	生成一个或多个程序集（取决于 Web.config 设置）	Bin 文件夹
未包含在 App_Code 文件夹中的.cs 或.vb 文件	与依赖与这些文件的页或资源一起编译	Bin 文件夹
Bin 文件夹中的.dll 文件	按原样复制文件	Bin 文件夹
资源（.resx）文件	App_LocalResources 或 App_Global-Resources 文件夹中的.resx 文件，生成一个或多个程序集以及一个区域性结构	Bin 文件夹
App_Themes 文件夹及子文件夹中的文件	在目标位置生成程序集并生成指向这些程序集的.compiled 文件	Bin 文件夹
静态文件（.html、.htm、图形文件等）	按原样复制文件	与源结构相同
浏览器定义文件	按原样复制文件	App_Browsers

文 件 类 型	预编译操作	输 出 位 置
依赖项目	将依赖项目的输出生成到程序集中	Bin 文件夹
Web.config 文件	按原样复制文件	与源结构相同
Global.asax 文件	编译到程序集中	Bin 文件夹

表 8-9 描述了不同的文件类型以及应用程序预编译对部署和更新时对这些文件类型所执行的操作。

表 8-9   对部署和更新时对这些文件类型所执行的操作

文 件 类 型	预编译操作	输 出 位 置
.aspx .ascx .master	对于具有代码隐藏类文件的所有文件，生成一个程序集，并将这些文件的单文件版本复制到目标位置	程序集文件写入 Bin 文件夹中。.aspx、.ascx、.master 文件被输出至与源结构相同的位置
.asmx .ashx	按原样复制文件，但不编译	与源结构相同
App_Code 文件夹中的文件	生成一个程序集和一个.compiled 文件	Bin 文件夹
未包含在 App_Code 文件夹中的.cs 或.vb 文件	与依赖于这些文件的页或资源一起编译	Bin 文件夹
Bin 文件夹中的.dll 文件	按原样复制文件	Bin 文件夹
资源（.resx）文件	App_GlobalResources 文件夹中的.resx 文件，生成一个或多个程序集以及一个区域性结构；App_LocalResources 文件夹中的.resx 文件，按原样复制到输出位置的 App_LocalResources 文件夹中	程序集放置在 Bin 文件夹中
App_Themes 文件夹及子文件夹中的文件	按原样复制文件	与源结构相同
静态文件（.html、.htm、图形文件等）	按原样复制文件	与源结构相同
浏览器定义文件	按原样复制文件	App_Browsers
依赖项目	将依赖项目的输出生成到程序集中	Bin 文件夹
Web.config 文件	按原样复制文件	与源结构相同
Global.asax 文件	编译到程序集中	Bin 文件夹

② .compiled 文件

对于 ASP.NET Web 应用程序中的可执行文件、程序集和程序集名称以及文件扩展名为.compiled 的文件都是在编译时生成的，.compiled 文件不包含可执行代码，它只包含 ASP.NET 查询相应的程序集所需的信息。

在部署预编译的应用程序之后，ASP.NET 使用 Bin 文件夹下的程序集来处理请求。预编译输出包含.aspx 或.asmx 文件，不包含任何代码，采用该方式来限制对特定文件的访问。

③ 更新部署的站点

在部署预编译的站点之后，还可以对站点中的文件或页面布局进行一定的更改。表 8-10 描述了不同类型的更改所造成的影响。

表 8-10　不同文件类型的更新比较

文 件 类 型	允许的更改（仅部署）	允许的更改（部署和更新）
静态文件（.html、.htm、图形文件等）	可以更改、删除或添加静态文件。当 ASP.NET 网页引用的页或页元素已被更改或删除，可能会发生错误	可以更改、删除或添加静态文件。当 ASP.NET 网页引用的页或页元素已被更改或删除，可能会发生错误
.aspx 文件	不允许更改现有的页。不允许添加新的.aspx 文件	可以更改.aspx 文件的布局和添加不需要代码的元素，还可以添加新的.aspx 文件（该文件通常在首次请求时进行编译）
.skin 文件	忽略更改和新增的.skin 文件	允许更改和新增的.skin 文件
Web.config	允许更改，这些更改将影响.aspx 文件的编译	如果所做的更改不会影响站点或页的编译（包括编译器设置、信任级别和全球化），则允许进行更改
浏览器定义文件	允许更改和新增文件	允许更改和新增文件
从资源（.resx）文件编译的程序集	可以为全局和局部资源添加新的资源程序集文件	可以为全局和局部资源添加新的资源程序集

3. 发布站点

（1）使用站点发布工具

使用集成在 Vistul Studio 2008 的 IDE 中的站点发布工具来完成站点的发布。通过选择"生成"菜单的"发布站点"命令或在"解决方案资源管理器"里右击 Web 项目并选定"发布站点"命令可打开"发布网站"对话框，如图 8-26 所示。

图 8-26　"发布网站"对话框

在图 8-26 所示"发布网站"对话框中有 3 个复选框控制着预编译的执行，它们的含义分别如下：

① 允许更新此预编译站点：指定.aspx 页面的内容不编译到程序集中，而是标记保留原样，从而能够在预编译站点后更改 HTML 和客户端功能。选中该复选框将执行部署和更新的预编译，反之则仅执行部署的预编译。

② 使用固定命名的单页程序集：指定在预编译过程中将关闭批处理，以便生成带有固定名称的程序集，将继续编译主题文件和外观文件到单个程序集。

③ 对预编译程序集启用强命名：指定使用密钥文件或密钥容器使生成程序集具有强名称，以对程序集进行编码并保证未被恶意篡改。在选中此复选框后，可以执行以下操作：

- 指定要使用的密钥文件的位置以对程序集进行签名。如果使用密钥文件，可以选中"延迟签名"复选框，它以两个阶段对程序集进行签名：首先使用公钥文件进行签名，然后使用在稍后调用 aspnet_compiler.exe 命令过程中指定的私钥文件进行签名。
- 从系统的 CSP（加密服务提供程序）中指定密钥容器的位置，用来为程序集命名。
- 选择是否使用 AllowPartiallyTrustedCallers 属性标记程序集，此属性允许由部分受信任的代码调用强命名的程序集。没有此声明，只有完全受信任的调用方可以使用这样的程序集。

为发布站点选择不同的目标，单击"目标位置"文本框右边的按钮，即可进入"发布网站"对话框，如图 8-27 所示。

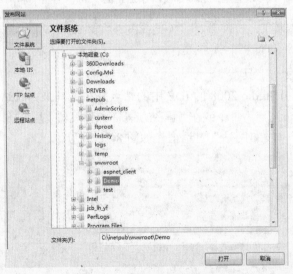

图 8-27 "发布网站"对话框

可以选择其中一种发布目标，如文件系统，并将预编译生成布局输出到"C:\Inetpub\wwwroot\Demo"目录。单击"打开"按钮返回"发布网站"对话框，单击"确定"按钮即可启动发布。

（2）配置已发布站点

发布网站的过程将对网站中的可执行文件进行编译，然后将输出写入指定的文件夹中。由于测试环境与发布应用程序的位置之间存在配置差异，所以发布的应用程序可能与测试环境中的应用程序行为不同。如果出现这种情况，在发布网站后可能需要更改配置设置，完成以下配置任务：

① 检查原始站点的配置和已发布站点需要更改的设置。开发站点与成品站点的常见设置包括连接字符串、成员资格设置、调试设置、跟踪、自定义错误等其他安全设置。

因为配置设置是继承的，开发人员需要查看 Machine.config 文件的本地版本或位于 %SystemRoot%\Microsoft.NET\Framework\vsrsion\CONFIG 目录下的 Web.config 文件以及应用程序中的任何 Web.config 文件。

② 发布站点以后，最好使用不同用户账户测试已发布站点的所有网页。如果已发布的站点与原始站点行为不同，可能需要对已发布的站点进行配置更改。

③ 若要查看已发布站点的配置设置，需打开远程站点并直接编辑远程站点的 Web.config 文件。

④ 比较已发布的站点与原始站点的配置设置。在已发布站点的 Web 服务器上，除应用程序的 Web.config 文件外，还需要查看 Machine.config 文件或位于远程计算机的 %SystemRoot%\Microsoft.NET\Framework\vsrsion\CONFIG 目录下的 Web.config 文件。

⑤ 对敏感配置设置（如安全设置和连接字符串）进行加密。

8.7.3 Web 项目安装包

可以通过创建 Web 安装项目生成.msi 文件或其他文件（setup.exe 和 Windows 组件文件），即 Web 项目安装包。然后将该安装包复制到其他计算机，运行.msi 或 setup.exe 可执行文件即可完成 Web 项目的安装。

1. 安装项目概述

安装项目用于创建安装程序，以便分发应用程序。最终的 Windows Installer（.msi）文件包含应用程序、任何依赖文件以及有关应用程序的信息（如注册表项和安装说明等）。当.msi 文件在另一台计算机上分发和运行时，就可以确信安装所需的一切都已就绪；如果安装因某种原因而失败（如目标计算机没有所需的操作系统版本），则安装进度条将被回滚，计算机将返回到安装前的状态。

在 Visual Studio 2008 中有两种类型的安装项目，即安装项目和 Web 安装项目。安装项与 Web 安装项目之间的区别在于安装程序的部署位置不同：安装项目将文件安装到目标计算机的文件系统中；而 Web 安装项目将文件安装到 Web 服务器的虚拟目录中。此外，Visual Studio 2008 中提供了"安装向导"以简化创建安装项目或 Web 安装项目的过程。

与简单的复制文件相比，使用部署在 Web 服务器上的安装文件提供的好处是，可以自动处理任何与注册和配置有关的问题，如添加注册表项和自动安装数据等。

2. 创建 Web 安装项目

若要将 Web 应用程序部署到 Web 服务器，就需创建 Web 安装项目，生成它并将它复制到 Web 服务器计算机，然后使用 Web 安装项目中定义的设置，在服务器上运行安装程序来安装应用程序。

（1）创建安装项目

打开 Visual Studio 2008，单击"文件"菜单中的"添加新项目"命令，打开如图 8-28 所示对话框，在"项目类型"列表中选择"其他项目类型"下的"安装和部署"选项，然后在"模板"列表中选择"Web 安装项目"选项。

图 8-28　"新建项目"对话框

输入安装项目的名称并选择好存储路径后，单击"确定"按钮即可创建 Web 安装项目。值得注意的是，使用 Visual Studio 2008 创建的 Web 应用程序必须运行在安装.NET Framework 3.5 的计算机环境中。因此，这里需要为安装项目添加.NET Framework 3.5 组件。那么，当在未安装.NET Framework 3.5 的计算机上运行该安装包时，即可自动为其安装.NET Framework 3.5。

打开 Web 安装项目的属性设置对话框，单击"系统必备"按钮，打开"系统必备"对话框，选中.NET Framework 3.5 复选框，如图 8-29 所示。

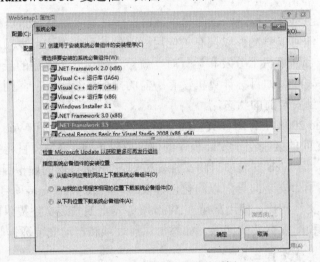

图 8-29　"系统必备"对话框

（2）添加输出文件

接下来需要为安装程序添加输出文件，即指定安装程序的内容以及这些内容将要被安装到目标计算机的什么位置。

首先，打开安装项目的"文件视图"编辑器（默认情况下该视图已打开），Web 安装项目默认创建了 Bin 目录。可以在视图中添加 Web 应用的部署文件，如程序集、.Compiled文件以及页面文件和静态文件、资源文件等，即包括所有预编译输出文件及其布局结构，或者直接包括站点的源代码及其布局结构，如图 8-30 所示。

图 8-30　添加输出文件界面

（3）测试安装

添加输出文件后，接下来编译安装项目，然后测试它是否能够正常运行。在解决方案资源管理器中右击项目名称，选择"生成"命令，启动编译。编译完成后，在项目输出文件夹下直接运行.msi 或 setup.exe 文件启动应用程序安装向导，如图 8-31 所示。

图 8-31　"安装向导"界面

在向导的指引下按默认设置逐步单击"下一步"按钮即可完成 Web 应用程序的安装。安装完成后，将在 IIS 下创建一个虚拟目录"WebSetup1"，并在 C:\Inetpub\wwwroot 目录下创建文件夹"WebSetup1"，所有输出文件都将以相同的布局放置在该文件夹中。

任务实施

步骤 1. 打开名为"CacheDemo"的 ASP.NET 网站。

步骤 2. 在解决方案资源管理器中右击打开"新建项目"对话框，在"项目类型"列表中选择"其他项目类型"下的"安装与部署"选项，在"模版"列表中选择"Web 安装项目"选项，设置输出名称和位置，名称为"CacheSetup"，位置为"F:\"，单击"确定"

按钮。

步骤 3. 在当前窗口中右击选择"Web 应用程序文件夹"选项，并选择"添加"命令，选择"项目输出"选项，在弹出的"添加项目输出组"对话框中单击"确定"按钮，如图 8-32 所示。

步骤 4. 在"解决方案资源管理器"中右击选择"CacheSetup"项目，并选择"生成"命令，如图 8-33 所示。

图 8-32　"添加项目输出组"对话框　　　　图 8-33　生成安装项目

步骤 5. 在 F:\CacheSetup\Debug 路径下可查看安装文件，如图 8-34 所示。

图 8-34　查看安装文件

项目 9　使用 AJAX 技术提升用户体验

现今，在 Web 开发领域最流行的技术就是 AJAX 技术。AJAX 能够较好地提升用户体验，更加方便地与 Web 应用程序进行交互。在传统的 Web 开发中，对页面进行操作往往需要进行回发，从而导致页面刷新，而使用 AJAX 的 Web 开发就无须产生回发，实现网页无刷新的功能。

在本项目中，通过完成 2 个任务，来提升用户访问网站的体验。

任务 1　无刷新用户名验证

任务 2　站点时钟显示

任务 1　无刷新用户名验证

任务场景

几乎所有的网页浏览者都有会员注册的经历。当浏览者将注册信息填写完后，单击"注册"按钮，注册页面提交至服务器处理，如果用户名在数据库中不存在，则注册成功；否则页面返回，提示注册不成功，这时浏览者需对若干注册信息进行重新填写和提交。

在本任务中，通过 ASP.NET 3.5 提供的 AJAX 控件，当用户名文本框失去焦点时，判断输入的用户名是否存在，如果存在则在文本框下方提示"该用户名已经存在"，否则提示"该用户名不存在，可以注册"，以实现会员注册时用户名无刷新的验证，提升用户访问 Web 页面的体验。

知识引入

9.1　认识 AJAX

在 C/S 应用程序的开发过程中，很容易做到无"刷新"样式控制，主要是因为 C/S 应用程序能够维持客户端状态，对于状态的改变能够及时捕捉。相比之下，Web 应用程序是一种无状态的应用程序，在 Web 应用程序操作过程中，需要通过 POST 等方法进行页面参数传递，这样就产生了页面刷新。

9.1.1　什么是 AJAX

AJAX（Asynchronous JavaScript and XML）是目前 Web 应用程序中广泛使用的一种技术，它改变了传统 Web 中客户端和服务器端"请求→等待→请求→等待"的模式，通过使用 AJAX 应用向服务器发送和接收需要的数据，避免产生页面刷新。

在传统的 Web 应用程序模型中，浏览器本身负责初始化客户端的请求，并处理来自服务器的响应，其工作模型如图 9-1 所示。

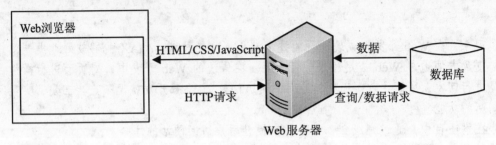

图 9-1　传统的 Web 应用模型

在上述模型中，当浏览者浏览一个 Web 页面，并进行相应的信息填写时，就需要使用表单向服务器提交信息。当用户提交表单时，就会向服务器发送一个请求，服务器接受该请求并执行相应的操作后将生成一个页面返回给浏览者。然而，在服务器处理表单并返回新的页面时，浏览者第一次浏览的页面和服务器处理表单后返回的页面在形式上基本相同。当大量的用户进行表单提交操作时，这会增加网络通信的带宽。

而作为新技术，AJAX 应用模型则不同，它提供了一个中间层 AJAX 引擎来处理服务器和客户端之间的通信。这种方式的优点在于，无须进行整个页面的回发，只是进行页面的局部更新，就能够使 Web 服务器能够尽快地响应用户的要求，其应用模型如图 9-2 所示。

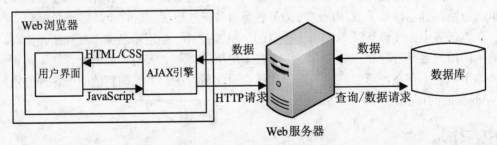

图 9-2　AJAX Web 应用模型

模型中的 AJAX 引擎实际上只是一个 JavaScript 对象或函数，只有当信息必须从服务器上获得的时候才调用它。与传统的模型不同，它不再需要为其他资源（诸如其他网页）提供链接，而是当需要调度和执行这些请求时，向 AJAX 引擎发出一个函数调用。这些请求都是异步完成的，也就意味着不必等收到响应，它就可以继续执行后续的操作。

服务器（传统模式中，它是提供 HTML、图像、CSS 或 JavaScript）将配置为向 AJAX 引擎返回其可用的数据，这些数据可以是纯文本、XML 或者需要的任何格式，唯一的要求就是 AJAX 引擎能够理解和翻译这种数据。当 AJAX 引擎收到服务器响应时，将会触发一些操作，通常是完成数据解析，并对用户界面做一些修改。由于这个过程中传送的信息比传统的 Web 应用程序模型少得多，因此用户界面的更新速度将更快，极大地提升用户的浏览体验。

从上面的分析来看，AJAX 技术看似非常复杂，其实它是多种老技术的混合体。通过将这些技术进行一定的修改和整合就形成了 AJAX 技术。AJAX 组成部分的技术主要包括：

- HTML/XHTML：页面主要内容的表示语言。
- CSS：为 HTML/XHTML 提供文本格式定义。
- DOM：对已载入的页面进行动态更新。
- JavaScript：用来编写 AJAX 引擎的脚本语言。
- XML：XML DOM、XSLT、XPath 等 XML 编程语言。

AJAX 的核心是 JavaScript 对象 XMLHttpReques，该对象是一种支持异步请求的技术，用户可以使用该对象向服务器提出请求并处理响应，并且还不会影响客户端的信息通信。

9.1.2　ASP.NET 3.5 和 AJAX

在 ASP.NET 3.5 之前，ASP.NET 自身并不支持 AJAX 的应用。ASP.NET 2.0 中，AJAX 需要下载与安装，开发人员需要将相应的 DLL 文件分类存放并配置 Web.config 文件才能够实现 AJAX 功能。而在 ASP.NET 3.5 中，AJAX 已经成为了.NET 框架的原生功能。当创建 ASP.NET 3.5 的 Web 应用程序时，可以在应用程序工具栏中看到 AJAX Extensions 工具栏，并且能够直接使用它，如图 9-3 所示。

图 9-3　ASP.NET 3.5 AJAX Extensions 工具栏

在 ASP.NET 3.5 中，可以直接拖动 AJAX 控件，像普通控件一样的使用，实现 Web 页面的无刷新功能。在 ASP.NET 3.5 中，Web.config 文件中已经声明了 AJAX 功能，代码如下：

```
<pages >
    <controls>
        <add tagPrefix="asp" namespace="System.Web.UI"
        assembly="System.Web.Extensions,
        Version=3.5.0.0, Culture=neutral, ublicKeyToken=31BF3856AD364E35"/>
        <add tagPrefix="asp" namespace="System.Web.UI.WebControls"
        assembly="System.Web.Extensions,
        Version=3.5.0.0, Culture=neutral, ublicKeyToken=31BF3856AD364E35"/>
    </controls>
</pages>
```

9.2 AJAX 控件

Visual Stuido 2008 提供的 AJAX 控件方便开发人员能够在 ASP.NET 3.5 中进行 AJAX 应用程序开发。通过使用 AJAX 控件能够减少大量的代码开发工作，为开发人员提供了 AJAX 应用程序搭建和应用的环境。

9.2.1 脚本管理控件（ScriptManager）

在 ASP.NET AJAX 中，最核心的控件是 ScriptManager 服务器控件。通过使用 ScriptManager 能够对整个页面进行局部更新管理。ScriptManager 用来处理页面上局部更新，同时生成相关代理脚本以便能够通过 JavaScript 访问 Web 服务。在对页面进行全局管理时，每个要使用 AJAX 功能的页面都需要使用一个 ScriptManager 控件，且只能被使用一次。

ScriptManager 控件负责管理 AJAX 页面的客户端脚本。默认情况下，ScriptManager 控件向客户端发送 AJAX 所需脚本，这样客户端就可以使用 AJAX 的类型进行系统扩展，并在服务器和客户机之间来回编组信息，完成部分页面的更新。ScriptManager 控件的 HTML 代码如下所示：

```
<asp:ScriptManager ID="ScriptManager1" runat="server" >
</asp:ScriptManager>
```

ScriptManager 控件常用属性如表 9-1 所示。

表 9-1 ScriptManager 控件常用属性

属性/方法	描　　述
AllowCustomErrorsRedirect	表示在异步回发过程中是否进行自定义错误重定向，默认值为 true
AsyncPostBackErrorMessage	表示在异步回送过程中发生的异常将显示出的消息
AsyncPostBackTimeout	异步回传时超时限制，默认值为 90，单位为秒
EnablePageMethods	该属性用于设定客户端 JavaScript 直接调用服务端静态 WebMethod
EnablePartialRendering	可以使页面的某些控件或某个区域实现 AJAX 类型的异步回送和局部更新功能，默认值为 true。当属性设置为 false 时，则整个页面将不进行局部更新而失去 AJAX 的效果
LoadScriptBeforeUI	是否需要在加载 UI 控件前首先加载脚本，默认为 false
ScriptMode	指定 ScriptManager 发送到客户端的脚本的模式，有 4 种模式：Auto，Inherit，Debug 和 Release，默认值为 Auto
ScriptPath	设置所有的脚本块的根目录，作为全局属性，包括自定义的脚本块或者引用第三方的脚本块

在 AJAX 应用中，ScriptManage 控件基本不需要配置就能够使用。当在页面上放置了 ScriptManager 控件后，它就会负责加载 ASP.NET AJAX 需要的 JavaScript 库。

下面通过新建名为 SManagerDemo.aspx 的页面来演示如何使用 ScriptManager 控件。首先从工具栏 AJAX Extensions 上拖放 ScriptManager 控件到设计视图，可以看到 VS2008 生成如下程序代码：

```
<form id="form1" runat="server">
    <div>
        <asp:ScriptManager ID="ScriptManager1" runat="server">
        </asp:ScriptManager>
    </div>
</form>
```

在浏览器中运行 SManagerDemo.aspx 页，右击选择"查看源文件"命令，可以看到如下所示的脚本代码：

```
<script
src="/BookProgram/ScriptResource.axd?d=y54lSRxWz8roLRAPzrFFFUm8fusds8Hbu7c4ZEUtBMLcV9a
1HpdlJmAMj8BpgC0_Arb18McUIpc1KT7i8VpEvZsqSeELhBzex0kgZNOGp0M1&amp;t=ffffffffec2d99
70" type="text/javascript"></script>
<script type="text/javascript">
//<![CDATA[
if (typeof(Sys) === 'undefined') throw new Error('ASP.NET Ajax 客户端框架未能加载。');
//]]>
</script>
<script
src="/BookProgram/ScriptResource.axd?d=y54lSRxWz8roLRAPzrFFFUm8fusds8Hbu7c4ZEUtBMLcV9a
1HpdlJmAMj8BpgC0_XOc_ET3HfeQ4ME2YeQX5GPU2SFQG_fM9BWZsLTq15qQGytAoC6m_aNVXI
ZK989_I0&amp;t=ffffffffec2d9970" type="text/javascript"></script>
<div>
<script type="text/javascript">
//<![CDATA[
Sys.WebForms.PageRequestManager._initialize('ScriptManager1', document.getElementById('form1'));
Sys.WebForms.PageRequestManager.getInstance()._updateControls([], [], [], 90);
//]]>
</script>
</div>
<script type="text/javascript">
//<![CDATA[
Sys.Application.initialize();
//]]>
</script>
```

从上述代码中可以看到，当页面中添加了 ScriptManager 控件后，可以看到源文件中增加了多个<script>块，这些代码块的作用是请求 AJAX 的客户端脚本，通常是 MicroSoftAjax.js 和 MicroSoftAjaxWebForms.js 文件，这两个文件被嵌入到 System.Web.Extensions.dll 资源文件中。在 ASP.NET 3.5 中，通过请求 ScriptResource.axd 文件的 HTTP 处理器可以访问嵌入到程序集中的资源。例如，上述代码中在对 ScriptResource.axd 请求中传递了两个参数 d 和 t，其中 d 代表程序集中的资源识别符，t 是时间戳，表示最后一次修改程序集的时间。

9.2.2 更新区域控件（UpdatePanel）

UpdatePanel 服务器控件是 ASP.NET AJAX 中最常用的控件，它保存回送模型，允许执行页面的局部刷新。

UpdatePanel 控件是一个容器控件，其使用方法与 Panel 控件类似。在使用 UpdatePanel 控件时，整个页面中只有 UpdatePanel 控件中的服务器控件或事件进行刷新操作，而页面的其他地方则不会被刷新。

当 UpdatePanel 控件中的某个控件触发了一个回送，UpdatePanel 可以截获这个请求，并启动一个异步回送来更新此网页的局部。"异步"表示终端用户不必停下来等待从服务器中返回结果，而是可以继续使用其他 JavaScript 代码来处理此网页，在等待服务器的响应时继续和其他的控件交互。

UpdatePanel 控件的常用属性如下：

- RenderMode：指明 UpdatePanel 控件内呈现的标记是<div>或<span>。
- UpdateMode：指明内容模板的更新模式。
- ChildrenAsTriggers：指明在 UpdatePanel 控件的子控件的回发中是否导致 UpdatePanel 控件的更新，默认值为 true。
- EnableViewState：指明控件是否自动保存其往返过程。

UpdatePanel 控件要进行动态更新，必须依赖 ScriptManage 控件。当 ScriptManage 控件允许局部更新时，它就会以异步的方式发送到服务器。服务器接受请求后，执行操作并通过 DOM 对象来替换局部代码。UpdatePanel 控件通过<ContentTemplate>和<Triggers>标签来处理页面上引发异步页面回送的控件。

（1）ContentTemplate 标签

在 UpdatePanel 控件的 ContentTemplate 标签中，开发人员无须编写任何客户端脚本，只要在异步页面回送过程中，将需要修改的控件包含在此标签中，就能够实现这些控件的页面无刷新的更新操作。

例 9-1：UpdatePanel 控件的 ContentTemplate 标签的使用。

```
<%@ Page Language="C#" %>
<script runat="server">
    protected void Button1_Click(object sender, EventArgs e)
    {
        TextBox1.Text = DateTime.Now.ToString();
    }
</script>
<html xmlns="http://www.w3.org/1999/xhtml">
<head runat="server"><title>无标题页</title></head>
<body>
    <form id="form1" runat="server">
     <asp:UpdatePanel ID="UpdatePanel1" runat="server">
        <ContentTemplate>
            <asp:TextBox ID="TextBox1" runat="server"></asp:TextBox>
```

```
                    <asp:Button ID="Button1" runat="server" Text="提交" onclick="Button1_Click" />
              </ContentTemplate>
        </asp:UpdatePanel>
        </form>
</body>
</html>
```

上述代码在 ContentTemplate 标签加入了 TextBox1 和 Button1 控件,当这两个控件产生回发事件时,并不会对页面中其他元素进行更新,而只会对 UpdatePanel 控件中的内容进行更新。单击页面上的按钮将触发一个异步页面回送,而不是整个页面的回送。每次单击提交按钮,都会改变显示在 TextBox1 控件中的时间。

然而本例中存在一个问题:当异步回送时,不仅要给文本框控件发送日期/时间值,而且还发送回页面上按钮的全部代码。很显然,上述代码中仅文本框控件中的内容是需要异步刷新的,而按钮控件只是作为页面回送的触发事件。

(2) Triggers 标签

如果希望 UpdatePanel 控件中只包含页面中实际更新的部分,而把按钮放在 UpdatePanel 控件的<ContentTemplate>部分之外,就必须在控件中包含<Triggers>标签。使用该标签可以指定引发异步页面回送的各种触发器。

<Triggers>部分包含 AsyncPostBackTrigger 和 PostBackTrigger 两个控件。

AsyncPostBackTrigger 控件用来指定某个服务器控件,以及将其触发的服务器事件作为 UpdatePanel 异步更新的一种触发器;它包含 ControlID 和 EventName 两个属性,用于把按钮控件与触发器关联起来,进行异步回送。ControlID 属性的值是要用作异步页面回送的触发器的控件(控件名由控件的 ID 属性指定);EventName 属性值是 ControlID 指定的控件的事件名,该事件要在客户端的异步请求中调用。

例 9-2:使用 UpdatePanel 控件中的<Triggers>标签,重写例 9-1。

```
<script runat="server">
 protected void Button1_Click(object sender, EventArgs e)
 {
   TextBox1.Text = DateTime.Now.ToString();
   }
</script>
<html xmlns="http://www.w3.org/1999/xhtml">
<head runat="server"><title>无标题页</title></head>
<body>
     <form id="form1" runat="server">
        <asp:ScriptManager ID="ScriptManager1" runat="server">
        </asp:ScriptManager>
        <asp:UpdatePanel ID="UpdatePanel1" runat="server">
          <ContentTemplate>
              <asp:TextBox ID="TextBox1" runat="server"></asp:TextBox>
          </ContentTemplate>
          <Triggers>
             <asp:AsyncPostBackTrigger ControlID="Button1" EventName="Click" />
          </Triggers>
```

```
        </asp:UpdatePanel>
        <asp:Button ID="Button1" runat="server" Text="提交" onclick="Button1_Click" />
        </form>
</body>
</html>
```

在例 9-2 中，Button1 按钮控件和 HTML 元素都在 UpdatePanel 控件的<ContentTemplate>部分之外，因此它们不能在每个异步页面回送中发送回客户端。唯一包含在<ContentTemplate>部分中的元素是页面上需要通过回送修改的文本控件，而把这些关联起来的是<Triggers>标签。

PostBackTrigger 控件用来指定在 UpdatePanel 中的某个控件，并指定其控件产生的事件将使用传统的回发方式进行回发。当使用 PostBackTrigger 控件进行控件描述时，该控件产生了一个事件，此时页面并不会异步更新，只会使用传统的方法进行页面刷新。

<Triggers>标签的设置也可以通过界面来完成，右击界面中的 UpdatePanel 控件的属性如图 9-4 所示，单击 Triggers 集合打开如图 9-5 所示对话框，并添加触发器与 Button1 按钮的 Click 事件相关。

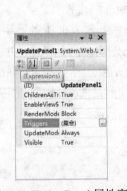

图 9-4 UpdatePanel 属性窗口

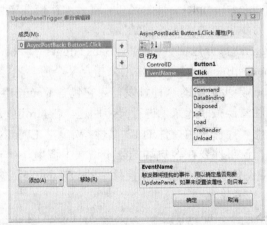

图 9-5 UpdatePanelTrigger 集合编辑器

任务实施

无刷新用户名验证的实现步骤如下：

步骤 1．新建一个 ASP.NET 网站，命名为 AjaxNoRefreshDemo。在网站中新建会员注册页面 UserCheck.aspx，并添加如图 9-6 所示的页面元素。

步骤 2．在页面中用户名对应的文本框 txtUsername 控件的右边单元格中，添加 Label 控件、ScriptManager 控件和 UpdatePanel 控件，并将 Label 控件置于 UpdatePanel 控件的

图 9-6 会员注册页面 UI

ContentTemplate 标签中。页面代码如下：

```
<asp:ScriptManager ID="ScriptManager1" runat="server">
</asp:ScriptManager>
<asp:UpdatePanel runat="server">
    <ContentTemplate>
        <asp:Label ID="Label1" runat="server" Text=""></asp:Label>
    </ContentTemplate>
</asp:UpdatePanel>
```

步骤 3. 打开 SQL2005，创建名为"AjaxDB"数据库，并在其中添加数据表"Users（表结构如表 9-2 所示）"。

表 9-2　Users 表结构

序　号	列　　名	数据类型	长　　度	标　识	主　键	允许空	默认值	说　　明
1	UserID	int	4	是	是	否		用户 ID
2	UserName	varchar	20			否		用户名
3	UserPwd	varchar	20			否		密码
4	UserRealName	varchar	20			是		真实姓名
5	UserSex	bit	1			否	(1)	性别
6	UserAge	int	4			是		年龄
7	UserTelPhone	varchar	11			是		手机号码
8	UserEmail	varchar	30			是		Email
9	UserQQ	varchar	15			是		QQ

步骤 4. 为 Users 表创建存储过程"CheckUser"，判断输入的用户名是否已经存在于 Users 的表中，如果存在就返回 1，否则返回 0。代码如下：

```
CREATE PROC [dbo].[CheckUser]
(   @uName      nvarchar(20)   )           //注册用户名
AS
BEGIN
  IF EXISTS
  (   SELECT *
     FROM Users
     WHERE UserName = @uName    )
     RETURN 1
  ELSE
     RETURN 0
END
```

步骤 5. 在 Web.config 中添加<connectionStrings>节，添加数据库链接字符串，代码如下：

```
<connectionStrings>
  <add name="DBConnectionString" connectionString="Data Source=.;
  Initial Catalog= AjaxDB;Integrated Security=True"
```

```
providerName="System.Data.SqlClient" />
</connectionStrings>
```

步骤 6. 为 txtUsername 文本框控件添加 TextChanged 事件，并设置其 AutoPostBack 属性为 true。

```
protected void txtUsername_TextChanged(object sender, EventArgs e)
{
        //获取 web.config 中的链接字符串
        string connstr = System.Configuration.ConfigurationManager.
                        ConnectionStrings["DBConnectionString"].ConnectionString;
        SqlConnection sqlConn = new SqlConnection(connstr);
        sqlConn.Open();            //打开链接

        SqlCommand cmd = new SqlCommand("CheckUser", sqlConn);
        cmd.CommandType=CommandType.StoredProcedure;

        //添加输入参数@uName
        SqlParameter inParam;
        inParam=new SqlParameter("@uName",SqlDbType.VarChar);
        inParam.Direction=ParameterDirection.Input;
        inParam.Value=txtUsername.Text.Trim();
        cmd.Parameters.Add(inParam);

        //添加输出参数@flag
        SqlParameter outParam;
        outParam=new SqlParameter("@flag",SqlDbType.Int);
        outParam.Direction=ParameterDirection.ReturnValue;
        cmd.Parameters.Add(outParam);
        //执行存储过程
        cmd.ExecuteNonQuery();
        //获取存储过程返回值
        int x = (int)cmd.Parameters["@flag"].Value;
        if (x==1)
            Label1.Text = "该用户名已经存在，不能注册";
        else
            Label1.Text = "该用户名不存在，可以注册";
    }
```

步骤 7. 保存并在浏览器中查看运行效果。当文本框 txtUserName 失去焦点时，判断文本框中输入的用户名如果在数据表 Users 中存在，则在文本框下方提示"该用户名已经存在，不能注册"，否则提示"该用户名不存在，可以注册"。

知识拓展

1. 更新进度控件（UpdateProgress）

使用 ASP.NET AJAX 常常会给用户带来很多困惑。在无刷新用户名验证任务中，当网络或数据库查询系统造成数据回发缓慢时，由于页面只进行了局部刷新，这时用户搞不清楚到底发生了什么，因此很可能会进行重复操作，甚至进行非法操作。

ASP.NET 3.5 提供的更新进度控件 UpdateProgress 可以用来解决这个问题。当服务器与客户端进行异步通信时，UpdateProgress 控件给终端用户显示一个可视化元素，提示页面局部回送过程正在进行。

例如，当用户名输入控件失去焦点时，系统应该提示"正在进行用户名检测，请稍后…"，从而让用户知道应用程序正在运行中。这种提示不仅能够减少用户错误操作的频率，还能够有效地提升用户进行数据交互的体验。UpdateProgress 控件的 HTML 代码如下：

```
<asp:UpdateProgress ID="UpdateProgress1" runat="server">
        <ProgressTemplate>
                正在进行用户名检验...
        </ProgressTemplate>
</asp:UpdateProgress>
```

同 UpdatePanel 控件类似的是，UpdateProgress 控件也需要设置其 ProgressTemplate 标记进行等待中的样式控制。当用户名文本输入框失去焦点时，如果服务器和客户端之间需要时间等待，则 ProgressTemplate 标记就会呈现在用户面前，以提示用户应用程序正在进行。无刷新用户名验证任务中 UpdatePanel 控件和 UpdateProgress 控件代码如下：

```
<asp:UpdatePanel runat="server">
        <ContentTemplate>
                <asp:UpdateProgress ID="UpdateProgress1" runat="server">
                        <ProgressTemplate>
                                正在进行用户名检验...
                        </ProgressTemplate>
                </asp:UpdateProgress>
                <asp:Label ID="Label1" runat="server" Text=""></asp:Label>
        </ContentTemplate>
        <Triggers>
                <asp:AsyncPostBackTrigger ControlID="txtUsername"
                        EventName="TextChanged" />
        </Triggers>
</asp:UpdatePanel>
```

上述代码使用 UpdateProgress 控件来提示更新进度，当文本框控件失去焦点时则会提示"正在进行用户名检测..."。为了更好地查看 UpdateProgress 进度控件的效果，在 txtUsername 文本框的 TextChanged 事件中添加如下代码：

```
Threading.Thread.Sleep(2000);
```

通过使用 Threading.Thread.Sleep 方法指定系统线程挂起，这里设置为 2 秒。也就是说，在用户操作后 2 秒的时间内会出现"正在进行用户名检验..."的提示信息，运行效果如图 9-7 所示；当用户名不存在时，提示"该用户名不存在，可以注册"，运行效果如图 9-8 所示；当用户名存在时，提示"该用户名已经存在，不能注册"，运行效果如图 9-9 所示。

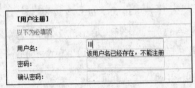

图 9-7 正在检验用户名    图 9-8 用户名检测不存在

图 9-9 用户名检测存在

任务 2 站点时钟显示

任务场景

浏览者在访问网站时，通常会看到页面上有一个时钟，用来显示系统当前的时间。这一技术通常通过 JavaScript 脚本程序来实现。

本任务通过 ASP.NET 3.5 提供的 AJAX 控件 Timer 来实现站点时钟显示。

知识引入

9.3 Timer 控件

在 C/S 应用程序开发中，Timer 控件是最为常用的控件。使用 Timer 控件可以使应用程序方便有效地对系统时间进行控制，因此被广泛地应用在 Windows WinForm 应用程序开发中。

在 Web 应用中，由于 Web 是无状态的，开发人员很难通过编程方法实现 Timer 控件。如果需要在 Web 应用程序中使用系统时钟，通常采用 JavaScript 脚本程序来实现。在 ASP.NET 3.5 中提供的 AJAX 控件的 Timer 控件，可以在 Web 应用中轻松有效地实现时间控制。

Timer 控件能够在一定的时间间隔内触发某个事件，其对应的 HTML 代码如下：

```
<asp:Timer ID="Timer1" runat="server">
</asp:Timer>
```

开发人员通过配置 Timer 控件的属性进行相应事件的触发。Timer 的属性如下：

● Enabled：是否启用了 Tick 事件引发。

● Interval：设置 Tick 事件之间的连续时间，单位为毫秒。

由于 Timer 控件是 AJAX 控件，因此如果要实现时钟的无刷新变化，还需要将该控件放置于有 ScriptManage 控件进行页面全局管理的页中，并使用 UpdatePanel 控件，实现时钟的局部更新。其页面代码如下：

```
<head runat="server">
    <title>时钟显示</title>
</head>
<body>
    <form id="form1" runat="server">
    <div>
        <asp:ScriptManager ID="ScriptManager1" runat="server">
        </asp:ScriptManager>
        <asp:UpdatePanel ID="UpdatePanel1" runat="server">
            <ContentTemplate>
                <asp:Label ID="Label1" runat="server" Text="Label"></asp:Label>
                    <asp:Timer ID="Timer1" runat="server" Interval="1000" ontick="Timer1_Tick">
                    </asp:Timer>
            </ContentTemplate>
        </asp:UpdatePanel>
    </div>
    </form>
</body>
</html>
```

在上述代码中，UpdatePanel 控件中包括一个 Label 控件和一个 Timer 控件。Label 控件用于显示时间，Timer 控件则用于每 1000 毫秒执行一次 Time1_Tick 事件。事件代码如下：

```
protected void Page_Load(object sender, EventArgs e)
{
    Label1.Text = DateTime.Now.ToString();
}
protected void Timer1_Tick(object sender, EventArgs e)
{
    Label1.Text = DateTime.Now.ToString();
}
```

当页面加载时，在 Label1 控件中显示系统当前时间，而 Timer 控件用于每隔一秒进行一次刷新并将当前时间显示在 Label1 控件中，如图 9-10 所示。

图 9-10 时钟显示页面

可以看出，使用 Timer 控件是一种实现对系统时间控制的简单方法，而通过 JavaScript 脚本文件实现对系统时间的控制，不仅复杂，而且还会占用大量的服务器资源。

9.4 脚本管理代理控件（ScriptManagerProxy）

ScriptManager 控件是整个页面的管理者，它能够提供强大的功能，使得开发人员可以专注于程序开发，而不必关心 ScriptManager 控件是怎样实现 AJAX 功能的。但是，一个页面只能使用一个 ScriptManager 控件。

在 Web 应用的开发过程中，常常通过母版页来为应用程序中的页创建一致布局。在项目 2 中提到，母版页与内容页一同组合成一个新页面呈现在客户端浏览器中。如果在母版页中使用了 ScriptManager 控件，而在内容页中也使用 ScriptManager 控件，整合在一起的页面就会出现异常。脚本管理代理控件 ScriptManagerProxy 可以有效地解决这一问题。

ScriptManagerProxy 控件和 ScriptManager 控件非常相似。

例 9-3：在母版页和内容页中均无刷新地显示系统时钟。

首先创建母版页，其页面代码如下：

```
<%@ Master Language="C#" AutoEventWireup="true" CodeFile="MasterPage.master.cs"
        Inherits="MasterPage" %>
<head runat="server">
    <title>无标题页</title>
    <asp:ContentPlaceHolder id="head" runat="server">
    </asp:ContentPlaceHolder>
    <style type="text/css">
        .style1
        {
            width: 100%;
            height:768px;
        }
    </style>
</head>
<body>
    <form id="form1" runat="server">
    <table class="style1">
        <tr style="width:40%;background-color:Yellow">
            <td style="width:40%;background-color:Yellow" valign="top">
                <asp:ScriptManager ID="ScriptManager1" runat="server">
                </asp:ScriptManager>
                <asp:UpdatePanel ID="UpdatePanel1" runat="server">
                    <ContentTemplate>
                        <asp:TextBox ID="TextBox1" runat="server" />
                        <asp:Button ID="Button1" runat="server" Text="母版页时间
                                        " onclick="Button1_Click" />
                        <asp:Label ID="Label1" runat="server" Text="Label" />
                        <asp:Timer ID="Timer1" runat="server" Interval="1000"
                                ontick="Timer1_Tick">
                        </asp:Timer>
                    </ContentTemplate>
                </asp:UpdatePanel>
```

```
                </td>
                <td style="width:60%;background-color:Gray"    valign="top">
                    <asp:ContentPlaceHolder id="ContentPlaceHolder1" runat="server">
                    </asp:ContentPlaceHolder>
                </td></tr>
        </table>
        </form>
</body>
</html>
```

为使母版页中的控件支持 AJAX 应用，上述页面代码在母版页中使用了 ScriptManger
控件，且时钟每 1000 毫秒执行一次 Timer1_Tick 事件。母版页中的事件代码如下：

```
protected void Button1_Click(object sender, EventArgs e)
{   //单击按钮时文本框中显示当前时间
    TextBox1.Text = DateTime.Now.ToString();
}
protected void Timer1_Tick(object sender, EventArgs e)
{
    Label1.Text = DateTime.Now.ToString();
}
```

在内容页中使用母版页进行统一样式布局。内容页的页面代码如下：

```
<%@ Page Language="C#" MasterPageFile="MasterPage.master"
        AutoEventWireup="true" CodeFile="testAjaxMasterPage.aspx.cs"
        Inherits="testAjaxMasterPage" %>
<asp:Content ID="c1" ContentPlaceHolderID="ContentPlaceHolder1" runat="server">
    <asp:ScriptManagerProxy ID="ScriptManagerProxy1" runat="server">
    </asp:ScriptManagerProxy>
    <asp:UpdatePanel ID="UpdatePanel1" runat="server">
        <ContentTemplate>
            <asp:TextBox ID="TextBox2" runat="server"></asp:TextBox>
            <asp:Button ID="Button2" runat="server" Text="内容页时间" onclick="Button2_Click" />
            <br />
            <asp:Label ID="Label1" runat="server" Text="Label"></asp:Label>
        </ContentTemplate>
    </asp:UpdatePanel>
</asp:Content>
```

上述内容页页面代码使用了 MasterPage.master 母版页作为样式控制，并且通过
ScriptManagerProxy 控件支持内容页的 AJAX 应用，其事件代码如下：

```
protected void Button2_Click(object sender, EventArgs e)
{
    TextBox2.Text = DateTime.Now.ToString();
}
```

运行上述内容页代码，效果如图 9-11 所示。

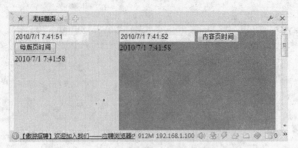

图 9-11　脚本管理代理控件的应用

从该例中可以看出，使用脚本管理代理控件 ScriptManagerProxy 可以解决页面中需要包括多个 ScriptManager 控件的问题。然而实际应用中，如果母版页中包含了 ScriptManager 控件，当母版页与内容页整合在一起呈现一个页面时，新的页面就已经包含了 ScriptManager 控件。如果内容页中需要进行局部更新，只需要在内容页中加入 UpdatePanel 控件，就可以实现由母版页中 ScriptManager 控件对整个页面的 AJAX 全局控制。

任务实施

步骤 1. 打开项目 2 任务 2 中的 MasterPageDesign 网站，双击打开母版页 Master1 .master，在该母版页中 <div id="branding"> 添加表格进行布局，并在表格中添加 ScriptManager 控件和 UpdatePanel 控件，在 UpdatePanel 中添加时间控件 Timer1 和时间显示控件 Label1，设置 Timer1 控件的 Interval 属性为 1000 毫秒，其部分页面代码如下：

```
<div id="branding">
    <table class="style1">
        <tr><td class="style2">
                <h1>我的网站</h1></td>
            <td>  </td></tr>
        <tr> <td class="style2">  </td>
            <td> <asp:ScriptManager ID="ScriptManager1" runat="server">
                </asp:ScriptManager>
                <asp:UpdatePanel ID="UpdatePanel1" runat="server">
                    <ContentTemplate>
                        <asp:Label ID="Label1" runat="server" Text="Label" />
                        <asp:Timer ID="Timer1" runat="server" Interval="1000"
                                            ontick="Timer1_Tick">
                        </asp:Timer>
                    </ContentTemplate>
                </asp:UpdatePanel>
            </td></tr>
    </table>
</div>
```

步骤 2. 为母版页添加事件代码如下所示，使得 Label1 中显示时钟的频率为每秒钟变化一次。

```
protected void Page_Load(object sender, EventArgs e)
{
    Label1.Text = DateTime.Now.ToString();
}
protected void Timer1_Tick(object sender, EventArgs e)
{
    Label1.Text = DateTime.Now.ToString();
}
```

步骤 3. 保存网站，运行效果如图 9-12 所示。

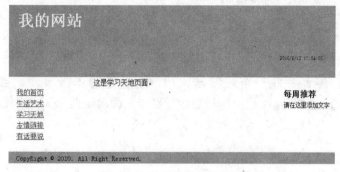

图 9-12   站点时钟显示效果

从运行效果来看，网站的每一个页面都可以动态地显示系统的时钟。

知识拓展

2. 使用多个 UpdatePanel 控件

在项目 9 的前两个任务中，介绍了 UpdatePanel 控件的使用方法，然而，实际应用中可以在一个页面上使用多个 UpdatePanel 控件，这样可以控制页面上指定区域的输出。

例 9-4：多个 UpdatePanel 控件的使用。

```
<body>
<form id="form1" runat="server">
<div>
    <asp:ScriptManager ID="ScriptManager1" runat="server">
    </asp:ScriptManager>
    <asp:UpdatePanel ID="UpdatePanel1" runat="server">
        <ContentTemplate>
            <asp:Label ID="Label1" runat="server" ></asp:Label>
        </ContentTemplate>
        <Triggers>
            <asp:AsyncPostBackTrigger ControlID="Button1" EventName="Click" />
        </Triggers>
    </asp:UpdatePanel>
    <asp:UpdatePanel ID="UpdatePanel2" runat="server">
        <ContentTemplate>
            <asp:Label ID="Label2" runat="server" ></asp:Label>
```

```
        </ContentTemplate>
    </asp:UpdatePanel>
    <asp:Button ID="Button1" runat="server" Text="Button" onclick="Button1_Click" />
</div> </form></body>
```

其中 Button1 的 Click 事件代码如下：

```
protected void Button1_Click(object sender, EventArgs e)
{
    Label1.Text = " Label1: " + DateTime.Now;
    Label2.Text=" Label2: " + DateTime.Now;
}
```

该页面中含有两个 UpdatePanel 控件：UpdatePanel1 和 UpdatePanel2。它们都包含了一个标签控件，这两个标签控件都可以从服务器响应中提取当前时间。

UpdatePanel1 控件关联一个触发器，即 Button1 的单击事件。当单击按钮时，Button1_Click 事件触发，执行其操作。当运行整个页面时，两个 UpdatePanel 控件都会根据 Button1_Click 事件来更新，运行效果如图 9-13 所示。

图 9-13　事件更新的运行效果

两个 UpdatePanel 都用触发器 Button1_Click 事件进行了局部更新。由于在默认情况下，单个页面上所有的 UpdatePanel 控件都在每个异步回送发生时更新，这表示 Button1 控件引发的回送也会引发 UpdatePanel2 控件的回送。UpdatePanel 控件的 UpdateMode 属性可以防止这种情况的发生。

UpdateMode 属性有两个枚举值 Always 和 Conditional。默认情况下属性值为 Always，表示每个 UpdatePanel 控件总是在每次异步请求时更新；如果该属性设置为 Conditional 时，表示 UpdatePanel 仅在满足一个触发条件时更新。

例 9-5：修改例 9-4 中两个 UpdatePanel 的 UpdateMode 属性值均为 Conditional，Button1 的 Click 事件代码不变。

```
<body>
<form id="form1" runat="server">
    <asp:ScriptManager ID="ScriptManager1" runat="server">
    </asp:ScriptManager>
    <asp:UpdatePanel ID="UpdatePanel1" runat="server" UpdateMode="Conditional">
        <ContentTemplate>
            <asp:Label ID="Label1" runat="server" ></asp:Label>
        </ContentTemplate>
        <Triggers>
```

```
                    <asp:AsyncPostBackTrigger ControlID="Button1" EventName="Click" />
            </Triggers>
        </asp:UpdatePanel>
        <asp:UpdatePanel ID="UpdatePanel2" runat="server" UpdateMode="Conditional">
            <ContentTemplate>
                    <asp:Label ID="Label2" runat="server" ></asp:Label>
            </ContentTemplate>
        </asp:UpdatePanel>
        <br/>
        <asp:Button ID="Button1" runat="server" Text="Button" onclick="Button1_Click" />
</form>
</body>
```

这时，两个 UpdatePanel 的 UpdateMode 属性设置均为 Conditional。运行页面时，效果如图 9-14 所示。

图 9-14　满足一个触发条件时事件更新的运行效果

从上述运行效果可以看出，即使 Button1_Click 事件试图改变 Label1 和 Label2 的值，然而只有 Label1 通过异步请求实现了更新，因为 UpdatePanel2 控件没有满足触发器的条件，所以 Label2 没有实现更新。

项目 10　案例解析：物流管理系统

前面的章节中，我们系统地学习了基于 ASP.NET 3.5 的 Web 应用开发的关键技术。本项目利用前面所学的知识设计并实现一个企业物流管理系统。系统采用企业的开发模式，按照分层的方式进行设计。

任务 1　了解物流管理系统

10.1　项目背景

随着信息技术的日益发展，物流管理的信息化已成为物流运输系统的必然趋势。物流管理系统主要为物流公司解决日常办公和项目管理的需求，协助工作人员进行日常物流管理和人员管理，提高管理效率，降低运作成本，增强企业长期竞争力。物流管理的核心部分是对运输车队的管理及调度以及对承运货物的跟踪管理。

通过该系统，物流公司运输管理人员能实现对车队和车辆的动态管理；调度人员能随时了解车辆动向和使用情况；承运业务员能开出和接收承运单；财务人员也能通过该系统进行运输成本的核算。

物流管理系统面向物流公司的工作人员，包括财务人员、运输管理人员、调度人员以及承运业务员等。

10.2　物流管理系统功能说明

物流管理系统由运输管理、承运管理、调度管理、财务管理和系统维护等 5 个功能模块组成，如图 10-1 所示。

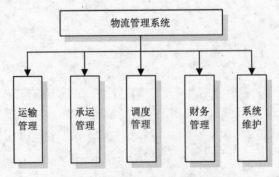

图 10-1　物流管理系统功能模块

各功能包括的子功能模块如表 10-1 所示。

表 10-1　物流管理系统子系统描述

子系统名称	子系统功能
运输管理	车队信息维护、车辆信息维护和驾驶员信息维护
承运管理	运力综合查询、历史承运任务查询、承运单开出和承运单接收
调度管理	车辆的调度、查询运输单以及录入回执单
财务管理	车队运输成本维护、车队运输成本核算
系统维护	用户登录、用户注销、用户角色维护和用户账号维护

1. 承运管理功能描述

承运管理功能包括录入承运单、承运单管理、承运单跟踪、运力查询、客户信息、运价查询、货物信息和货物包装等功能。

- **录入承运单**：业务员录入客户信息、货物信息等相关信息。
- **承运单管理**：业务员查看承运信息，包括编号、发货客户、填单信息、状态等，并且可以进行修改操作和查看详情操作。
- **承运单跟踪**：业务员可以录入承运单的状态、描述信息等信息。
- **运力查询**：根据各种信息查询运力。
- **客户信息查询**：业务员可以查看客户信息。
- **运价查询**：查询各个线路的价格信息。
- **货物信息查询**：业务员可以查看货物的基本信息（包括名称、数量、体积和重量等），并且可以进行修改操作和查看详细信息。
- **货物包装**：业务员可以查看货物包装信息（包括包装名称和描述信息），并且可以添加、修改包装信息。

2. 运输管理功能描述

运输管理功能包括车辆管理、录入车辆类型信息、管理车队信息、管理驾驶员信息和事故信息记录。

- **车辆管理**：运输管理员可以查询车辆的信息（包括车辆名称、耗油量、状态、车辆类型以及运力等），并且能对车辆信息进行添加、修改和删除等操作。
- **车辆类型**：运输管理员可以查询车辆类型信息（包括车辆类型名称、体积和重量），并且能进行添加、删除和修改车辆类型信息的操作。
- **车队管理**：运输管理员可以按要求查询，并筛选车队信息（包括车队名称、车队编号等信息），并且能进行车队信息的添加、编辑和删除等操作。
- **驾驶员管理**：运输管理员可以查看驾驶员信息（包括驾驶员的姓名、性别、身份证号和电话等个人信息），并能进行驾驶员信息的添加、修改和删除操作。
- **事故记录**：运输管理员可以查看事故信息（包括事故时间、事故地点和对应的驾驶员等信息），并能进行事故信息的添加、删除和修改操作。

3. 系统维护功能描述

系统维护功能包括分点管理、部门管理、人员管理、运价管理和系统日志管理。

- **分点管理**：管理员查询分公司、代理点的信息（包括名称、所在城市、电话和地址等信息），并且能进行添加、修改和删除操作。
- **部门管理**：管理员能查询部门信息，并且能进行部门信息的添加、删除和修改等操作。
- **人员管理**：管理员能查询工作人员信息，并能够添加、删除和修改工作人员的信息。
- **运价管理**：管理员可以根据线路信息进行运价的录入和修改操作。
- **系统日志**：查看和删除系统操作日志。

4. 调度管理功能描述

调度管理功能包括任务调度、运力查询、运输单管理、运输单跟踪、城市信息维护和线路信息生成及查询。

- **任务调度**：调度员根据承运单生成运输单，查询运输单进行任务调度。并且能添加、修改和删除任务信息。
- **运力查询**：查询运力信息。
- **运输单管理**：调度员可以根据条件查询运输单信息，并且进行运输单的修改和删除操作。
- **运输单跟踪**：业务员可以录入运输单的状态，描述信息等信息。
- **城市信息维护**：调度员查询城市信息，并且可进行城市信息的添加、编辑和删除操作。
- **线路信息生成及查询**：调度员选择城市信息生成线路信息，根据条件查询线路信息，并且可进行线路信息的添加、编辑和删除操作。

5. 财务管理功能描述

财务管理功能包括添加账目信息、管理账目、财务统计、财务对账、财务销账和成本类型管理。

- **添加账目**：财务人员根据运输单进行账目的添加录入。
- **账目管理**：财务人员根据条件进行账目的查询，并且进行成本的修改。
- **财务统计**：财务人员进行账目统计，打印报表。
- **财务对账**：财务人员根据各个信息进行对账。
- **财务销账**：财务人员根据各个信息进行销账。
- **成本类型**：指系统中的成本类型，可以是运输费、装卸货、加班费、工资成本等。

6. 权限管理功能描述

权限管理功能包括登录限制和访问限制两个功能。

- **登录限制**：此系统的任何页面请求必须登录方可完成，再通过数据验证，才能提交并处理数据。

● **访问限制**：此系统有 3 级权限，4 个角色。每个角色对应一个系统模块，完成相应的功能。不同角色拥有不同的权限。例如，业务员可以查看承运信息，包括编号、发货客户、填单信息和状态等，并且可以进行修改操作和查看详情操作。

任务 2　物流管理系统数据库设计

物流管理系统采用 SQL Server 2005 数据库系统。针对系统的数据存储需要，设计了 24 个信息表。

1. 事故信息登记表（Logistics_Accident）

表 10-2　事故信息登记表

序号	列名	数据类型	长度	标识	主键	允许空	默认值	说明
1	Accident_Id	int	4	是	是	否		ID
2	Accident_PlaceTime	datetime	8			是		事故时间
3	Accident_DriverId	int	4			是		驾驶员
4	Accident_Remark	ntext	16			是		备注
5	Accident_PlaceAddress	nchar	100			是		地点
6	Accident_Time	datetime	8			是		添加时间

2. 车辆信息表（Logistics_Car）

说明：状态有"可用"和"不可用"两种

表 10-3　车辆信息表

序号	列名	数据类型	长度	小数位	标识	主键	允许空	默认值	说明
1	Car_ID	int	4	0	是	是	否		车辆 ID
2	Fleet_ID	int	4	0			是		车队 ID
3	Driver_ID	int	4	0			是		驾驶员 ID
4	Company_ID	int	4	0			是		公司 ID
5	Car_plate	nvarchar	16	0			是		车牌
6	Car_name	nvarchar	20	0			是		车辆名称
7	Car_typeID	int	4	0			是		类型 ID
8	Car_oil	float	8	0			是		油耗
9	Car_state	nvarchar	20	0			是		车辆状态
10	Car_remark	ntext	16	0			是		备注

3. 车辆类型表（Logistics_Car_Type）

表 10-4　车辆类型表

序号	列名	数据类型	长度	小数位	标识	主键	允许空	默认值	说明
1	CP_ID	int	4	0	是		否		类型 ID
2	CP_Name	nvarchar	20	0			是		类型名称

续表

序号	列名	数据类型	长度	小数位	标识	主键	允许空	默认值	说明
3	CP_volume	float	8	0			是		可乘体积
4	CP_weight	float	8	0			是		可乘重量
5	CP_Remark	ntext	16	0			是		备注

4. 城市信息表（Logistics_Cities）

表 10-5　城市信息表

序号	列名	数据类型	长度	小数位	标识	主键	允许空	默认值	说明
1	Cities_ID	int	4		是	是	否		城市 ID
2	Cities_Code	nvarchar	10	0			是		助记符
3	Cities_Name	nvarchar	20	0			是		城市名称
4	Cities_Type	nvarchar	10	0			是		城市类型

5. 客户信息表（Logistics_ClientInfo）

表 10-6　客户信息表

序号	列名	数据类型	长度	标识	主键	允许空	默认值	说明
1	Clientinfo_ID	int	4	是	是	否		客户 ID
2	ClientInfo_Name	varchar	50			是		客户名称
3	ClientInfo_Code	nvarchar	16			是		助记符
4	ClientInfo_Type	varchar	20			是		客户类型
5	ClientInfo_Contacts	varchar	20			是		联系人
6	ClientInfo_Phone	varchar	13			是		电话
7	ClientInfo_Mobile	varchar	13			是		手机
8	ClientInfo_Fax	varchar	13			是		传真
9	ClientInfo_Adderss	varchar	100			是		地址
10	ClientInfo_Remark	varchar	100			是		备注

6. 成本类型表（Logistics_Costtype）

表 10-7　成本类型表

序号	列名	数据类型	长度	小数位	标识	主键	允许空	默认值	说明
1	Costtype_ID	int	4	0	是	是	否		成本 ID
2	Costtype_Type	nvarchar	20	0			是		成本类型
3	Costtype_Remark	ntext	16	0			是		备注

7. 公司信息表（Logistics_Company）

表 10-8　公司信息表

序号	列名	数据类型	长度	小数位	标识	主键	允许空	默认值	说明
1	Company_ID	int	4	0	是	是	否		公司 ID
2	Company_Name	nvarchar	50	0			是		公司名称

续表

序号	列名	数据类型	长度	小数位	标识	主键	允许空	默认值	说明
3	Company_City	nvarchar	20	0			是		所在城市
4	Company_Phone	nvarchar	13	0			是		公司电话
5	Company_Fax	nvarchar	13	0			是		传真
6	Company_Adress	nvarchar	100	0			是		地址
7	Company_Remark	ntext	16	0			是		备注

8. 驾驶员信息表（Logistics_Driver）

表 10-9 驾驶员信息表

序号	列名	数据类型	长度	标识	主键	允许空	默认值	说明
1	Driver_ID	int	4	是	是	否		驾驶员 ID
2	Driver_Name	varchar	12			是		姓名
3	Driver_Sex	varchar	4			是		性别
4	Driver_Brithdata	datetime	8			是		出生日期
5	Driver_Idcard	varchar	20			是		身份证
6	Driver_Phone	varchar	13			是		电话
7	Driver_Address	varchar	100			是		地址
8	Driver_Age	int	4			是		年龄
9	Driver_Llicense	nvarchar	20			是		驾照
10	Driver_Photo	varchar	255			是		图像
11	Driver_Remark	ntext	16			是		备注

9. 承运单信息表（Logistics_Fcr）

说明：状态有"正在处理"、"正在途中"和"已经到达"3 种。

表 10-10 承运单信息表

序号	列名	数据类型	长度	标识	主键	允许空	默认值	说明
1	Fcr_ID	int	4	是	是	否		ID
2	User_ID	int	4			是		业务员 ID
3	Fcr_Send_Client	int	4			是		发货客户 ID
4	Fcr_Accept_Client	int	4			是		收货客户 ID
5	Fcr_Num	nvarchar	16			是		编号
6	Fcr_Filling_Time	datetime	8			是		填单时间
7	Fcr_Arrived_time	datetime	8			是		到达时间
8	Fcr_Weight	float	8			是		重量
9	Fcr_Volume	float	8			是		体积
10	Fcr_Payway	nvarchar	10			是		支付方式
11	Fcr_Cost	float	8			是		费用
12	Fcr_Rrecost	float	8			是		预付
13	Fcr_State	nvarchar	20			是		状态
14	Fcr_Remark	ntext	16			是		备注

10. 承运跟踪表（Logistics_Fcr_Track）

表 10-11 承运跟踪表

序号	列名	数据类型	长度	标识	主键	允许空	默认值	说明
1	FT_ID	int	4	是	是	否		ID
2	Fcr_ID	int	4			是		承运单 ID
3	FT_State	nvarchar	50			是		状态
4	FT_Disc	nvarchar	200			是		状态描述
5	FT_Time	datetime	8			是		时间
6	FT_Remark	ntext	16			是		备注

11. 财务表（Logistics_Finance）

表 10-12 财务表

序号	列名	数据类型	长度	标识	主键	允许空	默认值	说明
1	Finance_ID	int	4	是	是	否		ID
2	Costtype_ID	int	4			是		成本类型
3	User_ID	int	4			是		财务人员 ID
4	FCU_ID	int	4			是		对账 ID
5	FC_ID	int	4			是		销账 ID
6	Transit_ID	int	4			是		运输单 ID
7	Finance_Object	nvarchar	50			是		支出对象
8	Finance_amount	float	8			是		金额
9	Finance_Time	datetime	8			是		时间

12. 对账表（Logistics_Finance_CheckUp）

表 10-13 对账表

序号	列名	数据类型	长度	小数位	标识	主键	允许空	默认值	说明
1	FCU_ID	int	4	0	是	是	否		ID
2	User_ID	int	4	0			是		财务人员 ID
3	FCU_State	nvarchar	16	0			是		对账状态
4	FCU_Time	datetime	8	3			是		对账时间

13. 销账表（Logistics_Finance_Cross）

表 10-14 销账表

序号	列名	数据类型	长度	小数位	标识	主键	允许空	默认值	说明
1	FC_ID	int	4	0	是	是	否		ID
2	User_ID	int	4	0			是		财务员 ID
3	FC_State	nvarchar	16	0			是		销账状态
4	FC_Time	datetime	8	3			是		销账时间

14. 车队信息表（Logistics_Fleet）

表 10-15　车队信息表

序号	列名	数据类型	长度	小数位	标识	主键	允许空	默认值	说明
1	Fleet_ID	int	4	0	是	是	否		ID
2	Fleet_Name	nvarchar	50	0			是		名称
3	Fleet_Functionary	nvarchar	12	0			是		负责人
4	Fleet_Remark	ntext	16	0			是		备注

15. 系统日志表（Logistics_Log）

说明：动作有"添加"、"删除"和"修改"3 种。

表 10-16　系统日志表

序号	列名	数据类型	长度	标识	主键	允许空	默认值	说明
1	Log_ID	int	4	是	是	否		ID
2	Log_TableName	varchar	40			是		操作表名
3	Log_UserID	int	4			是		操作用户
4	Log_Action	varchar	20			是		动作
5	Log_Time	datetime	8			是		时间
6	Log_Remark	ntext	16			是		备注
7	Log_RowID	int	4			是		记录号

16. 货物信息表（Logistics_Goods）

说明：状态分为 0-未处理，1-已经装车，2-已经发车，3-已经送达 4 种。

表 10-17　货物信息表

序号	列名	数据类型	长度	小数位	标识	主键	允许空	默认值	说明
1	Goods_ID	int	4	0	是	是	否		ID
2	Fcr_ID	int	4	0			是		承运单 ID
3	Package_ID	int	4	0			是		包装 ID
4	Goods_Name	nvarchar	100	0			是		名称
5	Goods_Type	nvarchar	100	0			是		类型
6	Goods_Weight	float	8	0			是		重量
7	Goods_Volume	float	8	0			是		体积
8	Goods_Property	nvarchar	200	0			是		属性
9	Goods_Count	int	4	0			是		数量
10	Goods_State	Int	4	0			是		状态

17. 货运跟踪表（Logistics_Goods_Track）

表 10-18　货运跟踪表

序号	列名	数据类型	长度	小数位	标识	主键	允许空	默认值	说明
1	Track_ID	int	4	0	是	是	否		ID

续表

序号	列名	数据类型	长度	小数位	标识	主键	允许空	默认值	说明
2	Transit_ID	int	4	0			是		运输单ID
3	Track_State	nvarchar	50	0			是		状态
4	Track_Disc	nvarchar	200	0			是		状态描述
5	Track_Time	datetime	8	3			是		发生时间
6	Track_Remark	ntext	16	0			是		备注

18. 货物包装表（Logistics_Package）

表 10-19　货物包装表

序号	列名	数据类型	长度	标识	主键	允许空	默认值	说明
1	Package_ID	int	4	是	是	否		ID
2	Package_Name	nvarchar	50			是		包装名称
3	Package_Remark	ntext	16			是		备注

19. 线路信息表（Logistics_Roadinfo）

表 10-20　线路信息表

序号	列名	数据类型	长度	标识	主键	允许空	默认值	说明
1	Roadinfo_ID	int	4	是	是	否		ID
2	Roadinfo_Startcity	int	4			是		起始城市ID
3	Roadinfo_Endcity	int	4			是		目标城市ID
4	Roadinfo_Distance	float	8			是		里程
5	Roadinfo_Remark	ntext	16			是		备注

20. 用户角色表（Logistics_Role）

表 10-21　用户角色表

序号	列名	数据类型	长度	小数位	标识	主键	允许空	默认值	说明
1	Role_ID	int	4	0	是	是	否		ID
2	Role_Name	nvarchar	20	0			是		角色名称
3	Role_Remark	ntext	16	0			是		备注

21. 运输单信息表（Logistics_Transit）

说明：状态有"正在装车"、"正在途中"和"已经到达"3种。

表 10-22　运输单信息表

序号	列名	数据类型	长度	标识	主键	允许空	默认值	说明
1	Transit_ID	int	4	是	是	否		ID
2	Roadinfo_ID	int	4			是		线路ID
3	Car_ID	int	4			是		车辆ID
4	User_ID	int	4			是		调度员ID
5	Transit_Num	nvarchar	16			是		编号
6	Transit_Start_Time	datetime	8			是		出车时间

续表

序号	列名	数据类型	长度	标识	主键	允许空	默认值	说明
7	Transit_End_Time	datetime	8			是		到达时间
8	Transit_State	nvarchar	20			是		运输单状态
9	Transit_Remark	ntext	16			是		备注

22. 运输单-货物信息表（Logistics_Transit_Goods）

表 10-23　运输单-货物信息表

序号	列名	数据类型	长度	小数位	标识	主键	允许空	默认值	说明
1	TG_ID	int	4	0	是	是	否		ID
2	Transit_ID	int	4	0			是		运输单 ID
3	Goods_ID	int	4	0			是		货物 ID
4	TG_Count	int	4	0			是		数量

23. 线路运价表（Logistics_Transit_Price）

表 10-24　线路运价表

序号	列名	数据类型	长度	标识	主键	允许空	默认值	说明
1	TP_ID	int	4	是	是	否		ID
2	Roadinfo_ID	int	4			是		线路 ID
3	TP_Fill	float	8			是		整车运价
4	TP_Part_W	float	8			是		零担运价（重量）
5	TP_Part_V	float	8			是		零担运价（体积）

24. 用户信息表（Logistics_User）

表 10-25　用户信息表

序号	列名	数据类型	长度	标识	主键	允许空	默认值	说明
1	User_ID	int	4	是	是	否		ID
2	Role_ID	int	4			是		角色 ID
3	User_Account	nvarchar	16			是		用户账号
4	User_Name	nvarchar	12			是		姓名
5	User_Password	nvarchar	12			是		密码
6	User_Phone	nvarchar	15			是		电话
7	User_Mphone	nvarchar	15			是		手机
8	User_Remark	ntext	16			是		备注

任务3　物流管理系统的实现

10.3　系统架构设计

物流管理系统采用分层框架结构，其体系结构如图 10-2 所示。

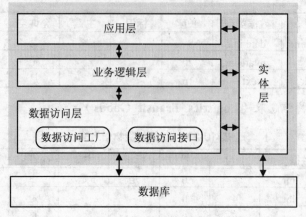

图 10-2　物流管理系统结构

物流管理系统结构主要由实体层、数据访问层、业务逻辑层和应用层 4 个部分组成。

- 实体层的主要功能是实现关系数据库实体和实体关系表到应用程序对象的映射。
- 数据访问层的主要功能是使用 ADO.NET 实现对数据库的操作，并为业务逻辑层提供所需数据。
- 业务逻辑层是应用层与数据访问层之间的桥梁，负责关键业务的处理和数据传递。
- 应用层的功能主要是页面设计和参数的传递。应用层在不知道应用程序其他各层细节的情况下也能调用业务逻辑层的方法来实现相应的业务逻辑，达到应用层和业务逻辑层的协同工作。

系统解决方案如图 10-3 所示。

如图 10-3 所示，整个物流管理系统的解决方案采用了逻辑分层的原则，其中项目 WEBUI 对应应用层，项目 BLL 对应系统的业务逻辑层，项目 DAL 对应系统的数据访问层，项目 IDal 对应实体类的通用接口层，项目 Model 对应实体层。

图 10-3　物流管理系统解决方案

10.4　系统公用模块创建

在系统的开发过程中，为了保证系统的可扩展性和可维护性，通常将需要使用的部分创建成系统的公共模块，主要包括应用层的界面布局、界面外观和数据访问层中封装的数据库访问操作。系统的公共模块可以被系统中的任何页面或类库所调用，当需求进行更改时，可以通过修改应用模块来降低维护成本。

1. 应用层中创建 CSS

CSS 作为页面布局中的全局文件，可以对物流管理系统全局的布局进行控制。通过使用 CSS 能够将页面代码和布局代码进行分离，这样就能够方便地进行系统样式的修改和维护。

样式表可以统一存放在一个文件夹中，该文件夹能够进行样式表的统一存放和规划，以便系统可以使用不同的样式表。物流管理系统中样式文件 Style.css 和 subModal.css 均存放在项目 WEBUI 下的 CSS 文件夹中，其中 Style.css 样式文件的部分代码如下：

```
body
{
 margin: 0px;
 font-family: 宋体;
 font-size: 12px;
}
.loginfo
{
 font-family: 宋体;
 font-size: 12px;
 color: White;
 background-image: url(../images/info.jpg);
 background-color: #53B879;
 background-position: right;
 background-repeat: no-repeat;
 text-align: left;
 padding-left: 10px;
}
```

上述代码只是呈现了 body 标签和类 loginfo 的样式，详细代码读者可参考光盘提供的源码。

2. 应用层中创建主题和外观

通过前面章节的学习已经知道主题是属性的集合，通过设置主题可以定义页面和控件的外观。在 Web 应用程序中的 Web 页和整个应用程序的所有页面中应用同一主题，可以实现控件外观的一致。

物流管理系统中定义的主题文件 SkinFile.skin 处于应用层项目 WEBUI 中的 App_Themes 文件夹中的 SkinFile 文件夹下，其详细代码如下：

```
<%--TextBox--%>
<asp:TextBox SkinID="TextBox_S" runat="server" Font-Size="12px" Height="16px"
BorderWidth="1" BorderColor="#a6c9c3" Font-Names="宋体"></asp:TextBox>
<asp:TextBox SkinID="TextBox_M" runat="server" Font-Size="12px" BorderWidth="1"
BorderColor="#a6c9c3" Font-Names="宋体"></asp:TextBox>
<%--GridView--%>
<asp:GridView SkinID="GW" runat="server" BorderColor="#a6c9c3"
BorderStyle="Solid">
<RowStyle   Font-Size="12px" BorderColor="#a6c9c3" Wrap="false"
HorizontalAlign="Center" Height="20px" />
<HeaderStyle Font-Size="12px" Font-Bold="true" ForeColor="#007a71" Wrap="false"
Height="22px"   />
<FooterStyle   Font-Size="12px" Font-Bold="true" ForeColor="#007a71" Wrap="false"
Height="22px"/>
<EmptyDataRowStyle Font-Size="12px" />
</asp:GridView>
```

```
<%--Button--%>
<asp:Button runat="server" Font-Size="12px" SkinID="btn" Height="16px"
BorderColor="#a6c9c3" BackColor="White" BorderWidth="1" />
<%--Label--%>
<asp:Label Font-Size="12px" Height="16" SkinID="L_P_B" BorderWidth="1"
BackColor="Blue" runat="server"></asp:Label>
<asp:Label Font-Size="12px" Height="16" SkinID="L_P_R" BorderWidth="1"
BackColor="Red" runat="server"></asp:Label>
<asp:Label Font-Size="12px" Height="16" SkinID="L_D" runat="server"
Font-Bold="false"></asp:Label>
<%--DropDownList--%>
<asp:DropDownList runat="server" SkinID="DropDown" Font-Size="12px" Height="16px"
BorderWidth="1" BorderColor="#a6c9c3" Font-Names="宋体"></asp:DropDownList>
<%--CheckBoxList--%>
<asp:CheckBoxList BorderColor="#a6c9c3" runat="server" SkinID="CheckBoxList"
Font-Size="12px" BorderWidth="1" Font-Names="宋体"></asp:CheckBoxList>
<%--LinkButton--%>
<asp:LinkButton runat="server" SkinID="LinkButton" Font-Size="12px" Font-Names="宋
体"></asp:LinkButton>
```

上面的代码主要定义了物流管理系统中页面中常用的控件 TextBox、Button、Label、GridView、DropDownList 和 CheckBoxList、LinkButton 等的外观。通过对 Web.config 文件的设置，将该主题应用于整个应用程序项目，Web.config 中的设置代码如下：

```
<system.web>
  <pages theme=" SkinFile"/ >
</system.web>
```

3. 系统主界面设计

根据第 3 章的知识，为物流管理系统创建主界面，其外观如图 10-4 所示。主界面设计包括了导航菜单设置、站点版权和母版页设计等信息，其中母版页中提供一个内容占位符，用于呈现内容页的信息。

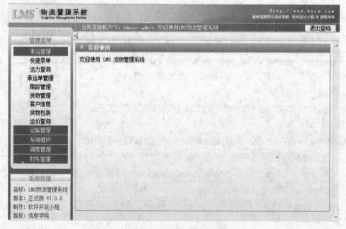

图 10-4　系统主界面

4. 数据访问公共类 SqlUtil.cs

为了有效维护系统数据的访问，在数据访问层 DAL 项目中定义了数据访问的公共类 SqlUtil.cs，该类是对系统中所需要进行数据访问操作的封装。在物流管理系统的整个设计中，为了提高代码的重用率和数据的安全性，系统中所有对数据库中数据的操作都封装在数据库的存储过程中，因此使用 SqlUtil.cs 类主要是通过对数据库中存储过程的访问，来实现数据的插入、查找、更新和删除等操作，而无需使用大量的 ADO.NET 代码进行连接。SqlUtil.cs 类代码如下：

```
using System;
using System.Collections.Generic;
using System.Text;
using System.Data.SqlClient;
using Logistics.IDal;
using System.Reflection;
using System.Data;

namespace Logistics.DAL
{
    /// <summary>
    /// 常用 Sql 操作类
    /// </summary>
    public class SqlUtil
    {
        /// <summary>
        /// 得到一个 SqlConnection 对象
        /// </summary>
        /// <returns>SqlConnection 对象</returns>
        public static SqlConnection getConnection()
        {
            string connectionString = System.Configuration.ConfigurationSettings.AppSettings
            ["connstring"].Trim();
            SqlConnection conn = new SqlConnection(connectionString);
            conn.Open();
            return conn;
        }

        /// <summary>
        /// 执行返回数据表的存储过程
        /// </summary>
        /// <param name="procname"></param>
        /// <param name="pars"></param>
        /// <param name="connection"></param>
        /// <returns></returns>
        public static DataTable executeProc(string procname, System.Data.SqlClient.SqlParameter[] pars,
        SqlConnection connection, SqlTransaction transaction)
        {
            SqlCommand comm = connection.CreateCommand();
```

```
        comm.CommandText = procname;
        comm.CommandType = CommandType.StoredProcedure;
        foreach (var v in pars)
        {
            comm.Parameters.Add(v);
        }
        comm.Transaction = transaction;
        DataTable ds = new DataTable();
        SqlDataAdapter sda = new SqlDataAdapter(comm);
        sda.Fill(ds);
        return ds;
    }

//执行返回整形数据的存储过程
    public static int executeProcInt(string procname, System.Data.SqlClient.SqlParameter[] pars,
SqlConnection connection, SqlTransaction transaction)
    {
        SqlCommand comm = connection.CreateCommand();
        comm.CommandText = procname;
        comm.CommandType = CommandType.StoredProcedure;
        foreach (var v in pars)
        {
            comm.Parameters.Add(v);
        }
        comm.Transaction = transaction;
        comm.ExecuteScalar();
        return 1;
    }

// 执行返回数据表的 SQL 语句
    public static DataTable executeSQL(string sql, System.Data.SqlClient.SqlParameter[] pars,
    SqlConnection connection, SqlTransaction transaction)
    {
        SqlCommand comm = connection.CreateCommand();
        comm.CommandText = sql;
        if (pars != null)
        {
            foreach (var v in pars)
            {
                comm.Parameters.Add(v);
            }
        }
        comm.Transaction = transaction;
        DataTable ds = new DataTable();
        SqlDataAdapter sda = new SqlDataAdapter(comm);
        sda.Fill(ds);
        return ds;
    }
```

```
// 执行返回整数的 SQL 语句
        public static int executeSQLInt(string sql, System.Data.SqlClient.SqlParameter[] pars,
        SqlConnection connection, SqlTransaction transaction)
        {
            SqlCommand comm = connection.CreateCommand();
            comm.CommandText = sql;
            comm.Transaction = transaction;
            foreach (var v in pars)
            {
                comm.Parameters.Add(v);
            }
            return comm.ExecuteNonQuery();
        }
}
```

SqlUtil.cs 类的实现大大方便了系统中的业务逻辑对数据的访问，同时当需求发生变更时也更易于维护。

5. 实体类通用接口定义

为了让数据访问层易于替换并支持其他数据库，物流管理系统中设计了一个公共接口类 IDao.cs，通过使用该接口强制实现整个数据访问类的结构。IDao.cs 类的代码如下：

```
using System;
using System.Collections.Generic;
using System.Collections;
using System.Linq;
using System.Text;
using System.Data.SqlClient;
using System.Data;
namespace Logistics.IDal
{
    public interface IDao
    {
        /// <summary>
        /// 数据连接属性
        /// </summary>
        SqlConnection connection { get; set; } //得到数据库连接

        SqlTransaction transaction { get; set; } //得到事物

        /// <summary>
        /// 向数据库插入一个 Model 对象
        /// </summary>
        /// <param name="m">Model 对象</param>
        /// <returns>是否成功</returns>
        int add(object m);

        /// <summary>
        /// 通过指定的属性名和值得到 Model 列表
```

```
/// </summary>
/// <param name="attribute">属性名</param>
/// <param name="value">值</param>
/// <returns>Model 类表</returns>
DataTable getModelListByAttribute(string attribute, string value);

/// <summary>
/// 根据指定的 where 表达式得到 Model 类表
/// </summary>
/// <param name="where">where 表达式</param>
/// <returns>Model 类表</returns>
DataTable getModelListByWhere(string where);

/// <summary>
/// 得到对象列表
/// </summary>
/// <typeparam name="T"></typeparam>
/// <param name="top"></param>
/// <param name="where"></param>
/// <param name="orderBy"></param>
/// <returns></returns>
DataTable getModelList(int top, string where, string orderBy);
/// <summary>
/// 更新指定对象
/// </summary>
/// <param name="m">Modle 对象</param>
/// <returns>是否成功</returns>
bool update(object m);

/// <summary>
/// 删除指定对象
/// </summary>
/// <param name="m">Model 对象</param>
/// <returns>是否成功</returns>
bool delete(object m);

/// <summary>
/// 根据 ID 得到一个 Model
/// </summary>
/// <typeparam name="T">制定得到哪种 Model</typeparam>
/// <param name="i">id</param>
/// <returns>Model 对象</returns>
object get(int id);

/// <summary>
/// 通过指定的属性名和值删除 Model
/// </summary>
/// <param name="attribute">属性名</param>
/// <param name="value">值</param>
```

```
/// <returns>删除了几个</returns>
int deleteModelsByAttribute(string attribute, string value);

/// <summary>
/// 根据指定的 where 表达式删除 Model
/// </summary>
/// <param name="where">where 表达式</param>
/// <returns>删除了几个</returns>
int deleteModelsByWhere(string where);
    }
}
```

从上述代码可以看出，通用接口没有任何实现代码，但是要求在业务逻辑层上能够访问实现类中的所有方法。

10.5　主要功能模块的设计与实现

10.5.1　登录模块的实现

物流管理系统的登录模块采用了分角色和权限的管理机制。角色共分为管理员、承运管理员、管理员、财务管理员及调度管理员 5 类，每一类用户只能访问自己有权限操作的页面。

1. 设计登录页面

用户登录页用于实现合法用户的登录，完成用户名和口令信息的验证。为了防止恶意程序暴力破解密码，登录页中同时进行图形验证码验证，页面设计如图 10-5 所示。

图 10-5　系统登录页面

login.aspx 页面主要代码如下所示：

```
<script language="JavaScript" type="text/javascript">
rnd.today=new Date();
rnd.seed=rnd.today.getTime();
function rnd() {
    rnd.seed = (rnd.seed*9301+49297) % 233280;
    return rnd.seed/(233280.0);
};
function rand(number) {
    return Math.ceil(rnd()*number);
```

```
};
</script>

<script language="javascript" type="text/javascript">
function ChangeCodeImg()
{
        a = document.getElementById("ImageCheck");
        a.src = "inc/Checkcode.aspx?"+rand(10000000);
}
</script>
<body>
......
        <asp:TextBox ID="ustext" runat="server" CssClass="logtextbox"
                        title="请输入用户名~16:!"></asp:TextBox>
        <asp:TextBox ID="pwdtext" runat="server" TextMode="Password"
                title="请输入密码~!" CssClass="logtextbox"></asp:TextBox>
        <asp:TextBox ID="checkcode" runat="server" CssClass="logtextbox"
                        title="请输入验证码~4:!"></asp:TextBox>
    //Checkcode.aspx 页为图形验证码页
        <img src="Inc/Checkcode.aspx" id="ImageCheck"
                align="absmiddle" style="cursor:hand" width="40" height="16"
                onclick="javascript:ChangeCodeImg();" title="单击更换验证码图片!"/>
        <asp:ImageButton ID="ImageButton1" runat="server"
            ImageUrl="~/images/login_button.jpg"   OnClick="ImageButton1_Click" />
......
</body>
```

登录页面的业务处理文件 login.aspx.cs 代码如下所示，程序中用到了 Session 来实现用户信息的状态管理。

```
using System;
using System.Configuration;
using System.Data;
using System.Web;
using System.Web.Security;
using System.Web.UI;
using System.Web.UI.HtmlControls;
using System.Web.UI.WebControls;
using System.Web.UI.WebControls.WebParts;
using Logistics.BLL;          //系统业务逻辑层命名空间
using Logistics.Model;        //系统实体层命名空间

public partial class Login : System.Web.UI.Page
{
    //图片按钮"登录"单击事件
    protected void ImageButton1_Click(object sender, ImageClickEventArgs e)
    {
        //定义用户变量
        Logistics.BLL.User user = new Logistics.BLL.User();
        //创建登录用户
```

```
LoginUser lu = new LoginUser();
if (Session["CheckCode"] == null)
{
    JavaScript.redirect();
    Response.End();
}
else
{
    if (Session["CheckCode"].ToString() != checkcode.Text.Trim())
    {
        JavaScript.alert("验证码错误，请检查您的输入！");
        JavaScript.redirect();
        Response.End();
    }
    else
    {
    //返回登录用户
        Logistics_User l_u = user.login(ustext.Text,
                            JavaScript.ToMd5(pwdtext.Text.Trim()));
        if (l_u == null)
        {
            JavaScript.alert("用户名或密码错误，请检查您的输入！");
            JavaScript.redirect();
            Response.End();
        }
        else
        {
            lu.CompanyId = l_u.Company_ID;
            lu.Role = l_u.Role_ID;
            lu.UserId = l_u.User_ID;
            lu.Username = l_u.User_Name;
            lu.Account = l_u.User_Account;
            Session["LoginUser"] = lu;
            JavaScript.redirect("index.aspx");
        }
    }
}   }   }     } }
```

2. 生成图形验证码

在物流管理系统中，动态网页 Checkcode.aspx 作为图形验证码的图像源，位于应用层 WEBUI 的 Inc 文件夹下。该页面随机产生一个由 4 个数字组成的图像，其中数字的颜色也是随机产生的。页面处理代码 Checkcode.aspx.cs 如下：

```
using System;
using System.Collections.Generic;
using System.Drawing;

public partial class Inc_Checkcode : System.Web.UI.Page
{
    protected void Page_Load(object sender, EventArgs e)
    {
```

```
        //调用函数将验证码生成图片
        this.CreateCheckCodeImage(GenerateCheckCode());
}

private string GenerateCheckCode()
{     //产生 4 位的随机字符串
    int number;
    char code;
    string checkCode = String.Empty;
    System.Random random = new Random();
    for (int i = 0; i < 4; i++)
    {
        number = random.Next();
        code = (char)('0' + (char)(number % 10));
        checkCode += code.ToString();
    }
    Session["CheckCode"] = checkCode;//用于客户端校验码比较
    return checkCode;
}

private void CreateCheckCodeImage(string checkCode)
{     //将验证码生成图片显示
    if (checkCode == null || checkCode.Trim() == String.Empty)
        return;
    System.Drawing.Bitmap image = new System.Drawing.Bitmap(55, 20);
    Graphics g = Graphics.FromImage(image);
    try
    {
        //生成随机生成器
        Random random = new Random();
        //清空图片背景色
        g.Clear(Color.White);
        //画图片的背景噪音线
        for (int i = 0; i < 8; i++)
        {
            int x1 = random.Next(image.Width);
            int x2 = random.Next(image.Width);
            int y1 = random.Next(image.Height);
            int y2 = random.Next(image.Height);
            g.DrawLine(new Pen(Color.FromArgb(random.Next(255),
                random.Next(255), random.Next(255))), x1, y1, x2, y2);
        }
        StringFormat sf = new StringFormat();
        sf.Alignment = StringAlignment.Center;
        sf.LineAlignment = StringAlignment.Center;
        List<FontStyle> a = GetColorList;
        for (int i = 0; i < checkCode.Length; i++)
        {
            FontStyle Ftyle = GetColor(a);
            Font font = new System.Drawing.Font("Verdana", Ftyle.FontSize,
```

```
                                                (System.Drawing.FontStyle.Bold));
                SolidBrush brush = new SolidBrush(Ftyle.FontColor);
                g.DrawString(checkCode.Substring(i, 1), font, brush, GetCodeRect(i), sf);
            }
            //画图片的边框线
            g.DrawRectangle(new Pen(Color.Silver), 0, 0, image.Width - 1, image.Height - 1);

            System.IO.MemoryStream ms = new System.IO.MemoryStream();
            image.Save(ms, System.Drawing.Imaging.ImageFormat.Gif);
            Response.ClearContent();
            Response.ContentType = "image/Gif";
            Response.BinaryWrite(ms.ToArray());
        }
        finally
        {
            g.Dispose();
            image.Dispose();
        }
    }


    /// <summary>
    /// 从颜色列表中随机选取颜色
    /// </summary>
    /// <param name="Color_L"></param>
    /// <returns></returns>
    private FontStyle GetColor(List<FontStyle> Color_L)
    {
        Random rnd = new Random();
        int i = rnd.Next(0, Color_L.Count);
        FontStyle l = Color_L[i];
        Color_L.RemoveAt(i);
        return l;
    }


    /// <summary>
    /// 获取颜色列表
    /// </summary>
    private List<FontStyle> GetColorList
    {
        get
        {
            List<FontStyle> a = new List<FontStyle>(4);
            a.Add(new FontStyle(Color.Red, 12));
            a.Add(new FontStyle(Color.Green, 12));
            a.Add(new FontStyle(Color.Blue, 12));
            a.Add(new FontStyle(Color.Black, 12));
            return a;
        }
    }
```

```
        /// <summary>
        /// 获取单个字符的绘制区域
        /// </summary>
        /// <param name="index">The index.</param>
        /// <returns></returns>
        public Rectangle GetCodeRect(int index)
        {
            // 计算一个字符应该分配有多宽的绘制区域（等分为 CodeLength 份）
            int subWidth = 55 / 4;
            // 计算该字符左边的位置
            int subLeftPosition = subWidth * index;
            return new Rectangle(subLeftPosition + 1, 1, subWidth, 20);
        }
}

/// <summary>
/// 字体类
/// </summary>
public class FontStyle
{
    /// <summary>
    /// 构造函数
    /// </summary>
    /// <param name="FontColor">颜色</param>
    /// <param name="FontSize">字体大小</param>
    public FontStyle(Color FontColor, int FontSize)
    {
        _FontColor = FontColor;
        _FontSize = FontSize;
    }
    #region "Private Variables"
    private Color _FontColor;
    private int _FontSize;
    #endregion

    #region "Public Variables"
    /// <summary>
    /// 字体颜色
    /// </summary>
    public Color FontColor
    {
        get {   return _FontColor; }
        set {   _FontColor = value;    }
    }
    /// <summary>
    /// 字体大小
    /// </summary>
    public int FontSize
    {
        get { return _FontSize; }
```

```
        set {_FontSize = value; }
    }
    #endregion
}
```

3. 业务逻辑层 BLL 的用户处理

为了有效地对用户数据进行处理，物流系统的业务层定义了用户的主要业务逻辑处理类 User.cs 来实现对用户对象的操作，其代码如下：

```
using System;
using System.Collections.Generic;
using System.Linq;
using System.Text;
using System.Data;
using Logistics.DAL;
using Logistics.IDal;
using Logistics.Model;

namespace Logistics.BLL
{
    public class User : BllAbstract
    {
        private const string tablename = "Logistics_User";
        /// <summary>
        /// 增加一条数据
        /// </summary>
        public Boolean add(Logistics.Model.Logistics_User user,int userid)
        {
            ISessionn session = SessionFactory.createSession();
            bool result;
            try
            {
                int i = session.add(user);
                result = i > 0;
                if (result)
                { Log.record(tablename, userid, "添加", userid + "添加了一个用户", i); }

            }
            catch
            {   result = false;    }
            finally
            {   session.Dispose(); }
            return result;
        }

        /// <summary>
        /// 更新一条数据
        /// </summary>
        public bool update(Logistics.Model.Logistics_User car, int userid)
```

```
        {
            ISessionn session = SessionFactory.createSession();
            bool result;
            try
            {
                result = session.update(car);
                if (result)
                {
                    Log.record(tablename, userid, "更新", userid + "更新了一辆车", car.User_ID);
                }
            }
            catch
            {    result = false;    }
            finally
            {    session.Dispose();    }
            return result;
        }


        /// <summary>
        ///通过对象删除一条数据
        /// </summary>
        public bool delete(int id, int userid)
        {
            ISessionn session = SessionFactory.createSession();
            Logistics.Model.Logistics_User c = new Logistics.Model.Logistics_User();
            c.User_ID = id;
            bool result;
            try
            {
                result = session.delete(c);
                if (result)
                { Log.record(tablename, userid, "删除", userid + "删除了一个用户", id); }
            }
            catch
            { result = false; }
            finally
            {    session.Dispose(); }
            return result;
        }

        public Logistics_User login(string username, string password)
        {
            Logistics_User l_u = new Logistics_User();
            DataTable dt = session.getModelListByWhere<Logistics_User>
            ("User_Account='" + username + "' and User_Password='" + password + "'");
            if (dt.Rows.Count > 0)
            {
                l_u.Company_ID = int.Parse(dt.Rows[0]["Company_ID"].ToString());
                l_u.Role_ID = int.Parse(dt.Rows[0]["Role_ID"].ToString());
                l_u.User_Account = username;
```

```
                l_u.User_ID = int.Parse(dt.Rows[0]["User_ID"].ToString());
                l_u.User_Mphone = dt.Rows[0]["User_Mphone"].ToString();
                l_u.User_Name = dt.Rows[0]["User_Name"].ToString();
                l_u.User_Password = password;
                l_u.User_Phone = dt.Rows[0]["User_Phone"].ToString();
                l_u.User_Remark = dt.Rows[0]["User_Remark"].ToString();
            }
        else
        {   l_u = null;    }
        return l_u;
    }


    /// <summary>
    /// 获取数据表通过条件
    /// </summary>
    public DataTable getModelListByWhere(string where)
    {
        ISessionn session = SessionFactory.createSession();
        DataTable dt;
        try
        {       dt = session.getModelListByWhere
                        <Logistics.Model.Logistics_User>(where);
        }
        catch
        {   dt = null; }
        finally
        {   session.Dispose(); }
        return dt;
    }


    public Logistics.Model.Logistics_User get(int id)
    {
        ISessionn session = SessionFactory.createSession();
        Logistics.Model.Logistics_User mu;
        try
        {
            mu = session.get<Logistics.Model.Logistics_User>(id);
        }
        catch
        {   mu = null; }
        finally
        {
            session.close();
            session.Dispose();
        }
        return mu;
    }
}   }   }
```

4. 数据访问层 DAO 操作用户对象

为支持业务逻辑层的用户操作数据，在物流管理系统中的数据访问层 DAO 上定义的类 Logistics_UserDAO.cs 实现了公共接口类 IDAO.cs 中所有的方法，以实现对用户信息的数据访问。类 Logistics_UserDAO.cs 的代码如下：

```csharp
using System;
using System.Collections.Generic;
using Logistics.IDal;
using Logistics.Model;
using System.Data;
using System.Text;
using System.Data.SqlClient;
namespace Logistics.DAL.DAO
{
    [Serializable]
    public class Logistics_UserDAO : IDao
    {
        #region IDao 成员

        public SqlConnection connection { get; set; }
        public SqlTransaction transaction { get; set; }

        /// <summary>
        /// 添加一个对象
        /// </summary>
        /// <param name="m"></param>
        /// <returns></returns>
        public int add(object m)
        {
            Logistics_User model = m as Logistics_User;
            int rowsAffected;
            SqlParameter[] parameters = {
                new SqlParameter("@User_ID", SqlDbType.Int,4),
                new SqlParameter("@Role_ID", SqlDbType.Int,4),
                new SqlParameter("@Company_ID", SqlDbType.Int,4),
                new SqlParameter("@User_Account", SqlDbType.NVarChar,16),
                new SqlParameter("@User_Name", SqlDbType.NVarChar,12),
                new SqlParameter("@User_Password", SqlDbType.NVarChar,18),
                new SqlParameter("@User_Phone", SqlDbType.NVarChar,15),
                new SqlParameter("@User_Mphone", SqlDbType.NVarChar,15),
                new SqlParameter("@User_Remark", SqlDbType.NText)};
            parameters[0].Direction = ParameterDirection.Output;
            parameters[1].Value = model.Role_ID;
            parameters[2].Value = model.Company_ID;
            parameters[3].Value = model.User_Account;
            parameters[4].Value = model.User_Name;
            parameters[5].Value = model.User_Password;
            parameters[6].Value = model.User_Phone;
```

```
        parameters[7].Value = model.User_Mphone;
        parameters[8].Value = model.User_Remark;
        rowsAffected = SqlUtil.executeProcInt("UP_Logistics_User_ADD", parameters, connection,
                                    transaction);
        return (int)parameters[0].Value;
}


/// <summary>
/// 通过指定属性得到实体对象列表
/// </summary>
/// <param name="attribute"></param>
/// <param name="value"></param>
/// <returns></returns>
public DataTable getModelListByAttribute(string attribute, string value)
{
        DataTable lo = new DataTable();
        string where = attribute + "='" + value + "'";
        lo = getModelList(0, where, null);
        return lo;
}


/// <summary>
/// 通过条件得到实体列表对象列表
/// </summary>
/// <param name="where"></param>
/// <returns></returns>
public DataTable getModelListByWhere(string where)
{
        DataTable lo = new DataTable();
        lo = getModelList(0, where, null);
        return lo;
}

public DataTable getModelList(int top, string where, string orderBy)
{
        StringBuilder strSql = new StringBuilder();
        DataTable dt = new DataTable();
        strSql.Append("select ");
        if (top > 0)
        {
                strSql.Append(" top " + top.ToString());
        }
        strSql.Append(" User_ID,Role_ID,Company_ID,User_Account,
                User_Name,User_Password,User_Phone,User_Mphone, User_Remark ");
        strSql.Append(" FROM Logistics_User ");
        if (where != null)
        {
                strSql.Append(" where " + where);
        }
```

```
        if (orderBy !=null){strSql.Append(" order by " + orderBy);}
        dt = SqlUtil.executeSQL(strSql.ToString(), null, connection,transaction);
        return dt;
}


/// <summary>
/// 更新一个对象
/// </summary>
/// <param name="m"></param>
/// <returns></returns>
public bool update(object m)
{
        Logistics_User model = m as Logistics_User;
        int rowsAffected;
        SqlParameter[] parameters = {
                new SqlParameter("@User_ID", SqlDbType.Int,4),
                new SqlParameter("@Role_ID", SqlDbType.Int,4),
                new SqlParameter("@Company_ID", SqlDbType.Int,4),
                new SqlParameter("@User_Account", SqlDbType.NVarChar,16),
                new SqlParameter("@User_Name", SqlDbType.NVarChar,12),
                new SqlParameter("@User_Password", SqlDbType.NVarChar,18),
                new SqlParameter("@User_Phone", SqlDbType.NVarChar,15),
                new SqlParameter("@User_Mphone", SqlDbType.NVarChar,15),
                new SqlParameter("@User_Remark", SqlDbType.NText)};
        parameters[0].Value = model.User_ID;
        parameters[1].Value = model.Role_ID;
        parameters[2].Value = model.Company_ID;
        parameters[3].Value = model.User_Account;
        parameters[4].Value = model.User_Name;
        parameters[5].Value = model.User_Password;
        parameters[6].Value = model.User_Phone;
        parameters[7].Value = model.User_Mphone;
        parameters[8].Value = model.User_Remark;
        rowsAffected = SqlUtil.executeProcInt("UP_Logistics_User_Update", parameters, connection,
                                        transaction);
        return rowsAffected > 0 ? true : false;
}


/// <summary>
/// 删除一个对象
/// </summary>
/// <param name="m"></param>
/// <returns></returns>
public bool delete(object m)
{
        int rowsAffected;
        Logistics_User lc = m as Logistics_User;
        SqlParameter[] parameters = {
                new SqlParameter("@User_ID", SqlDbType.Int,4)};
```

```
            parameters[0].Value = lc.User_ID;
            rowsAffected = SqlUtil.executeProcInt("UP_Logistics_User_Delete", parameters, connection,
                                    transaction);
            return rowsAffected > 0 ? true : false;
        }
        /// <summary>
        /// 得到一个对象
        /// </summary>
        /// <param name="i"></param>
        /// <returns></returns>
        public object get(int i)
        {
            DataTable dt = new DataTable();
            SqlParameter[] parameters = {
                new SqlParameter("@User_ID", SqlDbType.Int,4)};
            parameters[0].Value = i;
            dt = SqlUtil.executeProc("UP_Logistics_User_GetModel", parameters, connection, transaction);
            return SqlUtil.TableToModel<Logistics_User>(dt);
        }


        /// <summary>
        /// 通过指定属性删除对象
        /// </summary>
        /// <param name="attribute"></param>
        /// <param name="value"></param>
        /// <returns></returns>
        public int deleteModelsByAttribute(string attribute, string value)
        {
            return 1;
        }


        /// <summary>
        /// 通过指定条件删除对象
        /// </summary>
        /// <param name="where"></param>
        /// <returns></returns>
        public int deleteModelsByWhere(string where)
        {
            return 0;
        }
        #endregion
    }
}
```

10.5.2   设计实现承运管理子系统

承运管理子系统只面向系统管理员和承运管理员两类用户，主要包括承运单的录入、
承运单管理、承运单跟踪、运力查询、客户信息查询、运价查询和货物信息管理等功能。

承运管理子系统的架构如图 10-6 所示，其功能菜单如图 10-7 所示。

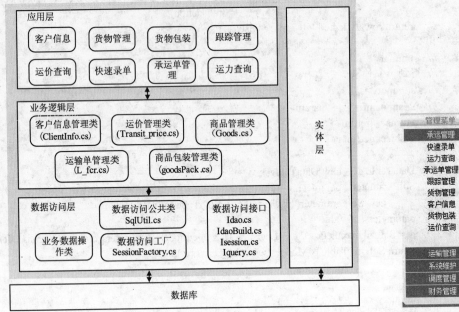

图 10-6　承运管理子系统架构　　　　　　　　　图 10-7　承运管理子菜单

1. 添加承运单

添加承运单页（Fcr_Add.aspx）位于应用层 WEBUI 的 PageModel/Fcr_Manage 文件夹下。由承运管理员录入客户及需要运输的货物信息，包括单据信息、货物信息、客户信息和承运单备注等内容，其设计视图如图 10-8 所示。

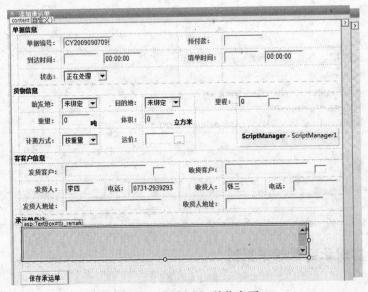

图 10-8　添加承运单信息页

2. 承运单管理页

承运单管理页（Fcr_Manage.aspx）用于查询指定编号（支持模糊查询）的承运单信息，管理员可以对指定承运单的货物信息进行修改、删除、跟踪及查询。图 10-9 所示显示了编号以 CY 开始的所有承运单的信息。

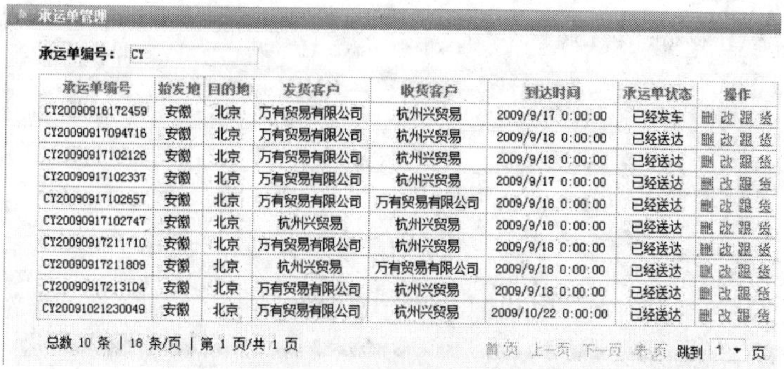

图 10-9　承运单管理页

选择承运单编号为"CY20090917102657"的承运单，单击"操作"列中的"货"超链接，打开对承运单的货物管理页面，如图 10-10 所示。

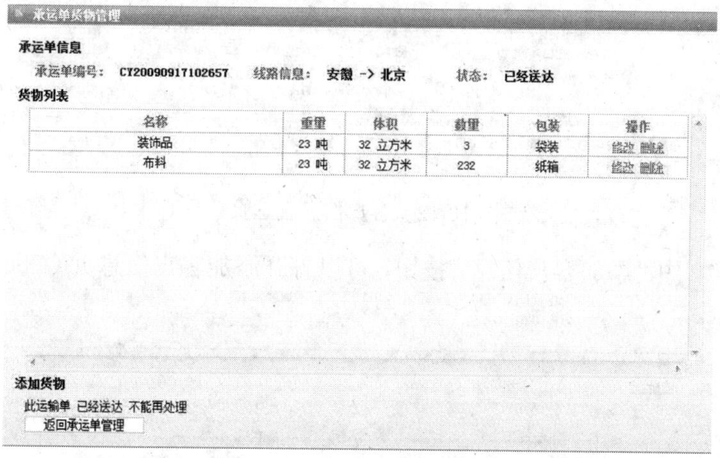

图 10-10　承运单货物管理页

单击图 10-9 中"操作"列中的"跟"超链接，打开对承运单的货物跟踪页面，如图 10-11 所示。

对承运单的跟踪与货物管理操作只能在承运单未发送前进行，一旦已经发车或是送达，就不能对其进行相关操作。

3. 客户信息管理页

客户信息管理页（Client_Manage.aspx）用于显示客户资料。客户类型分为长期客户和临时客户，管理员可以对客户信息进行查看和修改。客户信息管理页如图 10-12 所示。

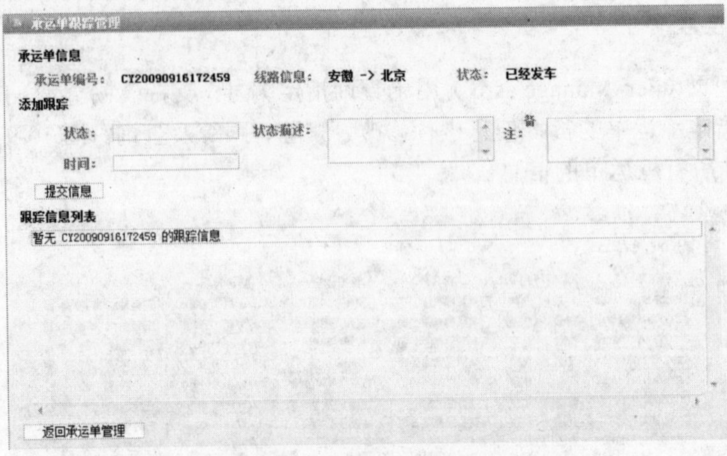

图 10-11 承运单跟踪管理页

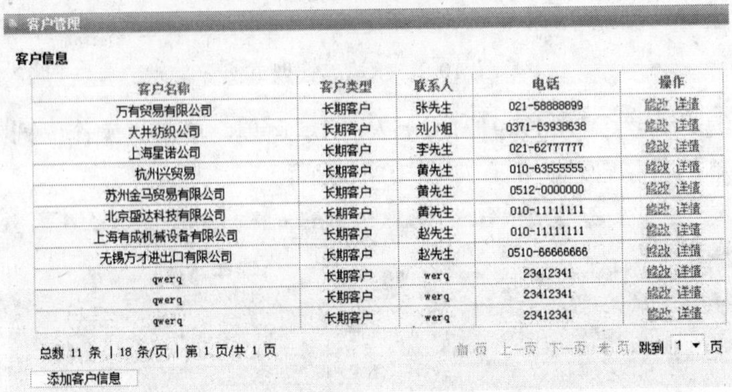

客户名称	客户类型	联系人	电话	操作
万有贸易有限公司	长期客户	张先生	021-58888899	修改 详情
大井纺织公司	长期客户	刘小姐	0371-63938638	修改 详情
上海星诺公司	长期客户	李先生	021-62777777	修改 详情
杭州兴贸易	长期客户	黄先生	010-63555555	修改 详情
苏州金马贸易有限公司	长期客户	黄先生	0512-0000000	修改 详情
北京盛达科技有限公司	长期客户	黄先生	010-11111111	修改 详情
上海有成机械设备有限公司	长期客户	赵先生	010-11111111	修改 详情
无锡方才进出口有限公司	长期客户	赵先生	0510-66666666	修改 详情
qwerq	长期客户	werq	23412341	修改 详情
qwerq	长期客户	werq	23412341	修改 详情
qwerq	长期客户	werq	23412341	修改 详情

图 10-12 客户信息管理页

单击图 10-12 中“添加客户信息”按钮，可以打开添加客户信息页（Client_Info.aspx），如图 10-13 所示。

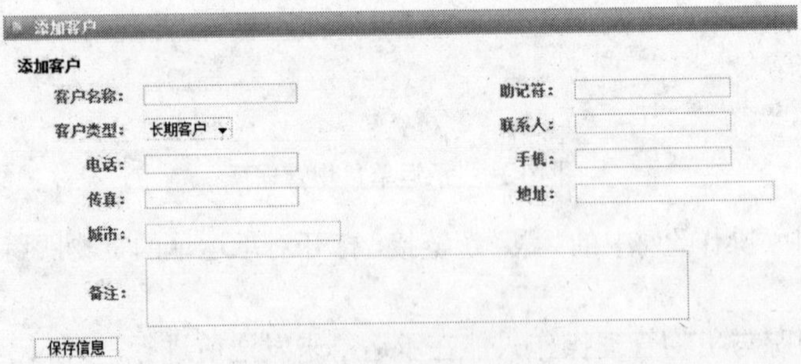

图 10-13 添加客户信息页

10.5.3 设计实现运输管理子系统

运输管理子系统只面向系统管理员和运输管理员两类用户，主要包括车辆管理、车辆类型管理、车队管理、驾驶员管理和事故记录等功能。运输管理子系统系统架构如图 10-14

所示，其功能菜单如图 10-15 所示。

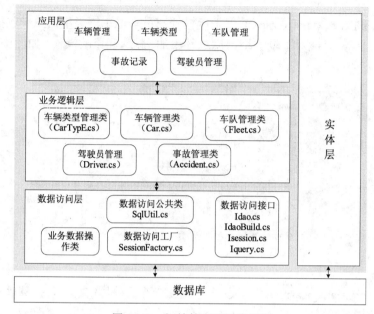

图 10-14　运输管理子系统架构

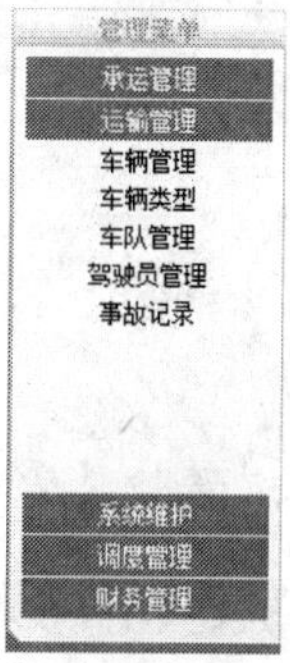

图 10-15　运输管理子菜单

1．车辆管理

车辆管理页（Car_Manage.aspx）用于运输管理员查询车辆的信息（包括车辆名称、耗油量、状态、车辆类型和运力等），并且能对车辆信息进行添加、修改和删除等操作。车辆信息管理页如图 10-16 所示。

车辆名称	每公里的油耗	状态	所属车队	车辆类型	运力	驾驶员	操作
东风	32.00升	可用	鸿运车队	平板车辆	300m³,180t	asfg	
擎天柱	20.50升	可用	大幅	高栏车辆	12m³,80t	阿嘉	
金刚	23.00升	可用	鸿运车队	集装箱车	13m³,79t	阿名师	

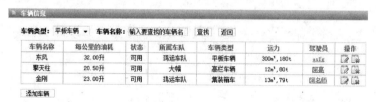

图 10-16　车辆管理信息页

2．车队管理

车队管理页（Fleet_Manage.aspx）用于运输管理员按要求查询并筛选车队信息（包括车队名称、车队编号等信息），且能对车队信息进行添加、编辑和删除等操作，如图 10-17 所示。

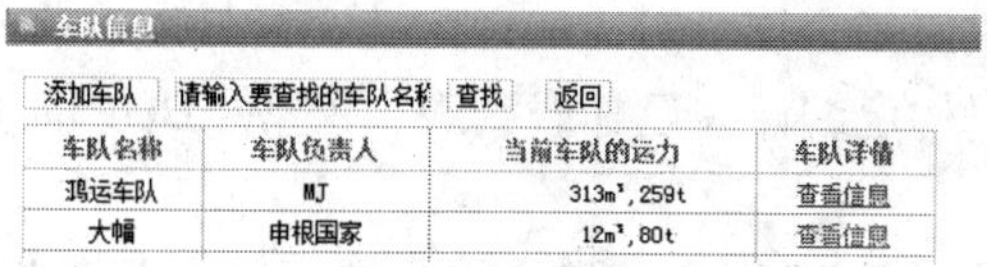

车队名称	车队负责人	当前车队的运力	车队详情
鸿运车队	MJ	313m³,259t	查看信息
大幅	申根国家	12m³,80t	查看信息

图 10-17　车队管理信息页

3. 车辆类型管理

车辆类型管理页（CarType_Manage.aspx）用于运输管理员查询车辆类型信息（包括车辆类型名称、体积和重量），并且能对车辆类型信息进行添加、删除和修改操作，如图 10-18 所示。

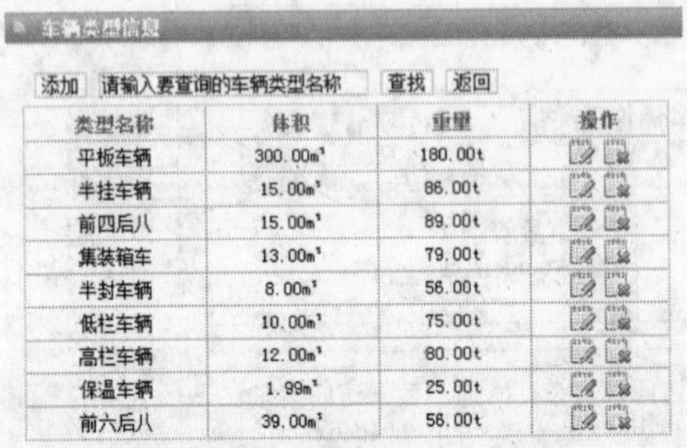

类型名称	体积	重量	操作
平板车辆	300.00m^3	180.00t	
半挂车辆	15.00m^3	86.00t	
前四后八	15.00m^3	89.00t	
集装箱车	13.00m^3	79.00t	
半封车辆	8.00m^3	56.00t	
低栏车辆	10.00m^3	75.00t	
高栏车辆	12.00m^3	80.00t	
保温车辆	1.99m^3	25.00t	
前六后八	39.00m^3	56.00t	

图 10-18　车辆类型管理页

4. 驾驶员管理

驾驶员管理页（Driver_Manage.aspx）用于运输管理员查看驾驶员信息（包括驾驶员的姓名、性别、身份证号和电话等个人信息），且能对驾驶员信息进行添加、修改和删除操作，如图 10-19 所示。

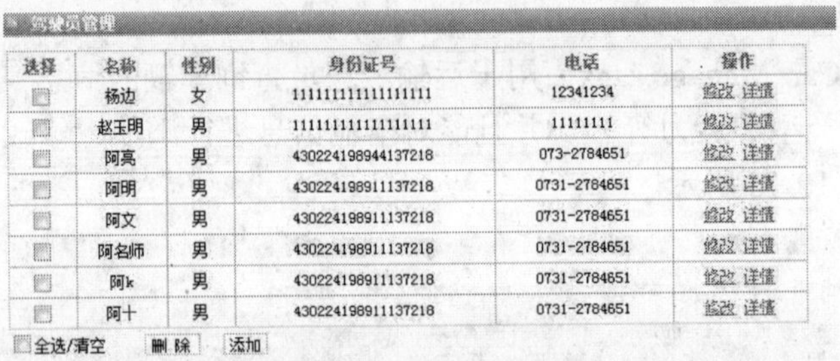

选择	名称	性别	身份证号	电话	操作
	杨边	女	111111111111111111	12341234	修改 详情
	赵玉明	男	111111111111111111	11111111	修改 详情
	阿亮	男	430224198944137218	073-2784651	修改 详情
	阿明	男	430224198911137218	0731-2784651	修改 详情
	阿文	男	430224198911137218	0731-2784651	修改 详情
	阿名师	男	430224198911137218	0731-2784651	修改 详情
	阿k	男	430224198911137218	0731-2784651	修改 详情
	阿十	男	430224198911137218	0731-2784651	修改 详情

图 10-19　驾驶员管理页

限于篇幅，这里只介绍承运管理和运输管理两个子系统的系统架构及其功能设计，其实现方式类似于登录模块。相关的详细代码，读者可自行参阅光盘提供的案例源码。

10.5.4　系统发布

当完成了物流管理系统开发后，就可以向 Web 服务器发布网站，可以按照项目 8 中 8.9 节的步骤，向 IIS 发布网站。

由于物流管理系统采用了分层开发模式，因此在网站发布前必须保证实体层、数据访问层和业务逻辑层的代码均已编译并已加载到应用层 WEBUI 的 BIN 目录中，如图 10-20 所示。

接下来右击应用层项目 WEBUI，在弹出的快捷菜单中选择“发布网站”命令，发布物流系统，如图 10-21 所示。

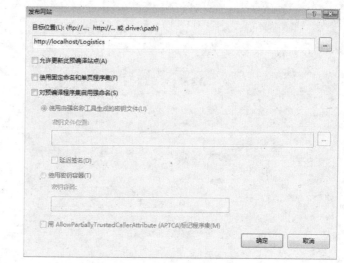

图 10-20   引用各层动态链接库   图 10-21   "发布网站"对话框

当网站发布成功后，打开 Web 服务器的浏览器，在地址栏中输入"http://localhost/ Logistics/WEBUI/Login.aspx"，链接到如图 10-22 所示的系统登录窗口。

图 10-22   系统登录窗口

当 Web 服务器与指定 IP 绑定后，物流公司就可以在 Internet 上实现对公司业务信息的管理和维护。